高等职业教育**计算机类专业**系列教材

（大数据技术专业）

物联网工程设计与实施

主　编　伍小兵　杨　莹

副主编　张　俊　吴　燕

参　编　伍文倩　封尊平　邓　瑜　解晓军

　　　　贾　宇　王志豪　刘丹阳

重庆大学出版社

内容提要

本书以覆盖物联网三层技术结构的专业知识和技能为基础，旨在适应当前市场需求，培养学生在跨学科物联网工程项目设计和工程实践方面的能力。全书分为上、下两篇，共 7 个项目。上篇“物联网工程设计与规划”系统介绍了物联网工程的需求分析、网络规划、管理维护等内容；下篇“物联网工程实施案例”则结合智慧家居、工厂、消防和农业等案例，详细阐述物联网工程的实施流程和步骤。

本书内容兼顾理论分析与实践指导，既可作为高职院校物联网应用技术、人工智能技术应用、大数据技术等相关专业的教材，也可供物联网工程技术人员学习参考。

图书在版编目(CIP)数据

物联网工程设计与实施/伍小兵，杨莹主编. --重庆：重庆大学出版社，2024.3

高等职业教育大数据技术专业系列教材

ISBN 978-7-5689-4472-4

Ⅰ.①物… Ⅱ.①伍… ②杨… Ⅲ.①互联网络—应用—高等职业教育—教材 ②智能技术—应用—高等职业教育—教材 Ⅳ.①TP393.4 ②TP18

中国国家版本馆 CIP 数据核字(2024)第 096787 号

物联网工程设计与实施

主 编 伍小兵 杨 莹

策划编辑：荀荟羽

责任编辑：文 鹏 版式设计：荀荟羽

责任校对：王 倩 责任印制：张 策

*

重庆大学出版社出版发行

出版人：陈晓阳

社址：重庆市沙坪坝区大学城西路 21 号

邮编：401331

电话：(023) 88617190 88617185(中小学)

传真：(023) 88617186 88617166

网址：http://www.cqup.com.cn

邮箱：fxk@cqup.com.cn (营销中心)

全国新华书店经销

重庆正光印务股份有限公司印刷

*

开本：787mm×1092mm 1/16 印张：15.75 字数：357 千

2024 年 3 月第 1 版 2024 年 3 月第 1 次印刷

印数：1—1 000

ISBN 978-7-5689-4472-4 定价：49.00 元

前　言

随着我国产业结构升级和经济发展方式转变，物联网技术在工业生产、公共服务和社会管理等领域的应用日益广泛，为社会提供智能化和信息化支持。为适应经济社会发展需要，深化职业教育改革，国家近年来提出“中国制造 2025”“新工科”“职业教育改革实施方案”等一系列政策措施，强调要推动产教融合、校企合作，培养高素质技术技能人才。本书编写遵循这一发展方向，紧密结合智能制造、工业互联网等前沿领域技术，系统讲解物联网工程的设计规划与实施技能，旨在为我国相关产业培养高水平的工程技术人才。书中内容设置紧贴产业需求，强调实践操作环节，注重培养学生的工程意识和动手能力。

本书的编写，旨在帮助读者全面掌握物联网工程的设计方法、规划技术和实施步骤。本书分上、下两篇，共 7 个项目。上篇“物联网工程设计与规划”，系统介绍物联网工程的需求分析、网络规划、管理维护等内容，包括项目 1 物联网工程系统需求分析、项目 2 物联网工程网络设计与规划、项目 3 物联网工程管理与维护；下篇“物联网工程实施案例”结合智慧家居、工厂、消防和农业等案例，详细阐述物联网工程的实施流程和步骤，包括项目 4 智慧家居工程项目实施案例、项目 5 智慧工厂工程项目实施案例、项目 6 智慧消防工程项目实施案例、项目 7 智慧农业工程项目实施案例。

通过本书的学习，读者可以了解物联网工程建设的实践过程，掌握物联网系统的设计方法、网络部署技术，了解实际应用。书中内容兼顾理论分析和实践指导，既可作为高等院校相关专业的教材，也适合物联网工程技术人员学习参考。

本书由伍小兵、杨莹担任主编，张俊、吴燕担任副主编，伍文倩、封尊平、邓瑜、解晓军、贾宇、王志豪、刘丹阳担任参编。其中，项目一由张俊、伍文倩编写，项目二由杨莹、伍小兵编写，项目三由吴燕、封尊平编写，项目四由邓瑜、解晓军编写，项目五由贾宇、杨莹编写，项目六由王志豪、杨莹编写，项目七由贾宇、伍小兵、刘丹阳编写。本书编写过程中参考了大量实际工程案例，并邀请行业专家进行了审定。书中示例和案例覆盖了工业、公共服务、管理等多个领域，具有较强的实用性。希望本书能成为广大物联网工程技术人员及高等院校相关专业学生日工设计实施物联网项目的参考。

由于编者水平有限，书中难免有不妥之处，恳请广大读者批评指正。

编　者

2023 年 7 月

目 录

上篇 物联网工程设计与规划

下篇 物联网工程实施案例

上篇
物联网工程设计与规划

项目 1
物联网工程系统需求分析

【项目导读】

物联网工程的规划、设计和实施是一个较为复杂的系统工程，了解其主要过程、要素和方法，是完成物联网工程的前提和基础。物联网工程项目建设程序，主要过程包括立项阶段（项目建议书、可行性研究报告、项目评估）、实施阶段（方案设计、招投标、设备采购、工程实施等）、验收阶段（初步验收、试运行、竣工验收）。需求分析是获取、确定支持物联网和用户有效工作的系统需求的过程，物联网需求描述了物联网系统的行为、特性或属性，是设计、实现的约束条件。在物联网工程设计与实施过程中，拟建项目可行性研究是具有决定性意义的工作，是在投资决策之前，对拟建项目进行全面技术经济分析论证的科学方法，在投资管理中，可行性研究是指对拟建项目有关的自然、社会、经济、技术等进行调研、分析比较以及预测建成后的社会经济效益。在此基础上，综合论证项目建设的必要性、财务方面的营利性、经济上的合理性、技术上的先进性和适应性以及建设条件的可能性和可行性，从而为投资决策提供科学依据。

【教学目标】

知识目标：

- 熟练掌握物联网工程设计方法。
- 熟练掌握物联网工程设计主要步骤和主要文档。
- 熟练掌握可行性研究报告的内容构成。

能力目标：

- 能够绘出物联网工程项目的建设流程。
- 能够绘出物联网工程项目设计过程。
- 能够撰写需求分析说明书。

素养目标：

- 培养独立思考的能力。
- 培养积极沟通的能力。
- 培养团队合作的能力。

思政目标：

- 培养学生严谨的科研态度。
- 培育学生爱岗敬业的职业精神。
- 推动科技自立自强，增强学生民族自信心。

【知识储备】

1.1 物联网工程的主要内容

1.1.1 物联网工程概念

物联网是通信网和互联网的拓展应用和网络延伸，它利用感知技术与智能装置对物理世界进行感知识别，通过网络传输互联，进行计算、处理和知识挖掘，实现人与物、物与物信息交互和无缝链接，达到对物理世界实时控制、精确管理和科学决策的目的。

随着物联网技术不断走向应用，对各种物联网技术进行综合集成与创新研究及应用应当在一个整体框架下进行，这个框架就是物联网工程。

物联网工程是研究物联网系统的规划、设计、实施与管理的工程科学，要求物联网工程技术人员根据既定的目标，依照国家、行业或企业规范，制订物联网建设的方案，协助工程招标，开展设计、实施、管理与维护等工程活动。

物联网工程涉及领域较多，如计算机信息工程、通信工程、控制工程、网络工程等，物联网工程是实现物联网应用的最终途径。

物联网工程是在计算机网络工程的基础上，研究物联网系统的规划、设计、实施与管理的工程科学。基于物联网工程特性，对从事其技术人员有以下素质要求：

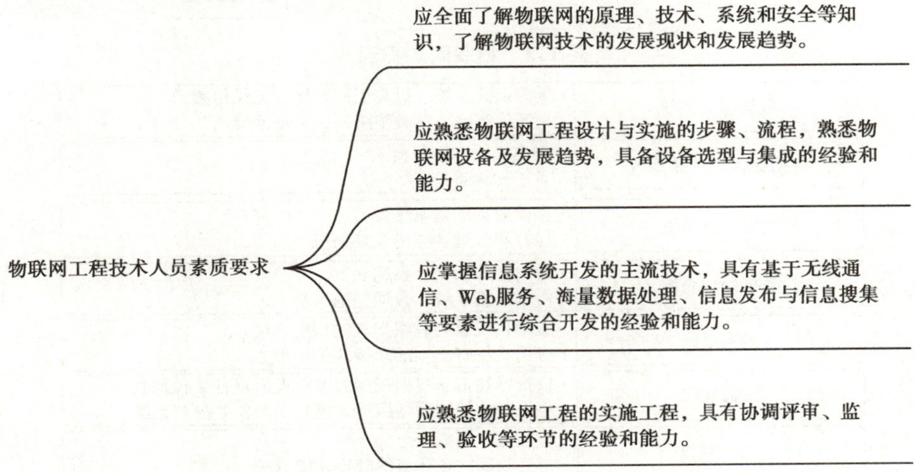

图1.1 物联网工程技术人员素质要求

①技术人员应全面了解物联网的原理、技术、系统和安全等知识，了解物联网技术的发展现状和发展趋势。

②技术人员应熟悉物联网工程设计与实施的步骤、流程，熟悉物联网设备及发展趋势，具备设备选型与集成的经验和能力。

③技术人员应掌握信息系统开发的主流技术，具有基于无线通信、Web 服务、海量数据处理、信息发布与信息搜集等要素进行综合开发的经验和能力。

④工程管理人员应熟悉物联网工程的实施工程，具有协调评审、监理、验收等环节的经验和能力。

对于一个物联网工程来讲，委托方（甲方）与承建方（乙方）所承担的工作任务是不同的，本书从承建方（乙方）的角度对物联网工程进行介绍。

1.1.2　物联网工程的组成

对于各个不同的物联网应用来讲，物联网工程所包含的具体内容各不相同，通常，物联网工程的基本组成包括数据感知系统、数据接入与传输系统、数据存储系统、数据处理系统、应用系统、控制系统、安全系统、机房、网络管理系统，如图 1.2 和图 1.3 所示。

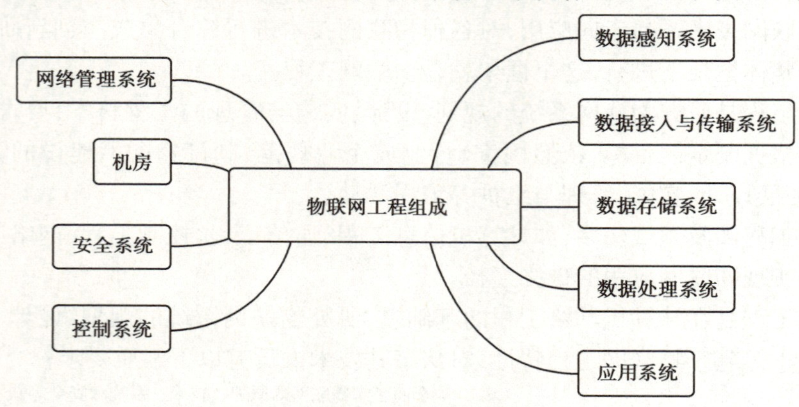

图 1.2　物联网工程组成

数据感知系统	• 条码识读系统、射频识别系统、无线传感网 • 光纤传感网、视频传感网、卫星网等
数据接入与传输系统	• 无线接入、有线接入 • 骨干传输系统
数据存储系统	• 存储数据的基础硬件 • 保存和管理数据的软件系统
数据处理系统	• 数据接入和聚合系统 • 搜索引擎系统、数据挖掘系统
应用系统	• 应用系统是物联网工程的顶层内容 • 应用系统有不同的功能和使用模式
控制系统	• 依据感知信息根据规则对客观世界进行某种控制 • 根据具体的物联网应用来确定是否需要控制系统
安全系统	• 保证信息系统安全 • 贯穿物联网各环节的特定功能系统
机房	• 信息汇聚、存储、处理、分发的核心 • 任一物联网系统都需要有机房
网络管理系统	• 对物联网工程进行故障管理、性能管理等 • 物联网工程中必不可少的一部分

图 1.3　物联网工程组成内容

1)数据感知系统

数据感知系统是物联网工程最基本的组成部分,它可以是条码识读系统、射频识别系统、无线传感网、光纤传感网、视频传感网、卫星网等特定系统中的一个或者多个的组合。

2)数据接入与传输系统

要将感知的数据传入 Internet 或数据中心,就需要建设数据接入与传输系统。接入系统包括无线接入(如 Wi-Fi、GPRS/3G/4G/5G、ZigBee 等)和有线接入(如局域网、光纤直连等)。骨干传输系统一般租用已有的骨干网络,若没有可租用的网络,就需要建设远距离骨干传输网络,通常使用光纤或其他专用无线网(如微波)系统进行组建。

3)数据存储系统

数据存储系统包含两层含义:第一层含义用于存储数据的基础硬件,一般情况下用硬盘组成磁盘阵列,形成大容量存储装置;第二层含义保存和管理数据的软件系统,通常使用数据库管理系统(如 Oracle、SQL Server、DB2 等)和高性能并行文件系统(如 Lustre、GPFS、GFS 等)。

4)数据处理系统

物联网系统在运行中会收集大量原始数据,各类数据的格式、含义、用途有所不同。为了有效地管理和利用这些数据,一般会设计通用的数据处理系统。数据系统可能有多种形式来完成不同的功能,如数据接入和聚合系统、搜索引擎系统及数据挖掘系统分别实现数据接入和聚合、搜索引擎、数据挖掘等功能。

5)应用系统

应用系统是物联网工程的顶层内容,是用户能够感受到的物联网功能的集中体现。根据建设目标的不同,应用系统有不同的功能和使用模式。

6)控制系统

在一个物联网工程中,控制系统是依据感知信息并根据相应规则对客观物理世界进行某种控制。是否需要设计控制系统,应根据具体的物联网应用来确定。例如,智能交通系统需要对交通信号等进行控制,农业物联网系统需要对水闸、光照系统、温控系统进行控制,都需要设计控制系统;而滑坡检测系统、水质检测系统则可能不需要设计控制系统。

7)安全系统

安全系统是保证信息系统安全、贯穿物联网各环节的特定功能系统,是物联网系统能否正常运行的关键,任何一个物联网工程都需要设计有效的安全系统。

8)机房

机房是信息汇聚、存储、处理、分发的核心,任一物联网系统都应需要有机房(网络中心或数据中心)。机房里除计算机系统、存储系统、网络通信系统以外,还应有用于保证这些系统正常工作的其他系统,如空调系统、不间断电源系统及消防系统等。

9)网络管理系统

网络管理系统用于对物联网工程进行故障管理(故障发现、定位、排除)、性能管理

（性能检测与优化）、管理配置及安全管理等，是物联网工程中必不可少的一部分。

1.1.3　物联网工程的设计目标

物联网工程的设计目标是指在系统工程科学方法的指导下，根据用户需求来设计、完善方案，优选各种技术和产品，科学组织工程实施，开发可靠性强、性价比高、易于使用并满足用户需求的物联网系统。

虽然不同物联网工程的具体设计目标各不相同，但进行设计时通常应遵守以下原则（图1.4）：

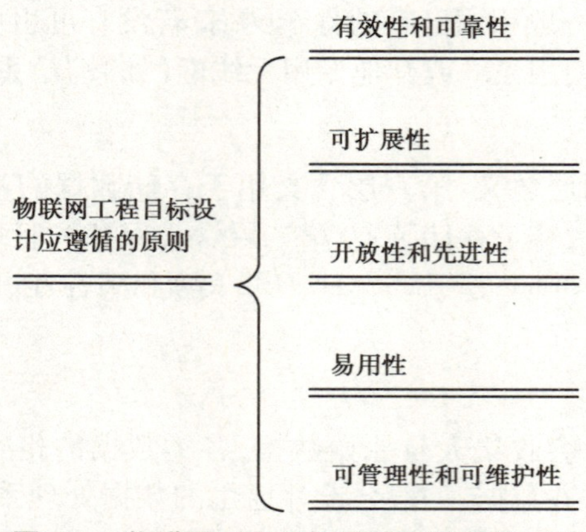

图1.4　物联网工程目标设计应遵循的原则

1）有效性和可靠性

有效性和可靠性是指物联网系统的可连续运行性，这是系统建设必须考虑的首要原则。从用户的角度来考虑，一旦物联网系统无法连续运行（提供服务），就失去了应用价值。

2）可扩展性

可扩展性是指物联网系统的可伸缩性，即可以方便地对其规模或技术进行扩充。

①网络规模扩充。地理位置分布变广、用户数增多。

②应用内容扩充。用户需求业务的变化将导致需要添加智能设备，或要求某些网络设备支持多种业务等。

3）开放性和先进性

开放性是指物联网系统应遵循计算机系统和网络系统所共同遵循的标准，以实现内部系统之间的交流，以及与其他有关领域的交流。

先进性意味着更多的选择和最优的性价比，这将有利于选择最符合要求的产品，在保障系统性能的前提下降低用户投入的成本。

4）易用性

物联网的应用软件应该简单易学，便于用户使用。

5）可管理性和可维护性

可管理性和可维护性对整个物联网系统而言至关重要，是否易于管理和维护是衡量物联网系统优劣的一项重要依据。

1.1.4 物联网工程设计的约束条件

在进行物联网工程设计时，应重视并尽量满足用户的需求。然而，受多种因素的影响，用户的需求未必都能满足。物联网工程设计的约束条件是指在设计时必须遵循的一些附加条件。若某网络设计虽然达到了设计目标，但不满足约束条件，则该网络设计无法实施。在需求分析阶段确定用户需求的同时，应明确其附加条件。

一般来说，物联网设计的约束因素主要来自政策、预算、时间和技术等方面(图1.5)。

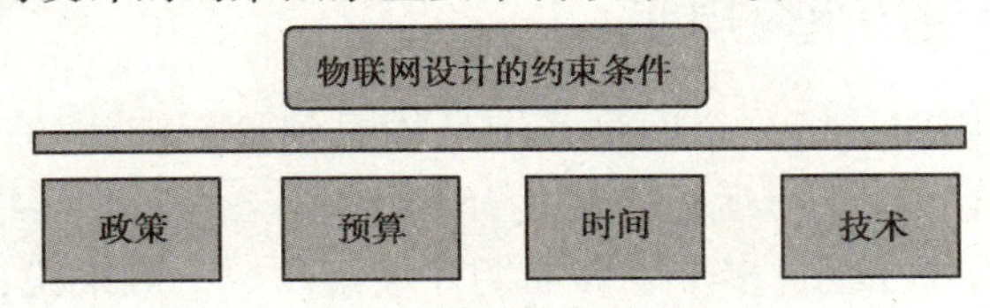

图1.5 物联网设计约束条件

1)政策约束

政策约束包括法律法规、行业规定、业务规范、技术规范等内容。其目标是发现隐藏在其中可能导致整个项目失败的事务安排、利益关系、偏见等因素。

在网络设计中，设计人员应与客户就协议、标准、供应商等方面的政策进行沟通，弄清楚客户在设备、传输或其他协议方面是否已经有明确的标准，是否有关于开发和专有解决方案的规定，是否有认可供应商(或平台)方面的相关规定，是否允许不同厂商之间的竞争。设计人员应在明确政策约束后开展后期的设计工作，避免设计重复或者设计失败。

2)预算约束

预算是决定网络设计的关键因素，很多满足用户需求的优良设计往往因为不符合预算而不能实施。最优的设计方案必须符合用户的基本预算要求。

如果用户的预算有弹性范围，则意味着设计人员有更多的设计空间，可以从用户满意度、可扩展性、可管理性和可维护性等角度进行设计和优化。但多数情况下，用户预算是刚性的，可调整的幅度较小，而设计方案需既满足预算约束又达到网络工程设计目标，因此设计人员需积累丰富的工程设计经验。

预算一般分为一次性投资预算和周期性投资预算。一次性投资预算主要用于网络初期建设，包括采购设备和软件、维护和调试等；周期性投资预算主要用于后期的运营维护，包括人员工资、设备消耗、材料消耗和信息费用等。

3)时间约束

建设进度安排是设计人员需要考虑的另一个问题。项目进度表限定了项目的最后完成期限和各个重要阶段的实施时间，设计人员应根据用户对完成时间的要求来制订合理、可行的实施计划。

4)技术约束

设计人员应对每一项用户需求进行深入分析，以确定用户所提出的功能需求是当前技术能实现的。对那些在规定时间内不能实现的需求，设计人员应与用户沟通，共同商讨解决。

1.2 物联网工程的设计方法

1.2.1 网络系统的生命周期

网络系统的生命周期是指一个网络系统从构思到最后淘汰的过程。一个生命周期通常包含“规划—设计—实现—运行—优化”5 个阶段。但多数网络系统不会仅经过一个生命周期就被淘汰,往往经过多个生命周期才被淘汰。一般来说,网络规模越大、投资越多,可能经历的生命周期就越多。

1) 网络系统生命周期的迭代模型

网络系统生命周期迭代模型的核心思想是网络应用驱动和成本评价机制。一旦网络系统无法满足用户需求,就必须进入下一个迭代周期,经过迭代周期后,网络系统将能够满足用户的网络需求。成本评价机制用于决定是否结束网络系统的生命周期。网络系统生命周期的迭代流程如图 1.6 所示。

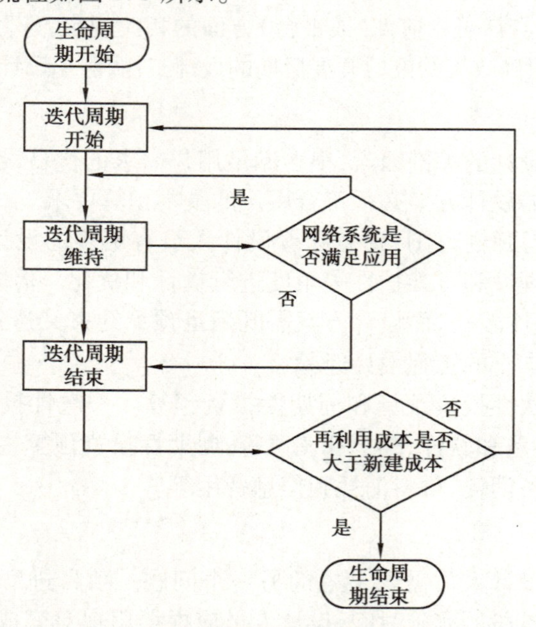

图 1.6 网络系统生命周期的迭代流程

2) 迭代周期的构成

每个迭代周期都是一个网络重构的过程,不同的网络设计方法对迭代周期的划分方式有所不同。目前,还没有哪个迭代周期可以完美地描述所有项目的开发构成。常见的构成方式主要有四阶段周期、五阶段周期和六阶段周期。

(1)四阶段周期

四阶段分别为构思与规划阶段、分析与设计阶段、实施与构建阶段和运行与维护阶段,如图1.7所示。每两个相邻阶段之间有一定重叠,以保证两个阶段之间的工作交接,并赋予网络工程设计的灵活性。

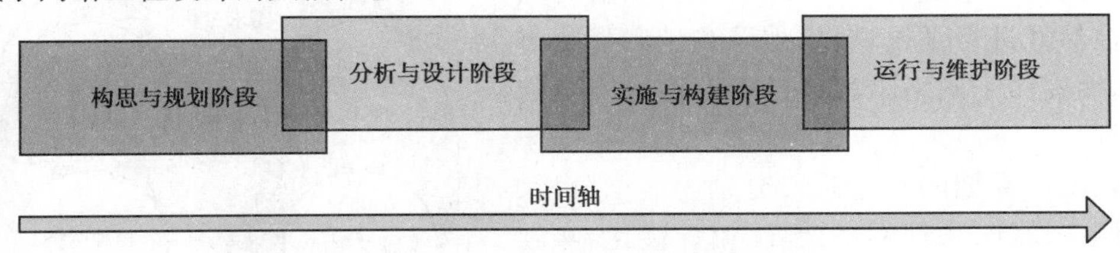

图1.7 四阶段周期示意图

4个阶段的主要工作如下:

①构思与规划阶段:明确网络设计与改造需求,明确新网络的建设目标。

②分析与设计阶段:根据网络需求进行设计,形成特定设计方案。

③实施与构建阶段:根据设计方案进行设备选购、安装、调试,形成可试运行的网络环境。

④运行与维护阶段:提供网络服务,实施运行管理。

四阶段周期的优点:灵活性强,容易适应新需求,强调建设周期的宏观管理,简化工作流程,工作成本较低。

四阶段周期的缺点:没有严谨的设计过程和规范。

四阶段周期适用于需求较明确、规模小、网络结构简单的物联网工程。

(2)五阶段周期

五阶段周期是较为常见的周期划分方式,即需求分析、通信分析、逻辑网络设计、物理网络设计、安装和维护,五阶段周期如图1.8所示。

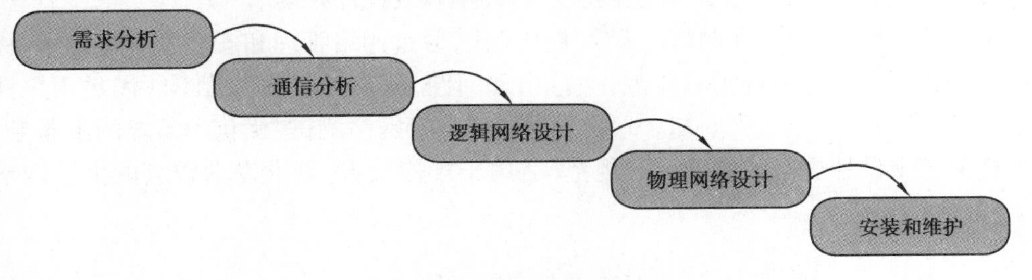

图1.8 五阶段周期示意图

五阶段周期的5个阶段相互独立,上一阶段完成后才能进入下一阶段。在下一阶段开始之前,前面的每个阶段的工作必须已经完成。

五阶段周期的优点:工作容易协调,计划在较早阶段完成,所有负责人对系统的具体情况及工作进度都非常清楚;5个阶段划分得较为严谨,有严格的需求分析和通信分析,并且在设计过程中充分考虑逻辑特征和物理特征。

五阶段周期的缺点:灵活性较差,比较拘束。如果上一阶段的任务没有完成,则会影响后续工作,甚至导致工期延后和成本超支。此外,如果用户的需求经常变化,则需要修改已经完成的部分,影响工作进度。

五阶段周期适用于网络规模较大、需求较明确、在一次迭代过程中需求变更较小的网络工程。

(3)六阶段周期

六阶段周期是对五阶段周期的补充,对其缺少灵活性进行了改进,增加了测试和优化过程,从而提高了网络工程建设中对需求变更的适应性。

六阶段周期的 6 个阶段分别为需求分析、逻辑网络设计、物理网络设计、设计优化、实施及测试、检测及性能优化,如图 1.9 所示。

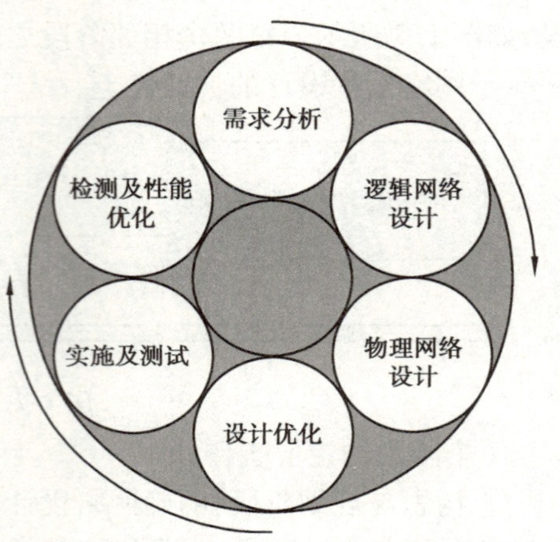

图 1.9　六阶段周期示意图

①需求分析:归纳当前的网络特征,分析当前与将来的网络通信量和网络性能,包括流量、负载、协议行为和服务质量要求。

②逻辑网络设计:逻辑拓扑结构、网络编址、设备命名、路由协议选择;安全规划网络管理设计:生成设备厂商、服务提供商的选择策略。

③物理网络设计:根据具体的逻辑设计方案,选择合适的技术和产品,包括局域网技术的选择,网络设备、传输介质(双绞线、光纤或无线网络)、网络设备型号、信息点数量和具体地理位置的确定,以及综合布线方案的设计等。

④设计优化:完成实施前的方案优化工作,通过多种方式(如搭建实验平台、网络仿真、专家研讨等)找出方案中的缺陷,并进行优化。

⑤实施及测试:根据优化后的方案进行设备选购、安装、调试和测试,若发现网络环境与设计方案有偏离,则需要纠正实施过程,甚至修改设计方案。

⑥检测及性能优化:在网络运营和维护阶段,通过网络管理和安全管理等技术手段,对网络是否正常运行进行实时监测,一旦出现问题,就及时解决。若不能满足用户性能需求,则需进入下一个迭代周期。六阶段周期侧重于网络测试、优化和需求的不断变更,有严格的逻辑设计规范和物理设计规范,适用于规模较大、需求变动较大的大型网络建设工程。

1.2.2　设计过程

网络系统设计过程是设计一个网络系统所必须完成的基本任务,是迭代模型的一个迭代过程。

在物联网工程中,中等规模的网络系统较多,并且应用涉及范围较广,大多数使用五阶段周期形式。根据五阶段周期模型,网络设计过程可以划分为需求分析、通信分析(现有网络体系分析)、逻辑网络设计(确定网络逻辑结构)、物理网络设计(确定网络物理结构)、安装和维护。大多数大中型网络系统的设计过程如图 1.10 所示。

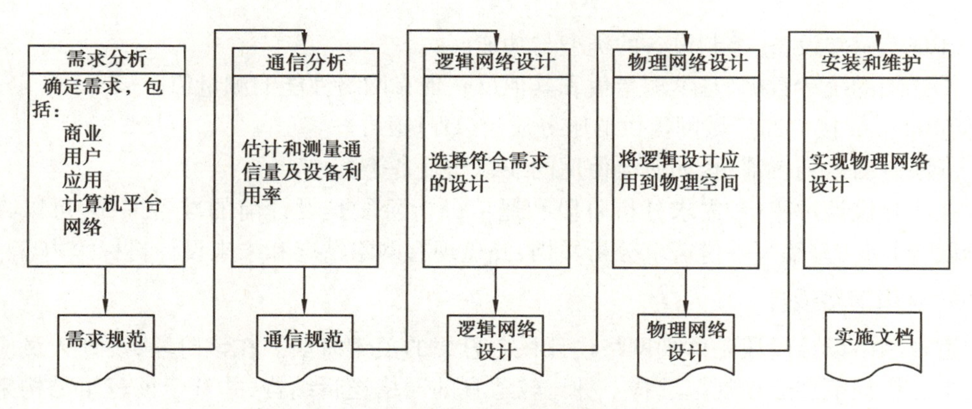

图1.10 大多数大中型网络系统的设计过程

在这5个阶段，每个阶段都必须引入上一阶段的成果来完成本阶段的工作，并将本阶段形成的工作结果作为下一阶段的工作依据，各阶段的输出结果将直接关系下一阶段的工作。因此，所有记录设计规划、技术选择、用户信息及上级审批的文件等工作成果都应该保存好，以便查询和参考。

1)需求分析

需求分析是开发过程中最关键的阶段，若在该阶段未将需求明确，则会导致以后阶段工作的目标偏离。

(1)需求收集

需求收集是一项费时的工程，需要了解用户建设网络的目的，具体手段包括问卷调查、用户访谈和实地环境考察等。需求收集的重点是将用户模糊的需求转化为一个可以实现和测量的需求，设计人员在需求调研过程中应合理引导用户表述出清晰、可行的需求。

不同用户会有不同的需求，在收集需求时，设计人员应考虑业务需求、用户需求、应用需求、计算机平台需求及网络需求(如带宽)等。

(2)需求规范

需求分析的输出是一份需求说明书，即需求规范。网络设计者必须规范地将需求记录在需求说明书中，清楚而细致地总结单位和个人的需要和愿望。在形成需求说明书之前，需要与网络管理部门就需求的变化建立需求变更机制，明确允许变更的范围。在这些内容正式形成后，开发过程才可以进入下一阶段。

2)通信分析

通信分析是对现有网络体系的分析，其工作目的是描述资源分布，以便在升级时尽量保护已有资源。在完成需求分析说明书后设计过程开始前，需要彻底分析现有网络和新网络相关的各类资源。

这一阶段应该给出一份正式的通信规范说明文档，以作为下一阶段的输入。通信分析阶段提供的说明文档应包含以下内容：

①现有网络的逻辑拓扑结构图。

②网络容量、网段及网络所需的通信容量和模式。

③现有感知设备、控制设备的类型与功能。

④详细的统计数据、基本测量值和其他反映现有网络性能的测量值。

⑤Internet 接口和广域网提供的服务质量(QS)报告。

⑥限制因素列表清单,如所需使用的线缆和设备等。

在实际设计过程中,需求分析阶段和通信分析阶段是设计前的准备工作,可以将两个阶段合并一起,编写一份需求分析文档,涵盖现有网络情况和未来设计目标等内容。

3)逻辑网络设计

逻辑网络设计阶段是体现网络设计核心思想的关键阶段。在该阶段,设计人员应根据需求分析规范和通信规范选择一种比较适宜的网络逻辑结构,并基于该逻辑结构来实施后续的资源分配规划和安全规划等。

该阶段主要以网络拓扑结构设计、IP 地址规划和子网划分为主,涉及网络管理和网络安全的设计,最后形成一份逻辑网络设计文档,主要内容有网络逻辑设计图、IP 地址分配方案、安全与管理方案、软硬件方案、广域网连接设备方案和基本服务方案等。

4)物理网络设计

物理网络设计是逻辑网络设计的物理实现,是指选择具体的技术和设备来实现逻辑设计。在该阶段,网络设计者需要确定具体的软硬件、连接设备、布线和服务等。

物理网络设计文档的主要内容如下:

①网络的物理结构图和布线方案。

②设备和部件的详细列表清单。

③软硬件和安装费用的估算。

④安装日程表,用于详细说明服务的时间及期限。

⑤安装后的测试计划。

⑥用户的培训计划。

5)安装和维护

该阶段可以分为安装和维护两个部分。

(1)安装

安装即部署网络,该阶段根据前面阶段的成果,实施环境准备、设备安装与调试过程。安装阶段应该产生的输出如下:

①逻辑网络图和物理网络图,以便管理人员快速掌握网络。

②满足规范的设备连接图、布线图等细节图,同时包含线缆、连接器和设备的规范标志,这些标志应该与各细节图保持一致。

③安装、测试记录和文档,包括测试结果和新的数据流量记录。

在安装前,所有软硬件资源、人员、培训、服务、协议等都必须准备好。安装后,需要用 1 ~3 个月的试运行期进行系统总体性能的综合测试。在此期间,设计人员根据运行状态对方案进行优化和改进。

(2)维护

在安装完成后,接受用户的反馈意见和监控是网络管理员的任务。网络投入运行后,还需要进行故障检测、故障恢复、网络升级和性能优化等维护工作。网络维护又称网络产品的售后服务。

1.3　物联网工程设计的主要步骤和文档

1.3.1　物联网工程设计的主要步骤

通常情况下,物联网工程设计的主要步骤如下:

①根据拟建设物联网工程的性质,确定所需使用的周期模型。

②进行需求分析和可行性研究。需求分析需要确定设计目标、性能参数及现有网络情况;可行性分析需要根据具体情况进行合理选择,如大型项目一般需要进行可行性分析,小型项目一般不需要进行可行性分析。

③根据具体情况进行逻辑网络设计(又称总体设计)。

④进行物理网络设计(又称详细设计)。在该过程中,需要进行某些技术实验和测试,以确定具体的技术方案。

⑤进行施工方案设计,包括工期计划、施工流程、现场管理方案、施工人员安排及工程质量保证措施等。

⑥设计测试方案。

⑦设计运行和维护方案。此部分根据用户要求而定,也可能没有此部分内容,运维部分需要用户自己负责。

1.3.2　物联网工程设计与实施的主要文档

在物联网工程建设的过程中,每个阶段都应该撰写规范的文档,以作为下一阶段工作的依据。文档是工程验收、运行与维护必不可少的资料,主要包括(图1.11):

①需求分析文档。

②可行性研究报告(视具体项目规模和甲方意见而定是否需要)。

③招标文件(协助甲方完成,用于招标。有时甲方单独撰写,不需要乙方协助)。

④投标文件(乙方用于投标)。

⑤逻辑网络设计文档。

⑥物理网络设计文档。

⑦实施文档。

⑧测试文档。

⑨验收报告。

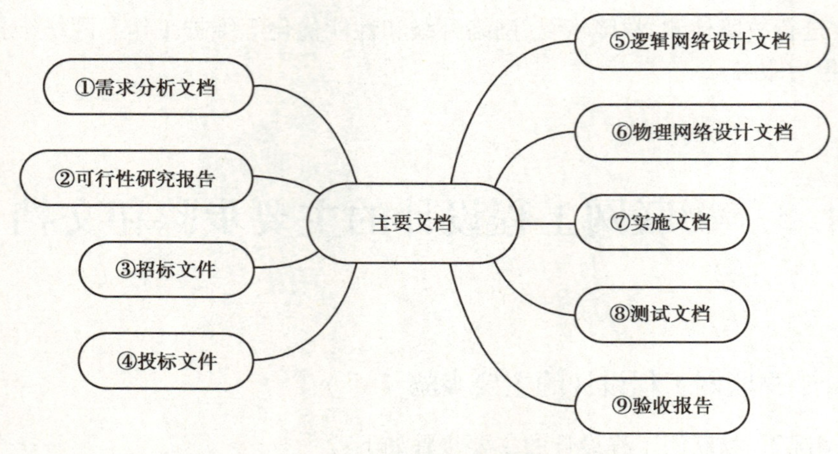

图 1.11　物联网工程设计主要文档

1.4　需求分析与可行性研究

需求分析是物联网工程实施的第一个环节，也是物联网开发的基础。在物联网工程中，需求分析是获取和确定支持物联网和用户有效工作的系统需求的过程。物联网需求描述物联网系统的行为、特性或属性，是设计和实现物联网的约束条件。

可行性研究是指在需求分析的基础上对工程的意义、目标、功能、范围、需求及实施方案要点等内容进行研究与论证，确定工程是否可行。

1.4.1　需求分析的目标

需求分析是用来获取物联网系统需求并对其进行归纳整理的过程，是开发过程中的关键阶段。设计人员需要通过大量的沟通和交流、调查及分析，了解和掌握用户对新网络工程的各项要求，以便根据用户需求进行设计、施工并最后交付用户使用的网络，能够满足用户在网络功能和性能上的需求。

需求分析的主要目标有：

①全面了解用户需求，包括应用背景、业务需求、物联网工程安全需求、通信量及其分布状况、物联网环境、信息处理能力、管理需求和可扩展需求等。

②编制可行性研究报告，为项目立项、审批及设计提供基础性素材。

③编制详细的需求分析文档，为设计者提供设计依据，以便设计者能正确评价现有网络的物联网体系、能客观地作决策、能提供良好的交互功能、能提供可移植和可扩展功能、能合理使用用户资源。

1.4.2 需求分析的内容

根据具体物联网工程的不同,需求分析的内容有所不同,一般包括以下内容(图1.12)。

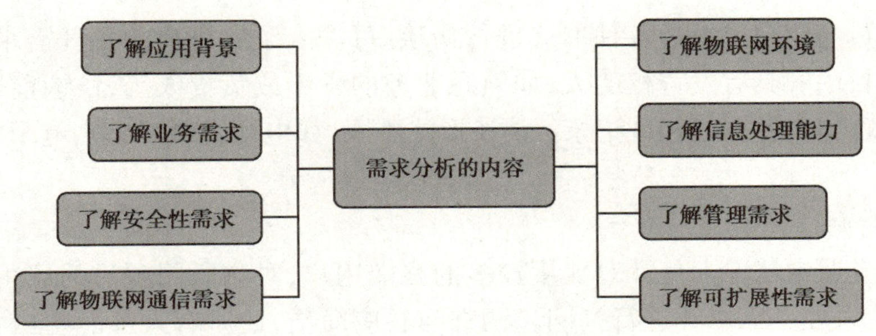

图1.12 需求分析的内容

①了解应用背景:物联网应用的技术背景、发展方向和技术趋势,借以向用户说明建设该工程的必要性。

②了解业务需求:用户业务类型(面向不同用户应用需求在网络平台上实现的功能,如通信、娱乐、信息定位、监控、电子商务、视频会议、OA 系统、网络管理、楼宇自控系统及网络打印等)、物联网及信息获取方式、应用系统的功能、信息服务方式等。

③了解安全性需求:物联网特殊安全性需求。

④了解物联网通信需求:物联网通信量、分布情况和性能需求(如带宽、吞吐量时延、时延抖动及响应时间等)。

⑤了解物联网环境:具体物联网工程的环境条件。

⑥了解信息处理能力:对信息处理能力、功能的要求。

⑦了解管理需求:对物联网管理的具体要求,如性能管理、故障管理、配置管理、安全管理和计费管理等。

⑧了解可扩展性需求:对未来的扩展性要求。

1.4.3 需求分析的步骤

需求分析的步骤一般如下:

①了解用户的行业情况、通用的业务模式、外部关联关系、内部组织结构等。

②从高层管理者处了解建设目标、总体业务需求、投资预算等。

③从业务部门了解具体业务需求、使用方式等。

④从技术部门了解具体的设备需求、网络需求、维护需求、环境状况等。

⑤整理需求信息,形成需求分析文档。

1.4.4 需求分析的收集

1)需求分析的收集方法

需求分析的收集方法有实地考察、用户访谈、问卷调查和向同行咨询。

(1)实地考察

实地考察是用户获取资料最直接的方法,设计人员通过实地考察可以准确地掌握用户规模、物联网的物理分布等重要信息。

(2)用户访谈

设计人员与用户可通过各种形式进行访谈,可深入了解用户的各种需求,其访谈对象应是对项目内容具有发言权的人,如熟悉业务的骨干或负责人等,访谈前需要做好访谈计划、访谈内容,并作好相应记录。访谈形式不限,如电话交谈、面谈、电子邮件及网络交谈等。

(3)问卷调查

问卷调查通常情况下是针对数量较多的终端用户,对物联网项目的应用需求、使用方式需求、个人业务需求等进行询问。调查问卷应简洁,让所有人都能明白各个题目确切的意思,最好采取选择题方式作答,避免要求长段文字的书写。

(4)向同行咨询

在需求分析收集过程中遇到问题,若不涉及商业机密,则可以向同行、专家及有经验的人员请教。

2)需求分析的实施

首先,制订需求分析收集计划,包括具体时间、地点、实施人员、访谈人员、访谈内容;然后,根据计划分工进行信息收集,收集内容需要涵盖需求分析涉及的主要内容,如图1.13所示。

(1)应用背景信息收集

应用背景概括物联网应用的技术背景、用户所处行业物联网应用的方向和技术趋势,借以说明用户建设物联网工程的必要性。主要包括收集国内外同行的应用现状和成效、该用户建设物联网工程的目的、拟采取的步骤和策略、经费预算和工期等信息。

①国内外同行的应用现状及成效。

②该用户建设物联网工程的目的。

③该用户建设物联网工程拟采取的步骤和策略。

④经费预算与工期。

(2)业务需求信息收集

了解用户的业务类型、物品信息的获取方式、应用系统功能、信息服务的方式。

①被感知物品及其分布。

②感知信息的种类、感知/控制设备与接入的方式。

③现有或需新建系统的功能。

④需要集成的应用系统。

⑤需要提供的信息服务种类和方式。

⑥拟采用的通信方式及网络带宽。

⑦用户数量。

在整个物联网工程开发的过程中,业务需求调查是理解业务本质的关键,设计人员

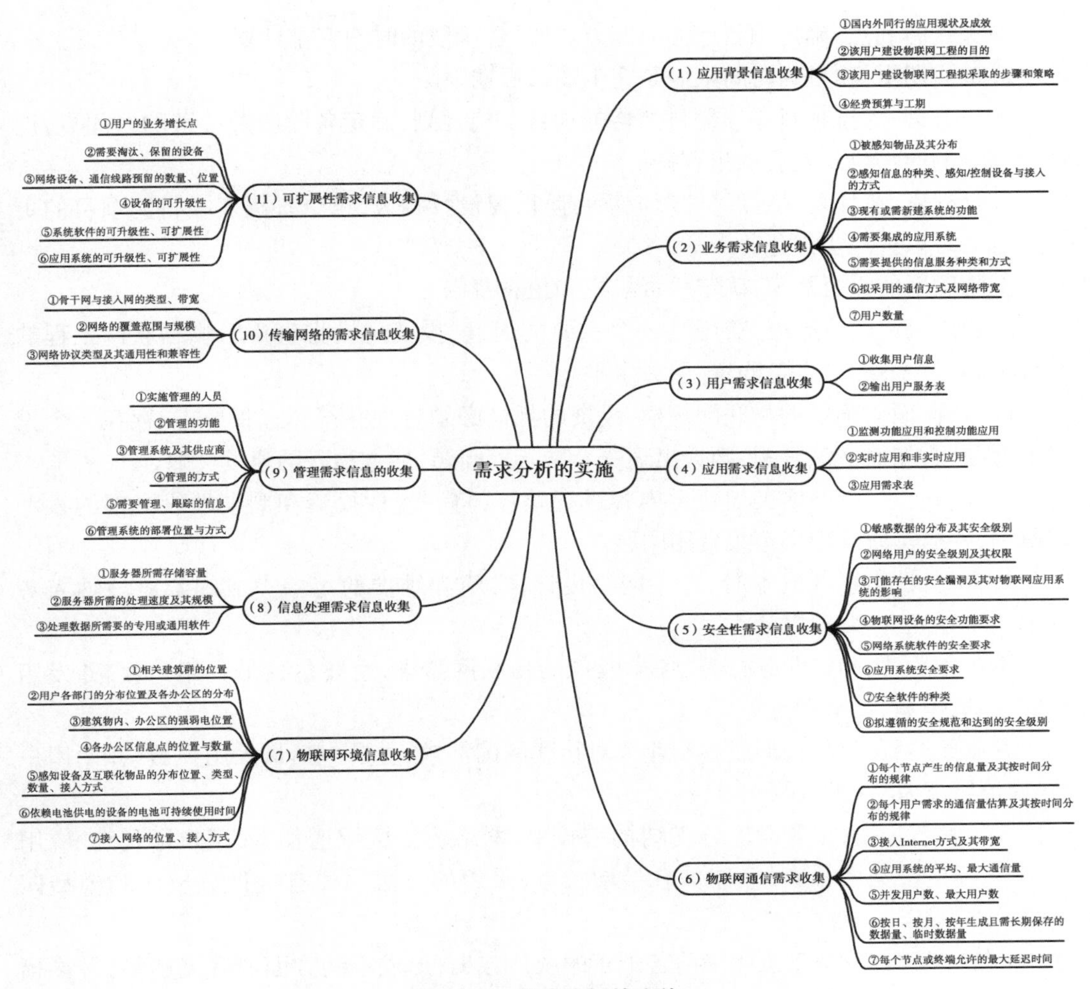

图1.13 需求分析的实施

应尽量保证所设计的物联网能够满足业务需求,并在收集业务需求数据后制作业务需求清单。业务需求调查主要通过文档形式体现,业务需求文档通常包含以下内容:

①主要相关人员:确定信息来源、信息管理人员名单、相关人员的联系方式等。如图1.14所示是一个特定单位组织结构。

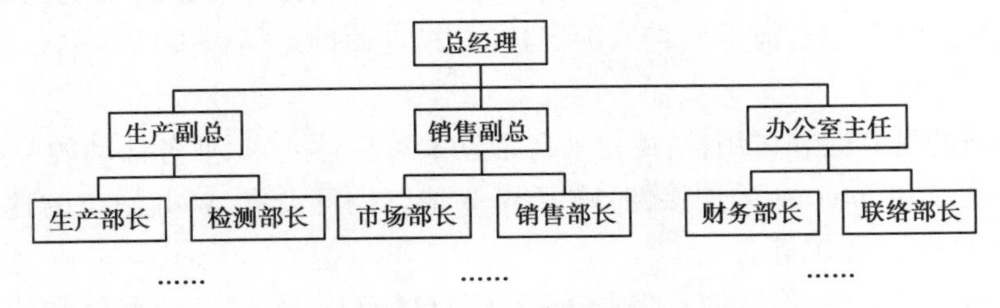

图1.14 组织结构

两类人员需要重点沟通:一是决策者,负责审批物联网设计方案或决定投资规模的管理层;二是信息提供者,负责解释业务战略、长期计划和其他常见的业务需求。

②关键时间点:确定项目起始时间点、项目各阶段的时间安排计划。

a. 最后期限:项目的时间限制是完工的最后期限。

b. 里程碑:大型项目必须制订严格的项目实施计划,确定各阶段及关键的时间点,这些时间点的产物也是重要的里程碑。

c. 日程表:在计划设定后,即形成项目阶段建设日程表,这个日程表在得到项目的更多信息后可以进一步细化。

③物联网的投资规模:确定投资规模和预算费用。

a. 费用决定整体等级:费用是一个重要的因素,投资规模将直接影响物联网工程的设计思路、技术路线、设备购置、服务水平。

b. 合理:面对确定的物联网规模,投资的规模必须合理并符合工程要求,存在一个投资最低限额,如低于该限额,则会出现资金缺乏等问题,导致物联网建设失败。

c. 分期问题:应根据工程建设内容进行核算,将一次性投资和周期性投资都纳入考虑范围,并据实向管理层汇报费用问题。

d. 全面:计算系统成本时,有关网络设计、实施和维护的每一类成本都应该纳入考虑中。

④业务活动:确定业务分类、各类业务的物联网需求,主要包括最大用户数、并发用户数、峰值带宽、正常带宽等。

对业务类型的分析,形成各类业务对物联网的需求,主要包括最大用户数、并发用户数、峰值带宽、正常带宽等。

⑤预测增长率:主要考虑分支结构增长率、网络覆盖区域增长率、用户增长率、应用增长率、通信带宽增长率、存储信息量增长率,采用的方法主要有统计分析法和模型匹配法。

a. 统计分析法:基于该网络前若干年的统计数据,形成不同方面的发展趋势,最终预测未来几年的增长率。

b. 模型匹配法:根据不同的行业、领域建立各种增长率的模型,而物联网设计者根据当前物联网的情况,依据经验选择模型,对未来几年的增长率进行预测。

⑥数据处理能力:从感知设备获得的数据经必要的处理后才能提供给相关用户使用。由于不同物联网的功能不同,信息量的差别很大,因此对信息处理能力的要求差别也很大。设计人员应通过需求调查来确定其能力,进而确定所需要的数据处理设备的类型、配置、数量等信息。

⑦物联网的可靠性和可用性:确定业务活动的可靠性要求、业务活动的可用性要求。

⑧Web 站点和 Internet 的连接性:确定 Web 站点栏目设置、Web 站点的建设方式、物联网的 Internet 出口要求等。

⑨物联网的安全性:确定信息保密等级、信息敏感程度、信息的存储和传输要求、信息的访问控制要求等。

⑩远程访问:确定远程访问要求、需要远程访问的人员类型、远程访问的技术要求等。

(3)用户需求信息收集

①收集用户信息。

收集用户需求应从当前的物联网用户开始,必须找出用户需要的重要服务或功能。物联网设计人员在收集用户需求的过程中,需要注意与用户的交流,应将技术性语言转化为普通的交流语言,并且将用户描述的非技术性需求转换为特定的物联网属性要求,如网络带宽、并发连接数、每秒新增连接数等。

②输出用户服务表。

用户服务表既可用于归档需求信息类型,也可用于指导管理人员和物联网用户的讨论。它主要由需求服务人员使用,类似于备忘录,不面向用户。在收集用户需求时,应利用用户服务表及时纠正收集工作的失误和偏差。

用户服务表没有固定的格式,可根据个人经验自行设计,示例见表1.1。

表1.1 用户服务表(示例)

用户服务需求	服务或需求描述
地点	
用户数量	
今后3年的期望增长率	
信息的及时发布	
可靠性/可用性	
安全性	
可伸缩性	
成本	
响应时间	
其他	

(4)应用需求信息收集

①监测功能应用和控制功能应用。

物联网应用按功能可分为监测功能应用和控制功能应用,常见功能应用类型如图1.15所示,这些应用类型大多数是人们在日常工作中接触较为频繁、应用范围较广的。对应用需求按功能分类,并依据不同类型的需求特性,可以很快归纳出物联网工程中的应用对物联网的主体需求。

②实时应用和非实时应用。

物联网应用按响应可分为实时应用和非实时应用(图1.16)。不同的响应方式具有不同的物联网响应性能要求。实时应用在特定事件发生时会实时发回信息,系统在收到信息后马上进行处理,一般不需要用户干涉,这对物联网带宽、物联网延迟等提出了明确的要求,实时应用要求信息传输速率稳定,具有可预测性;非实时性应用只要求一旦事件发生后能在规定的时限内完成响应,对带宽、延迟的要求较低,但可能对物联网设备、计算机平台的缓冲区有较高的要求。

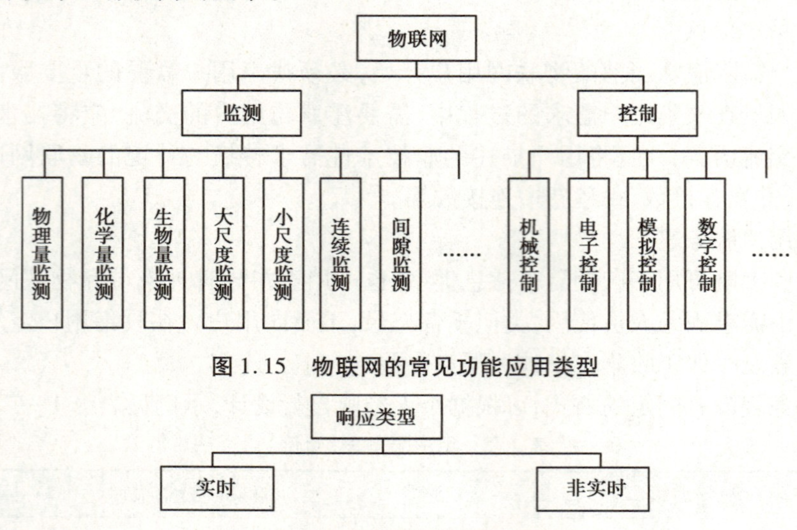

图 1.15　物联网的常见功能应用类型

图 1.16　物联网响应类型

③应用需求表。

设计人员在收集应用信息后，需要制作应用需求表。应用需求表应能概括和记录应用需求的量化指标，可直接用于指导网络设计。应用需求表中的项目内容可根据实际需要进行调整，示例见表 1.2。

表 1.2　应用需求表(式例)

用户名	应用需求								
(应用程序名)	版本等级	描述	应用类型	位置	平均用户数	使用频率	平均事务大小	平均会话长度	是否实时

(5)安全性需求信息收集

物联网因其泛在性、暴露性、终端处理能力弱、对物理世界的精确控制等特殊性，既有普通 Internet 的安全性需求，也具有一些特殊的安全性需求。

①敏感数据的分布及其安全级别。

②网络用户的安全级别及其权限。

③可能存在的安全漏洞及其对物联网应用系统的影响。

④物联网设备的安全功能要求。

⑤网络系统软件的安全要求。

⑥应用系统安全要求。

⑦安全软件的种类。

⑧拟遵循的安全规范和达到的安全级别。

(6)物联网通信需求收集

物联网的通信量是物联网各部分产生的信息量的总和,这是设计网络带宽、存储空间、处理能力的基础。

①每个节点产生的信息量及其按时间分布的规律。

②每个用户要求的通信量估算及其按时间分布的规律。

③接入 Internet 的方式及其带宽。

④应用系统的平均、最大通信量。

⑤并发用户数、最大用户数。

⑥按日、按月、按年生成且需长期保存的数据量、临时数据量。

⑦每个节点或终端允许的最大延迟时间。

(7)物联网环境信息收集

物联网环境是用户的地理环境、网络布局、设备分布的总称,是进行拓扑设计、设备部署、网络布线的基础。

①相关建筑群的位置。

②用户各部门的分布位置及各办公区的分布。

③建筑物内、办公区的强弱电位置。

④各办公区信息点的位置与数量。

⑤感知设备及互联化物品的分布位置、类型、数量、接入方式。

⑥依赖电池供电的设备的电池可持续使用时间。

⑦接入网络的位置、接入方式。

(8)信息处理需求信息收集

信息处理能力是指物联网对感知的信息进行分析、处理、存储、分发以及生成各类高易用性格式数据的能力。

①服务器所需存储容量。

②服务器所需的处理速度极其规模。

③处理数据所需要的专用或通用软件。

(9)管理需求信息的收集

物联网的管理是用户不可或缺的一个重要方面,高效的管理能提高运营效率。

①实施管理的人员。

②管理的功能。

③管理系统及其供应商。

④管理的方式。

⑤需要管理、跟踪的信息。

⑥管理系统的部署位置与方式。

(10)传输网络的需求信息收集

传输网络的需求信息主要有:

①骨干网与接入网的类型、带宽。

②网络的覆盖范围与规模。

③网络协议类型及其通用性和兼容性。

(11)可扩展性需求信息收集

可扩展性需求信息主要有:

①用户的业务增长点。

②需要淘汰、保留的设备。

③网络设备、通信线路预留的数量、位置。

④设备的可升级性。

⑤系统软件的可升级性、可扩展性。

⑥应用系统的可升级性、可扩展性。

3)需求分析的归档整理

对从需求调查汇总获取的数据,设计人员应认真总结并归纳出信息,采取多种方式来将其展现。在对需求数据进行总结时,应注意以下几点:

(1)简单直接

提供的总结信息应该简单易懂,侧重于信息的整体框架,而不是具体的需求细节。此外,为了便于用户阅读,应尽量使用用户的行业术语,而非技术术语。

(2)说明来源和优先级

将需求按照业务、用户、应用、计算机平台、网络等进行分类,并明确各类需求的具体来源,如人员、政策等。

(3)尽量多用图片

应尽量多使用图片,以便用户更容易理解数据模式。

(4)指出矛盾的需求

多项需求间会出现一些矛盾,在需求说明书中应对这些矛盾进行说明,以便设计人员找到解决办法。

【思政小课堂】

以青春之名,逐科技强国之梦——全国“两红两优”风采录之“小我融入大我　青春献给祖国”

当下,新时代青年科技人才已在各自创新舞台上勇挑重担,凭借过硬技术与坚韧意志走在前列。

1996年出生的张萱是中国重型汽车集团有限公司应用工程开发中心整车设计员。“不服输”,是同事对她的最深印象。2020年年底,张萱所在团队接到为北京冬奥会研发雪蜡车的任务。那时,对于张萱和团队其他成员来说,雪蜡车是完全没有接触过的车型。缺少实物参考,就翻看国外的视频和文献资料;缺乏直观感知,就参照运动员的描述,就这样雪蜡车的模样逐步构建起来。这期间,张萱主要参与雪蜡车底盘及上装打蜡机布置方案制订、雪蜡车车衣方案选择等工作。在方案完善、技术更改、会议探讨等方面,作为团队的一员,张萱都希望拿出最佳的方案。在她的内心深处,一直有一个声音:我国第一辆雪蜡车将会是自己青春年华里最重要的篇章，因为它代表着日新月异的中国形象。从设计研发到交付使用，从缺乏概念到最终成型，11 个月，用“不服输”超越“不可能”，这是张萱所在团队展现出的“中国速度”。在北京冬奥会开幕倒计时 100 天之际，雪蜡车正式交付。这辆“世界领先、完全国产”的雪蜡车填补了我国高端装备的空白。

同样 1996 年出生的张作敏现任河北蔚州能源综合开发有限公司发电部集控运行副值。在发电机组运行期间，张作敏定期组织团员青年对照现场实际系统设备，完善规程、操作票及系统图，熟练掌握设备系统启停操作要求，确保机组稳定运行。

2022 年，张作敏围绕设备治理，独立排查并优化汽机、锅炉等系统设备百余项，设备故障发生率同比下降。他组织参与脱硫系统、空冷岛风机冷却系统等技改项目，完成空冷岛 128 台风机齿轮箱油、风扇电机的升级改造，将风机调频容量扩大，设备深度调峰性能得到有效提升。

1996 年出生的叶雷鹏，是杭州安恒信息技术股份有限公司教研部经理。他致力于网络安全领域技术研究与人才能力养成等方面的创新探索工作，多次带领团队在国内顶级网络安全赛事中获得优异成绩。如今，叶雷鹏不仅关注网络与信息安全领域的技术研究，更希望为专业的网络安全人才培养出一份力。

中车唐山机车车辆有限公司加工中心操作工李子禹是高铁智能制造领域技术精英。工作中，他勤学苦练、潜心钻研，攻克了复兴号高速动车组车体侧墙焊缝全自动打磨等 20 余项技术难题，创造经济价值 300 余万元。

2022 年北京冬奥会期间，参赛选手、观众和工作人员充分享受到科技奥运带来的安心、便捷和智能化的体验，其中就有北京旷视科技有限公司青年科技团队的贡献。该团支部青年团员深度参与鸟巢、冰立方的智能化升级，国家速滑馆“冰丝带”、延庆冬奥村等场馆的智能化建设、智慧化升级，开发“区间智能防疫系统”与场馆室内实时 AR 导航，为冬奥保障增添了一抹“科技范儿”。

科研之路道阻且长，但既然选择了远方，广大青年团员便踔厉奋发、笃行不怠。无论是面对一道道艰巨的科研难题，还是接手一个个重大的攻关任务，他们都怀着热爱与勇气持续探索、力求创新，以青春之勇毅、青春之智慧交出了令人称道的答卷。

1.4.5 需求分析说明书的编写

编写需求分析说明书的目的是为管理人员提供决策参考信息，为设计人员提供设计依据，需求分析说明书应尽量简单且信息充分。

物联网是一个新兴的领域，有关需求分析说明书的编制尚无国际标准或国家标准，已存在的有关标准只规定了需求分析说明书的大致内容，但一些基本内容必须在需求分析说明书中体现，如业务、用户、应用、设备、网络及安全等方面的需求内容。

在实际编写需求分析说明书时，还应有封面、目录等信息。通常，在封面的下端注明文档类别、阅读范围、编制人、编制日期、修改人、修改日期、审核人、审核日期、批准人、批准日期及版本等信息。

1.4.6 可行性研究

1）可行性研究与可行性报告

拟建项目可行性研究是具有决定性意义的工作，这是在投资决策之前，对拟建项目进行全面技术、经济分析论证的科学方法。在投资管理中，可行性研究是指对拟建项目有关的自然、社会、经济、技术等进行调研、分析比较及预测建成后的社会经济效益，在此基础上，综合论证项目建设的必要性、营利性、经济上的合理性、技术上的先进性和适应性及建设条件的可能性和可行性，从而为投资决策提供科学依据。

可行性研究报告是在制订某一建设或科研项目之前，对该项目实施的可能性、有效性、技术方案及技术政策进行具体、深入、细致的技术论证和经济评价，以求确定一个在技术上合理、经济上合算的最优方案和最佳时机而写的书面报告。可行性研究报告简称可研报告。

可行性研究报告的主要内容要求以全面、系统的分析为主要方法，以经济效益为核心，围绕影响项目的各种因素，运用大量的数据资料论证拟建项目是否可行。对整个可行性研究进行综合分析评价，指出其优缺点和提出建议。为了结论的需要，往往还需要加上一些附件，如试验数据、论证材料、计算图表、附图等，以增强可行性研究报告的说服力。

可行性研究报告分为政府审批核准用可行性研究报告和融资用可行性研究报告。政府审批核准用可行性研究报告侧重项目的社会经济效益和影响。融资用可行性研究报告侧重项目在经济上是否可行。具体概括为政府立项审批、产业扶持、银行贷款融资投资、投资建设、境外投资、上市融资、中外合作、股份合作、组建公司、征用土地、申请高新技术企业等各类可行性研究报告。

报告通过对项目的市场需求、资源供应、建设规模、工艺路线、设备选型、环境影响、资金筹措、盈利能力等方面的调查研究，在行业专家研究经验的基础上对项目的经济效益及社会效益进行科学预测，从而为客户提供全面的、客观的、可靠的项目投资价值评估及项目建设进程等咨询意见。

2）可行性研究报告的用途

可行性研究报告主要用于新建（或改扩建）物联网工程项目申请立项和到银行申请贷款。根据国家发展和改革委员会（以下简称“发改委”）颁布的《企业投资项目核准和备案管理办法》，企业在项目建设投资前必须到项目建设地发改委提交“项目可行性研究报告”申请立项。

不涉及政府资金和利用外资的企业投资项目按照备案制立项。需要企业提交“工程项目可行性研究报告”、备案请示、公司工商材料、项目建设地址图、项目总平面布置图，配合发改委填写项目立项备案表。

项目备案的同时，需要同步办理环境影响评价和节能评估。需要编制环境影响评价报告（或者报告表、登记表）、节能评估报告（或者报告表、登记表），这两份报告需要由具有相应资质的单位编制，是项目立项备案过程中的重要文本。

3）可行性研究报告的编制要求

（1）内容要求

①设计方案具体。

可行性研究的主要任务是对预先设计的方案进行论证，所以可行性研究报告必须包括具体的设计、研究方案才能明确研究对象。

②内容真实。

可行性研究报告涉及的内容及反映情况的数据必须绝对真实、可靠，不允许有偏差及失误。其中所运用的资料、数据都要经过反复核实，以确保内容的真实性。

③预测准确。

可行性研究报告是投资决策前的活动，是事件没有发生之前的研究，是对事务未来发展的情况、可能遇到的问题和结果的估计，具有预测性。必须进行深入的调查研究，充分地利用资料，运用切合实际的预测方法，科学地预测未来前景。

④论证严密。

论证性是可行性研究报告的一个显著特点。要使其具有论证性，必须做到运用系统的分析方法，围绕影响项目的各种因素进行全面、系统的分析，既要做宏观的分析，又要做微观的分析。

（2）政策法规要求

可行性研究报告除需要全面地反映工程项目的有关信息，还需要符合政府有关部门的要求。在我国，涉及立项审批的部门一般是发改委，发改委对物联网工程项目可行性研究报告尚无针对性的具体要求，但对计算机网络工程项目的可行性研究报告有明确的要求，可作为物联网工程项目可行性研究报告的参考。其要求如下：

①项目立项有政策法规依据。

涉及的主要政策法规有拟建工程项目所在地区省、市企业投资项目备案暂行管理办法、《产业结构调整指导目录（2024 年本）》、《固定资产投资项目节能评估和审查暂行办法》、《建设项目环境影响评价文件分级审批规定》、《建设项目经济评价方法与参数》（第三版）、《投资项目可行性研究指南》。

②符合备案条件。

企业投资建设实行登记备案的项目，应当符合下列条件：

a. 符合国家的法律法规。

b. 符合国家产业政策。

c. 符合行业准入标准。

d. 符合国家关于实行企业投资项目备案制的有关要求。

4）可行性研究报告的编制

可行性研究报告是建设项目立项、决策的主要依据，一般应包括以下内容：

(1)投资必要性

主要根据市场调查及预测的结果,以及有关的产业政策等因素,论证项目投资建设的必要性。在投资必要性的论证上,一是要做好投资环境的分析,对构成投资环境的各种要素进行全面的分析论证;二是要做好市场研究,包括市场供求预测、竞争力分析、价格分析、市场细分、定位及营销策略论证。

(2)技术可行性

主要从项目实施的技术角度,合理设计技术方案,并进行比选和评价。各行业不同项目的技术可行性的研究内容及深度差别很大。对工业项目,可行性研究的技术论证应达到能够比较明确地提出设备清单的深度;对非工业项目,可行性研究的技术论证应达到目前工程方案初步设计的深度,以便与国际惯例接轨。

(3)财务可行性

主要从项目及投资者的角度,设计合理财务方案,从企业理财的角度进行资本预算,评价项目的财务盈利能力,进行投资决策,并从融资主体(企业)的角度评价股东投资收益、现金流量计划及债务清偿能力。

(4)组织可行性

制订合理的项目实施进度计划,设计合理的组织机构,选择经验丰富的管理人员,建立良好的协作关系,制订合适的培训计划等,以保证项目顺利执行。

(5)经济可行性

主要从资源配置的角度衡量项目的价值,评价项目在实现区域经济发展目标、有效配置经济资源、增加供应、创造就业、改善环境、提高人民生活水平等方面的效益。

(6)社会可行性

主要分析项目对社会的影响,包括政治体制、方针政策、经济结构、法律道德、宗教民族、妇女儿童及社会稳定性等。

(7)风险因素及对策

主要对项目的市场风险、技术风险、财务风险、组织风险、法律区险、经济及社会风险等风险因素进行评价,制订规避风险的对策,为项目全过程的风险管理提供依据。

【任务书】

日常家居生活都是在不同的场景下交替循环,起床、离家、回家、用餐、会客、睡眠,这6个场景基本组成了人们家庭生活的全部。例如,起床场景:用户可以对家中的智能灯光、智能窗帘、智能插座、背景音乐系统等产品进行提前设置;回家场景:用户在回家的路上,可以通过手机App开启自己需要用到的电器设备,如窗帘、空调、热水器等家用电器;离家场景:用户可以通过手机App实现家用电器自动关闭功能,智能安防系统进入布防状态;会客场景:用户可以通过可视对讲系统,与来访者远程对话,确认之后,再开启智能门锁;会餐场景:用户可设置用餐模式;睡眠场景:用户可以使用手机App关闭电器,同时启动智能安防系统等。

那么在智能家居场景下，各个房间的功能应该如何进行智能化改造，请同学们分为5～6人的学习小组，以小组为单位，参照如图1.17和图1.18所示进行思维扩散，编写出《智能家居需求分析说明书》。

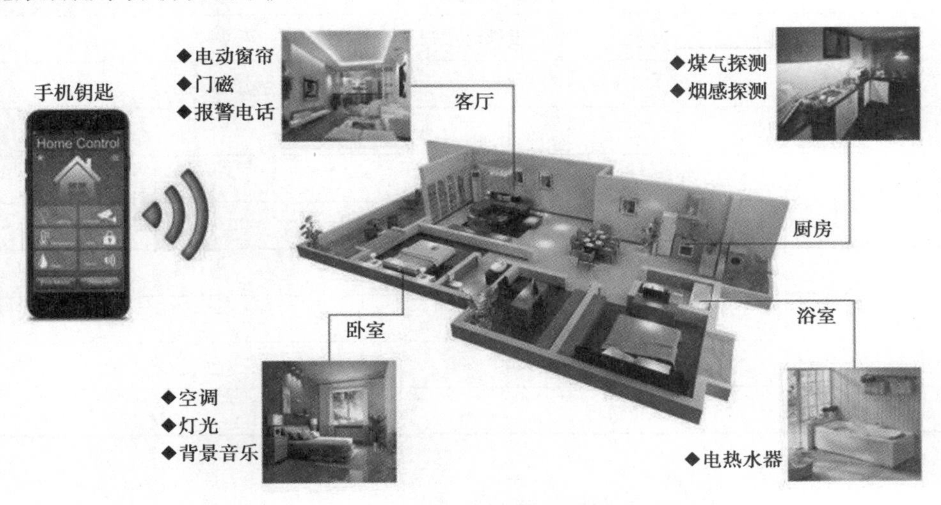

图1.17 智能家居平面图

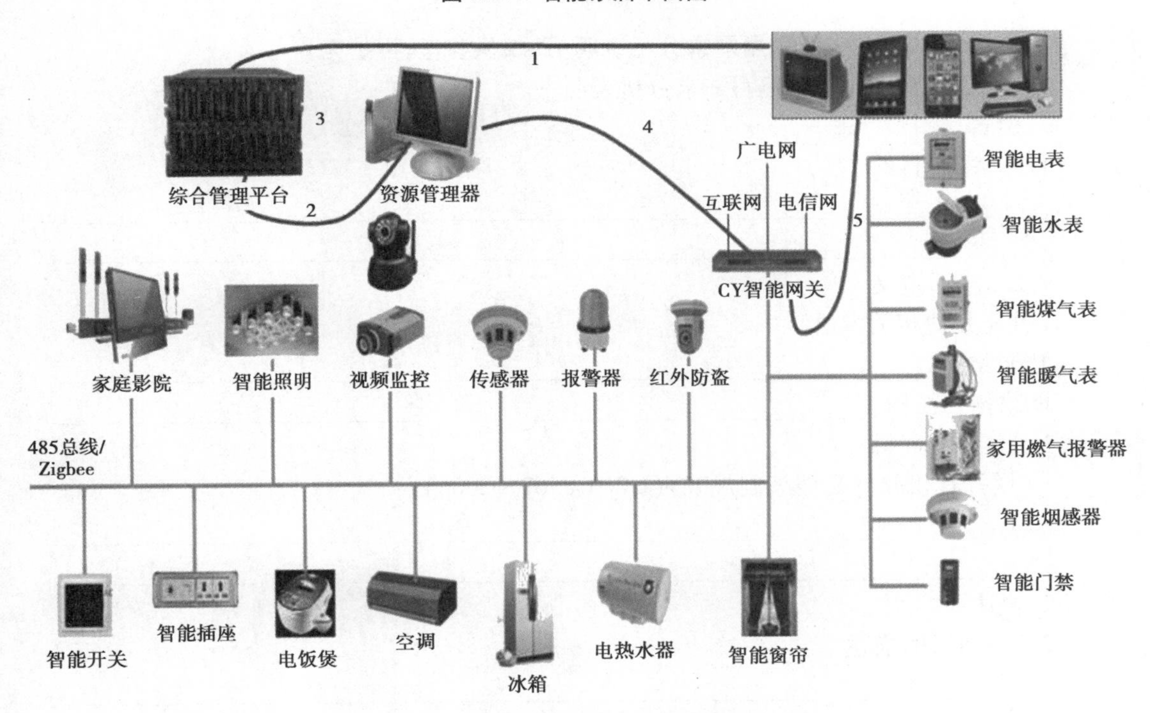

图1.18 设备连接拓扑结构图

【任务分组】

班级		组别	
组员列表			
姓名	学号	任务分工	

【任务实施】

智能家居需求分析说明书(仅供参考,可扩充)

参考下面给出的提纲,编写需求分析说明书。

1. 引言

1.1　编制目的

____

____

1.2　术语定义

(补充其他相关术语)

智能家居:______________________________

网络拓扑结构:______________________________

1.3　参考资料

[1]《计算机软件文档编制规范》(GB/T 8567—2006)

[2]______________________________

[3]______________________________

2. 概述

2.1　项目的描述

____

____

2.2　项目的功能

3. 具体需求

3.1　业务需求

3.1.1　主要业务

3.1.2　未来增长预测

3.2　用户需求

3.3　应用需求

3.3.1　系统功能

3.3.2　主要应用及使用方式

3.4　网络基本结构需求

3.4.1　总体结构

3.4.2　感知系统

3.4.3　网络传输系统

3.4.4　控制系统(可选)

(内容略)

3.5　网络性能需求

3.5.1　数据存储能力

3.5.2　数据处理能力

3.5.3　网络通信流量与网络服务最低带宽

3.6　其他需求

3.6.1　可使用性

3.6.2　安全性

3.6.3　可维护性

3.6.4　可扩展性

3.6.5　可靠性

3.6.6　可管理性

3.6.7　机房

（内容略）

3.7　约束条件

3.7.1　投资约束

3.7.2　工期约束

附录

【扩展训练】

1. 简述物联网工程的定义。

2. 物联网工程的基本组成包括哪些？

3. 物联网工程目标设计的原则有哪些？

4. 物联网工程的生命周期包括哪些阶段？

5. 物联网工程设计与实施的主要文档包括哪些？

6. 物联网工程设计与实施需求分析的内容有哪些？

7. 项目可行性研究主要是通过对项目的主要内容和配套条件，如市场需求、资源供应、建设规模、工艺路线、设备选型、环境影响、资金筹措、盈利能力等，从技术、经济、工艺等方面进行调查研究和分析比较，并对项目建成以后可能取得的经济效益及社会影响进行预测，从而提出该项目是否值得投资和如何进行建设的咨询意见，为项目决策提供依据，是一种综合性的分析方法。项目可行性研究报告在内容上阐述技术可行性、（　　）。

A. 经济可行性、报告可行性

B. 经济可行性、社会可行性
C. 系统可行性、财务可行性
D. 系统可行性、时间可行性
8. 关于可行性研究的描述，正确的是(　　)。
A. 详细可行性研究由项目经理负责
B. 可行性研究报告在项目章程制订之后编写
C. 详细可行性研究是不可省略的
D. 可行性研究报告是项目执行文件
9. 项目可行性研究报告不包含(　　)。
A. 项目建设的必要性
B. 总体设计方案
C. 项目实施进度
D. 项目绩效数据

【评价反馈】

<table>
<tr><td colspan="3">班级：</td><td colspan="4">姓名：</td><td colspan="4">学号：</td><td colspan="4">评价时间：</td></tr>
<tr><td rowspan="17">评价内容</td><td colspan="2" rowspan="2">项目</td><td colspan="4">自我评价</td><td colspan="4">同学评价</td><td colspan="4">教师评价</td></tr>
<tr><td>A</td><td>B</td><td>C</td><td>D</td><td>A</td><td>B</td><td>C</td><td>D</td><td>A</td><td>B</td><td>C</td><td>D</td></tr>
<tr><td rowspan="2">课前准备</td><td>课前预习</td><td></td><td></td><td></td><td></td><td></td><td></td><td></td><td></td><td></td><td></td><td></td><td></td></tr>
<tr><td>信息收集</td><td></td><td></td><td></td><td></td><td></td><td></td><td></td><td></td><td></td><td></td><td></td><td></td></tr>
<tr><td rowspan="3">课中表现</td><td>考勤情况</td><td></td><td></td><td></td><td></td><td></td><td></td><td></td><td></td><td></td><td></td><td></td><td></td></tr>
<tr><td>课堂纪律</td><td></td><td></td><td></td><td></td><td></td><td></td><td></td><td></td><td></td><td></td><td></td><td></td></tr>
<tr><td>学习态度</td><td></td><td></td><td></td><td></td><td></td><td></td><td></td><td></td><td></td><td></td><td></td><td></td></tr>
<tr><td rowspan="4">任务完成</td><td>方案设计</td><td></td><td></td><td></td><td></td><td></td><td></td><td></td><td></td><td></td><td></td><td></td><td></td></tr>
<tr><td>任务实施</td><td></td><td></td><td></td><td></td><td></td><td></td><td></td><td></td><td></td><td></td><td></td><td></td></tr>
<tr><td>资料归档</td><td></td><td></td><td></td><td></td><td></td><td></td><td></td><td></td><td></td><td></td><td></td><td></td></tr>
<tr><td>知识总结</td><td></td><td></td><td></td><td></td><td></td><td></td><td></td><td></td><td></td><td></td><td></td><td></td></tr>
<tr><td rowspan="2">课后拓展</td><td>任务巩固</td><td></td><td></td><td></td><td></td><td></td><td></td><td></td><td></td><td></td><td></td><td></td><td></td></tr>
<tr><td>自我总结</td><td></td><td></td><td></td><td></td><td></td><td></td><td></td><td></td><td></td><td></td><td></td><td></td></tr>
<tr><td colspan="15">学生自我总结：</td></tr>
</table>

项目 2
物联网工程网络设计与规划

【项目导读】

在物联网系统设计与工程实施中,最具行业价值也是技术核心的环节就是异构网络的设计搭建。在对物联网工程进行需求分析后,就可以进行 IoT 网络设计。在这一阶段,设计人员应根据用户需求的分类和分布来具体细微地选择满足需求的网络技术方案,构建 IoT 网络结构,并编写网络设计文档,以供项目整体解决方案及工程施工使用。本项目需要以项目 1 中形成的需求文档为依据,设计网络结构,选择关键技术,设计网络编址方案及路由方案,并形成网络设计文档。

【教学目标】

知识目标:

- 了解物联网网络设计的目标和基本原则。
- 熟练掌握物联网工程网络设计方法。
- 掌握物联网工程网络设计的关键技术。

能力目标:

- 能够绘出物联网工程项目的网络拓扑图。
- 能够匹配物联网网络关键设备。
- 能够撰写物联网网络设计文档。

素养目标:

- 培养以用户为中心的市场意识。
- 培养融合创新的能力。
- 培养团队合作的能力。

思政目标:

- 培养学生勤于实践、勇于创新的意识。
- 培养学生精益求精的工匠精神。
- 引导学生树立科技报国情怀。

【知识储备】

2.1　网络设计概述

网络设计主要描述设备的互连及分布，但是不对具体的物理位置和运行环境进行确定。

网络设计的过程分为以下步骤：

第1步，确定网络设计的目标。

第2步，确定网络功能和服务。

第3步，确定网络结构。

第4步，进行技术选择。

2.1.1　网络设计的目标

网络设计的总体目标是根据需求分析阶段的工作结果，遵循逻辑设计原则，选用适用的网络技术，提供能够满足用户需求的优化技术解决方案。网络设计只涉及用户部门、技术、设备和传输介质的种类，而综合布线系统和无线局域网（WLAN）的设计、设备的品牌型号及安装位置、确定缆线的长度及走向等任务涉及具体设备和空间位置的设计，则属于物理网络设计。

一般情况下，网络设计需要考虑运行环境、技术选型、网络结构、运行成本，以及网络的可扩充性、易用性、可管理性和安全性。

1）合适的运行环境

网络设计必须能为应用系统提供合适的运行环境，并保障用户能够顺利访问应用程序。

2）成熟而稳定的技术选型

在网络设计阶段，应该选择成熟、稳定的技术，项目越大，越需要考虑技术的成熟性，以免错误投入。

3）合理的网络结构

合理的网络结构不仅可以减少一次性投资，而且可以避免在网络建设中出现的各种复杂问题。

4）合理的运行成本

网络设计不仅决定一次性投资，而且其中的技术选型和网络结构直接决定运营维护等周期性投资。

5）网络的可扩充性

网络设计必须具有较好的可扩充性，以满足用户增长和应用增长的需要，避免因这些需要的增长而导致网络重构。

6）易用性、可管理性和安全性

用户是透明的，网络设计必须保证用户操作的单纯性，过多的技术性限制会导致用户对网络的满意度降低。

对网络管理人员，网络必须采取高效的管理手段和途径，否则会影响管理工作本身，还会影响用户使用。

对网络应用，提倡适度安全，既要保证用户的各种安全需求，又不能给用户带来太多限制。对特殊网络，必须采用较为严密的网络安全措施。

2.1.2 网络设计的基本原则

1）采用先进且成熟的技术

网络设计应选择先进、成熟、稳定的技术，而不是很先进但尚不成熟的技术。实际工程不是新技术的实验室，项目规模越大，越要考虑技术的成熟度。

2）遵循现有的网络工程建设标准

网络工程建设必须遵循现有的相关工程建设标准，以保障网络工程建设质量，同时保证项目中不同厂家设备、系统产品的互连和运行维护的便利性。

此外，在进行网络设计时，需要遵循高可靠性、可扩展性、可管理性、安全性、实用性及开放性等原则。这些原则之间有相互冲突之处，有时无须全部遵守，而应有针对性地进行取舍。

2.1.3 网络设计的主要内容

网络设计主要包括网络结构设计、技术选择（感知技术、局域网技术、广域网技术）、IP 地址规划和域名设计、路由方案设计、网络安全策略设计、网络管理策略设计、测试方案设计和逻辑设计说明书编写。

其中，有关网络管理、网络安全、测试方案的内容在其他项目中完成。

【思政小课堂】

见证奇迹的时刻！请看“北斗+物联网”的神奇魔法

2018 年 2 月 12 日，两颗北斗三号组网卫星被送入预定轨道，这已是北斗全球系统的第 5 颗和第 6 颗卫星。让每一个中国人距离“万物互联，随时沟通”的梦想又进一步。

那么，北斗和物联网有什么关系？北斗全球系统会给我们带来什么变化？

为什么要把物体联到网络

物联网是什么？为什么要把物体都连接到网络上呢？

物联网，就是物物相连的互联网，如把销售人员、货物、快递员、货车、消费者等连起来形成快递物联网。通过把相关的物体和设备都联网，能够随时观测状态，监控运行情况并进行控制和调整……一旦发生故障就能及时发现，给予修理或者更换。比如，家中的水表电表和住户以及相关机构联网，就可以通过网络终端查看用水用电情况，及时缴费甚至自动续费等。这样就可以把现在许多需要人力完成的诸如抄表、巡视、看监控器等工作交给机器来做。

其实，物联网是在帮助人类“偷懒”，把人类从简单的重复性工作中解放出来，去从事更有创造性的工作。以前，我们很难直接观测到机器、物品、设施的很多参数，也不可能去监控。比如，地下管道的淤积情况、大型加工中心内部的零件温度都很难直接观测到。又如，无人区的输电线路、油气管道的健康情况要靠人力巡视，这些工作不仅周期长，而且伴随危险。然而，有了物联网之后，这些就都可以被自动观测并传输到控制中心，用计算机来自动判断数据是不是正常。如果不正常，机器就向人类发出警报。

北斗和物联网有什么关系

当我们要观测和控制一个物体的时候，首先要知道它是什么，在哪里。以集装箱为例，大家就能“秒懂”北斗和物联网之间千丝万缕的“情愫”了。

在每一个港口都摆放着成千上万个外形一样的集装箱。其装载的东西完全不同。吊车手看错箱子并将之送上错误的航船的情况时有发生，这称为“错箱率”。

有了北斗系统之后，只要在集装箱上安装一个小小的无线终端，把集装箱自身的编号和位置信息一起发送出去，人们就知道哪个箱子在什么地方。装卸和运输都可以准确而高效，大幅度降低了错箱率。

这样的技术还可以实现无人码头和远程货物跟踪，只要在机器人起重机装上北斗定位终端。根据集装箱发来的位置，机器人起重机会按照程序自动执行装卸任务。机器人不会疲倦，不睡觉也不下班，港口可以 24 h 运行。而集装箱出海之后，还可以继续通过北斗星座确定自己的位置，然后通过卫星通信把讯息发送回去。这样，无论船舶航行到哪里，货主都可以随时知道装载着自己货物的集装箱到哪儿了，是否安全。

北斗如何挑起全球互联大任

仍以集装箱为例，出海后的集装箱要发回位置信息，就需要通过卫星通信的方式来实现，就是要具有卫星通信能力。

一般有两种办法能够让集装箱获得卫星通信能力：一是让集装箱连接到船上的局域网，通过船上的卫星通信天线发送出去；二是集装箱直接连接到低轨道通信卫星。但是，船舶上未必有局域网，而海事卫星的数据通信费很贵。如果让集装箱直接连接低轨道卫星，使用价格就更贵了。

有了北斗，这些问题都能迎刃而解。北斗不但具有全球定位能力，也具有低价格的短报文通信能力。也就是说，北斗能够建立起初步的物联网。北斗三号的服务区域将扩展至全球，还实现了关键技术方面的突破，为用户提供更为优质的服务。毫不夸张地说，北斗导航卫星系统全球组网后，从此世界就是“平”的了。有了北斗全球系统，无论是在深山里、大洋中、高山上，我们都能够低延时地与世界联通。

这意味着什么呢？有了北斗全球系统，一艘巨大的飞艇就可以为南极考察站运送补给货物了，因为北斗导航系统能为飞艇精准地控制航路，让其准确抵达考察站上空。有了北斗全球系统，无人化的海运触手可及。远洋轮船上的水手需要数月面对茫茫大海，生活相当枯燥。如果在北斗的基础上,研制一种完全自动化的海运工具,就可以让海员们免去与世隔绝之苦。或许,他们只需要在航船进入港口前后,在北斗卫星的指引下登船,实施一些需要人工干预的复杂操作,然后自己依然可以回到岸上继续正常的生活。有了北斗全球系统,短途的无人机和无人车快递将无处不达。靠北斗系统提供导航定位功能,尽管在城市或许体现不出优势,但如果要把快递送到山村、海岛、远离市区的工地上,无人系统+北斗就可以取代快递员,能让那些地方的人们享受到电子商务时代的便捷与舒心。

未来,如果人类能够解决跨国服务贸易、海关、边检等方面的自动化问题,或许就可以把快递送到全球。到那时,北斗全球快递将成为人类生活的标配。

2.2 网络结构的设计

2.2.1 网络结构的概念

网络结构是一个网络的总体框架,包括网络的拓扑结构、层次结构及组成模块。

①智能园区网的拓扑结构:一般是基于星形网络结构的混合拓扑结构。

②智能园区网的层次结构:从研究角度通常把物联网分为感知层、传输层、处理层和应用层4个层次。从工程及实施的角度,比较常见、易于实施的是五层结构,分别为核心层、汇聚层、接入层、终端层/感知层及数据中心,每层都有特定的作用。

③智能园区网的组成模块:包括网络主体(核心层、汇聚层、接入层)、网络安全、网络管理、接入网、数据中心、Extranet 等。园区网的组成模块也可以按单位的各部门进行划分。

2.2.2 网络结构的设计原则

1)层次化

层次化是指将网络划分为核心层、汇聚层、接入层,各层功能清晰、架构稳定,易于扩展和维护。

2)模块化

模块化是指将网络按功能划分为若干相对独立的网络模块,如核心层、汇聚层、接入层、网络管理、网络安全、接入网、数据中心、虚拟局域网等,也可将园区网络所在单位的每个部门划分为一个模块。将网络模块化后,模块内部调整涉及的范围小,易于进行问题定位,便于网络分析和设计。

3)可靠性

可靠性是指对关键设备进行(双结点)冗余设计,对关键链路(采用 Trunk 模式)进行冗余备份或者负载分担,对关键设备的电源、主控板等关键部件进行冗余备份,以提高整个网络的可靠性。

4) 对称性

网络的对称性既便于业务部署、拓扑直观,又便于设计和分析。

5) 安全性

网络应具备有效的安全控制措施,包括外网和内网的安全控制措施,可按业务、权限进行分区逻辑隔离,对特别重要的业务网络应采取物理隔离。

6) 管理性

采用支持网络管理的网络设备和软件,可实现网络的高效、动态管理,降低日常维护费用。

7) 扩展性

网络不但要能满足当前需要,还要具有良好的可扩展性,以适应可预见的用户规模、网络应用业务的增长和新技术的发展,确保这些变化导致网络重构。

2.2.3 典型园区网的网络结构

网络逻辑结构涉及网络的层次结构及模块组成,典型园区网的逻辑结构如图 2.1 所示。

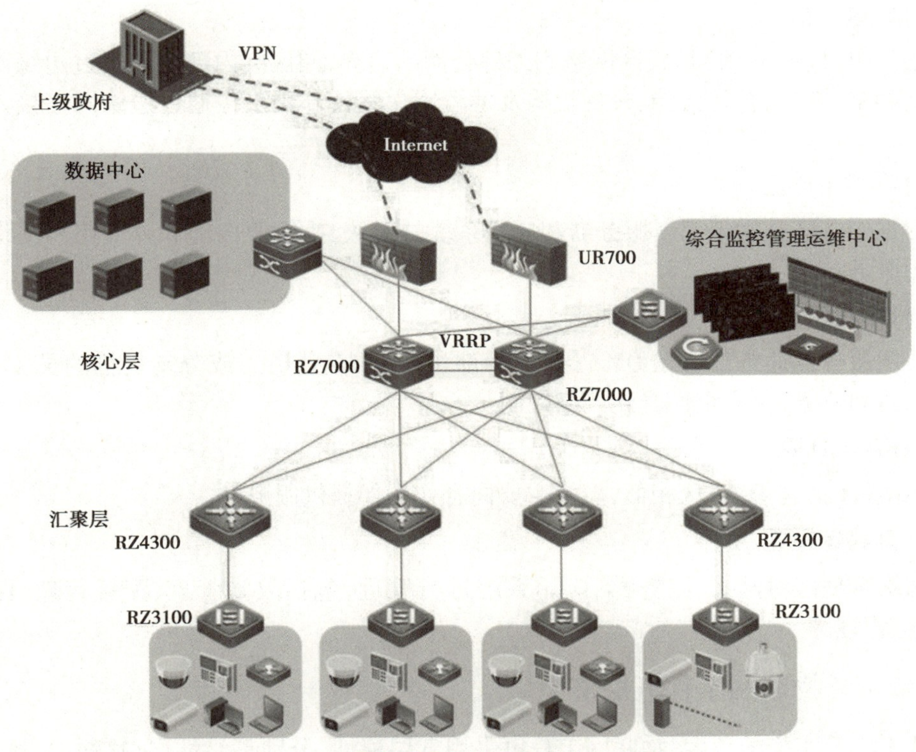

图 2.1 典型园区网的逻辑结构示意图

1) 终端层/感知层

终端层/感知层包含园区内的各种终端设备,如 PC、打印机、传真机、模拟电话机、IP 电话机、手机、摄像头及其他传感器等。感知部分实现对客观世界物品或环境信息的感知,有些应用还具有控制能力。

2)接入层

接入层负责将各种终端接入园区网络,通常由以太网交换机组成。对某些终端,可能要增加特定的接入设备,如无线接入的 AP 设备、模拟电话机接入的 IAD(综合接入设备)等。

3)汇聚层

汇聚层将众多接入设备和大量用户经过一次汇聚后接入核心层,以扩展核心层接入用户的数量。

汇聚层通常处于用户三层网关的位置,承担 L2/L3(二层交换机/三层交换机)边缘的角色,提供用户管理、安全管理、QoS 调度等与用户和业务相关的操作。

4)核心层

核心层负责整个园区网的高速互联,一般不部署具体的业务。核心网络需要实现带宽的高利用率、网络性能的高效性和高可靠性。核心层的设备采用双机冗余热备份是非常必要的,可以使用负载均衡功能来改善网络性能。对网络的控制功能应尽量少在骨干层上实施。

5)园区出口

园区出口(接入网)是园区网络到外部公网的边界,园区网内部用户通过边缘网络接入公共网络,客户、合作伙伴、分支机构及远程用户等外部用户也通过边缘网络接入内部网络。

6)数据中心区

数据中心区是用于部署服务器和应用系统的模块,为企业内部和外部用户提供数据和应用服务。

7)DMZ 区

公用服务器通常部署在 DMZ 区,为外部访客(非企业员工或分支机构的员工)提供相应的访问业务,其安全性受到严格控制。

8)Extranet 区

Extranet 区与 DMZ 区相似,但它主要向合作伙伴提供服务。

9)网络管理区

网络管理区对网络、服务器、应用系统进行管理,包括故障管理、配置管理、性能管理、安全管理等。

2.2.4 物联网工程五层模型

从工程及实施的角度,物联网工程可采用五层模型,分别是终端层/感知层、接入层、汇聚层、核心层和数据中心,每层都有特定作用。

①感知层实现对客观世界物品或环境信息的感知,有些应用还具有控制功能。

②接入层为感知系统和局域网接入汇聚层/广域网或者为终端设备访问网络提供支持。

③汇聚层将网络业务连接到骨干网，并实施与安全、流量负载和路由相关的策略。

④核心层提供不同区域或者下层的高速连接和最优传输路径。

⑤数据中心提供数据汇聚、存储、处理、分发等功能。

根据物联网工程五层模型，一个典型的物联网（大型广域网）逻辑结构如图 2.2 所示。

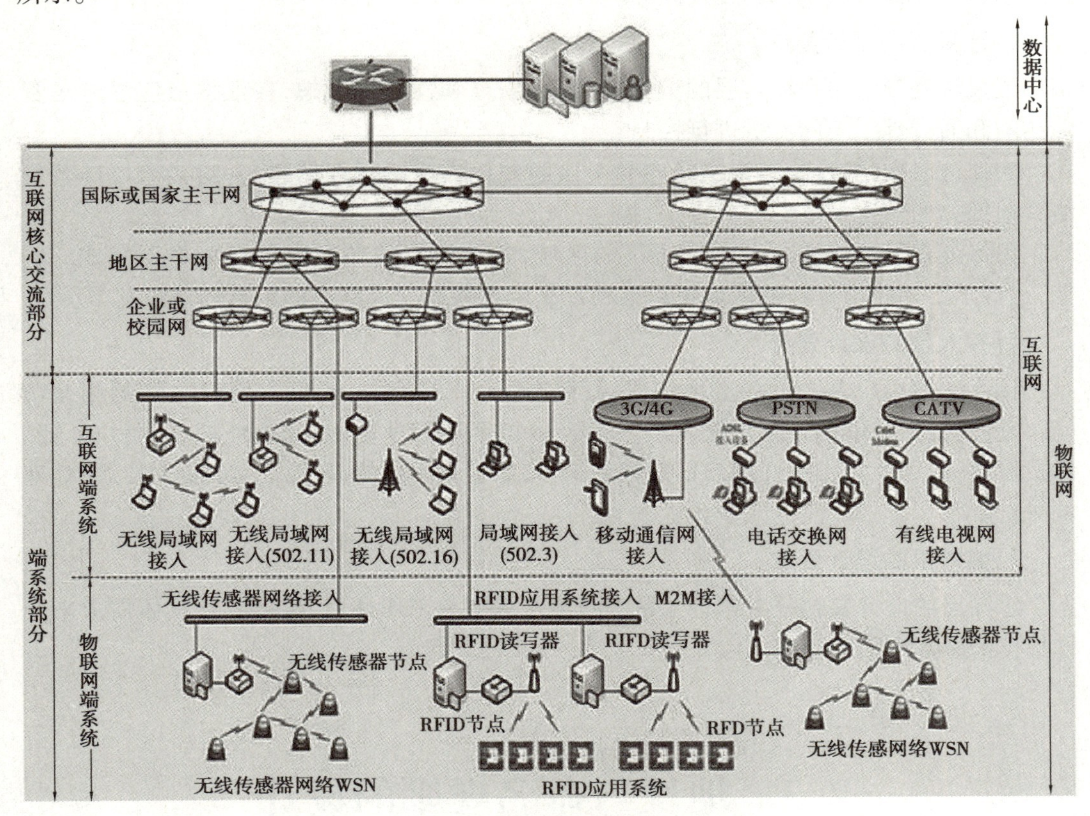

图 2.2 典型物联网逻辑结构

1）数据中心的设计要点

数据中心是物联网全部信息的存储、处理中心，其设计应满足以下基本要求：

①具有足够的数据存储能力，包括存储容量、存取速度及容错性，一般应能满足整个生命周期的存储要求。

②具备足够的数据处理能力，包括计算机计算、访问速度等。

③具有保证系统稳定、安全运行的辅助设施，包括空调系统、不间断电源系统（UPS）、消防系统等。

2）骨干层的设计要点

骨干层是互联网的高速骨干，取决于在骨干层的设计中应采用冗余组件设计，使其具有高可靠性，能快速适应变化。

在设计骨干层设备的功能时，应尽量避免使用数据报过滤、策略路由等降低数据报转发处理的特性，以优化骨干层，达到缩短延迟和提高管理性的目的。

此外，骨干层应具有有限、一致的范围。如果骨干层覆盖面积过大、连接设备过多，必然导致网络复杂度增加、网络可管理性降低；如果覆盖范围不一致，则必然会在骨干网络设备上处理大量情况不一致的需求，导致核心网络设备的性能下降。

对需要连接外部网络或因特网的网络工程，骨干层应该与外部网络之间有一条或多条连接，以实现外部连接的管理性和高效性。

3)汇聚层的设计要点

汇聚层是骨干层和接入层的分界点，出于安全和性能的考虑，在汇聚层应尽量对资源访问和通过骨干层的流量进行控制。

为保证层次化特征，汇聚层应向骨干层隐藏接入层的详细信息，并对接入层屏蔽网络其他部分的信息。

为保证骨干层连接运行不同协议的区域，各种协议的转换应该在汇聚层完成。例如，运行了不同路由算法的区域可以借助汇聚层设备来完成路由的汇总和重新发布。

4)接入层的设计要点

接入层为用户提供了在本地网段访问应用系统的能力，能解决用户之间的相互访问，为访问提供足够的带宽。接入层应适当承担用户管理功能，如地址认证、用户认证、计费管理等，还应负责一些用户信息收集工作，如收集用户的 IP 地址、访问日志、MAC 地址等。

5)感知层的设计要点

感知层的设计要充分考虑感知系统的覆盖范围和工作环境，根据实际具体需求来设计最佳的感知方案。

2.3 地址与命名规则的设计

网络上的设备如果要实现相互通信，就需要互相知道并识别对方。标志设备的方式一般有名称和地址两种。RFID 标签、无线传感器等设备一般采用名称或 ID 来标志；主机、路由器、交换机等设备一般采用 IP 地址标志；一般智能家电也使用 IP 地址标志。

智能园区的实质是 Intranet，其使用 TCP/IP 协议。网络地址设计一般包括 IP 地址(分类地址、子网掩码、CIDR、NAT)设计、DHCP(IP 地址自动分配)设计和 DNS 域名系统设计。

2.3.1 IP 地址概述

互联网协议(Internet Protocol，IP)是互联大规模异构网络的关键技术，在整个 Internet 得到了广泛应用。IP 地址是互联网协议地址，有 IPv4 和 IPv6 两种，IPv4 是目前的主流地址类型。

1)标准 IP 地址分类

Internet 上的计算机地址(IPv4 地址)都是 32 位的二进制数字。这些 32 位的二进制数字被分为 4 组,每组 8 位。为了便于使用,这 4 组 8 位二进制数被转化为对应的十进制数,即点分十进制。每组数的最小值为 0,最大值为 255,如图 2.3 所示。

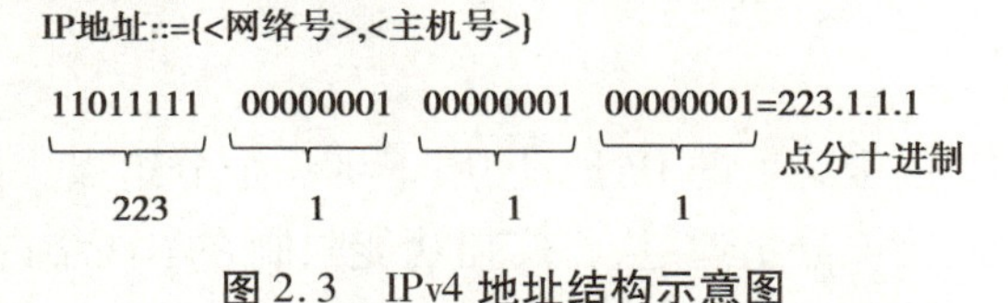

图 2.3 IPv4 地址结构示意图

计算机的 IP 地址由网络号(Network)和主机号(Host)两部分组成,用于标志特定网络中的特定主机。其中,左边若干位表示网络,其余部分用来标志网络中的一个主机。IPv4 地址被分为 5 类:A、B、C、D、E。A、B、C 类地址用于设备地址分配;D 类地址用于组播地址分配;E 类地址保留,用于实验和将来使用。IPv4 地址分类如图 2.4 所示。

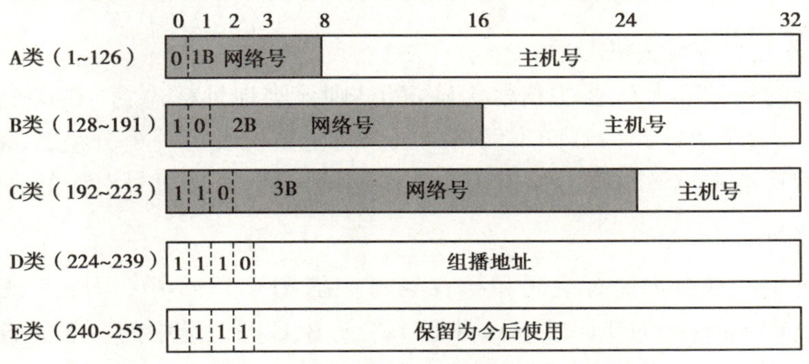

图 2.4 IPv4 地址分类

(1)A 类地址

A 类地址的网络号为 7 位,主机号为 24 位,允许有 27-2=126 个不同的 A 类网络,每个 A 类网络中可以分配的主机号有 224-2=16 777 214 个。A 类地址数较少,但主机数较多,适用于主机数超过 1 600 万台的大型网络。

(2)B 类地址

B 类地址的网络号为 14 位,主机号为 16 位,允许有 14-2=16 网络,每个 B 类网络中可以分配的主机号有 216-2=65 534 个。B 类地址适用于中等规模的网络。

(3)C 类地址

C 类地址的网络号为 21 位,主机号为 8 位,允许有 221=209 750 个不同的 C 类网络,每个 C 类网络中可以分配的主机号有 28-2=254 个。该类地址适用于小规模的局域网。我国局域网多数使用 C 类地址,少数网络使用 B 类地址。

2)特殊的地址

除了 A—E 类地址外,还有直接广播地址、受限广播地址、回送地址、“网络上的特定主机”地址等。

(1)直接广播地址

在A、B、C类地址中,如果主机号的每位都为1(二进制数),则该地址为直接广播地址。直接广播地址将一个分组以广播方式发送到该网络上的所有主机。例如,主机发送一个分组给网络地址202.56.78.0上的所有主机,则可使用直接广播地址202.56.78.255。

(2)受限广播地址

受限广播地址是32位全为1的IP地址,用于将一个分组以广播方式发送到本网络上的所有主机,路由器阻挡该分组通过,将广播功能限制在本网络内部。

(3)回送地址

A类地址中的127.0.0.0是一个保留地址,用于回送地址。回送地址用于本机测试和进程间通信,当任何地址使用127.x.x,x发送数据时,计算机中的协议软件将该数据送回,不在网络上传输。例如,127.0.0.1表示本机地址。A类地址首字节的范围为1~126。

(4)"网络上的特定主机"地址

若网络号的每位都为0,且主机号为确定值,则该类地址标志为"在这个网络上的特定主机"。当一台主机或路由器向本网络的某个特定主机发送一个分组时,需要使用"在这个网络上的特定主机",这样分组被限制在本网络内部,由主机号对应的主机接收。

3)私有地址

IPv4地址空间被分为公有空间和私有空间。在RFC 1918中,国际互联网工程任务组(The Internet Engineering Task Force,IETF)将A、B、C类地址中的一部分指定为私有地址。由于IPv4的公有地址数量有限,因此往往无法向ISP(Internet Service Provider,互联网服务提供商)申请足够的IPv4地址。考虑网络的发展,可以在网络内部使用IPv4私有地址。私有地址仅用于网络内部,这些地址之间可以相互通信,但是不能用于互联网通信,当企业内部网络需要访问到互联网时,需要将私有地址转换为公有地址。

私有地址定义如下:

A类地址:10.0.0.0~10.255.255.255。

B类地址:172.16.0.0~172.31.255.255。

C类地址:192.168.0.0~192 168.255.255。

私有地址的存在,可以提高网络内部安全性,因为外部网络无法发起针对私有地址的攻击;私有地址不需要授权机构的管理,灵活性强;私有地址能避免大量公有地址的浪费。然而,私有地址会导致地址分配容易出现混乱。此外,由于大多数用户使用的私有地址都是相近的,因此在实现VPN互联时,容易造成地址冲突。

2.3.2 子网掩码

通常在设置IP地址时,必须同时设置子网掩码。子网掩码不能单独存在,必须结合IP地址一起使用,用于将某个IP地址划分成网络地址和主机地址两个部分。

子网掩码的设定必须遵循一定的规则。与IP地址相同,子网掩码的长度也是32位,左边是网络位,用二进制“1”表示;右边是主机位,用二进制“0”表示。只有通过子网掩码,才能表明一台主机所在的子网与其他子网的关系,从而保证网络正常工作。

A 类网络的子网掩码为 255.0.0.0;B 类网络的子网掩码为 255.255.0.0;C 类网络的子网掩码为 255.255.255.0。

2.3.3 无类别域间路由

无类别域间路由选择(Classless Inter-Domain Routing,CIDR)技术又称超网技术,以可变大小的地址块进行分配。CIDR 通过地址前缀及其长度来表示地址块,地址块中有很多地址,使得路由表中的一个项目表示传统分类地址的很多路由,称为路由汇总。

CIDR 的表示方法:A.B.C.D/n,其中 A.B.C.D 为 IP 地址块起始地址,n 表示网络号的位数,即块地址数。

例如,CIDR 地址 222.80.18.18/25 中的“/25”表示该 IP 地址中的前 25 位代表网络前缀,其余位代表主机号;IP 号段 125.203.96.0 ~ 125.203.127.255 转换成 CIDR 格式为 125.203.96.0/19,因为 125.203.96.0 与 125.203.127/255 的前 19 位相同,所以网络前缀的位数为 19。

1)CIDR 的特点

①CIDR 使用无类别的二级地址结构,即 IP 地址表示为“网络前缀+主机号”。CIDR 使用网络前缀来代替标准分类的 IP 地址的网络号,不再使用子网的概念。CIDR 地址采用斜线记法,“/”后表示网络前缀所占位数。例如,200.16.23.0/20 表示 32 位长度的 IP 地址,前 20 位是网络前缀,后 12 位是主机号。

②CIDR 将网络前缀相同的连续的 IP 地址组成一个 CIDR 地址块,即可以汇聚的多个 IP 地址左起一定位数的二进制数必须相同。

一个 CIDR 地址块由块起始地址与块地址数组成。块起始地址是指地址块中地址数值最小的一个。例如,200.16.23.0/20 表示一个地址块时,它的起始地址是 200.16.23.0,地址数为 20。在 A、B、C 类地址中,如果主机号全为 1,那么这个地址称为广播地址,在无类别域间路由中,广播地址也采用相同的原则。例如,167.3.0.0/24 的广播地址是将 8 位主机号都设置为 1,即 167.3.0.255。

2)CIDR 的优点

①CIDR 能够更有效地利用 IP 地址空间,因为使用无类别路由协议意味着单一网络中可以有大小不同的子网,使用可变长子网掩码(Variable Length Subnetwork Mask,VLSM)。VLSM 依据前缀长度信息来使用地址,在不同的地方可以具有不同的前缀长度,从而能提高 IP 地址的使用效率和灵活性。

②当汇聚交换机接入的网段较多时,构造超网来实现路由聚合,可以减少核心网络的路由数目,即减少路由器查表和转发时间。传统的路由协议只识别分类地址,即路由表项是以类型地址为依据而产生的,这种路由协议称为分类路由选择协议。采用这种传统的方式,不仅会导致大量的地址浪费,而且会导致路由表数量过多。为避免这种情况,出现了子网和可变长度子网掩码的概念,使网络表示方法产生了重大变革。例如,10.1.

0.1/16 表示地址范围为 10.1.0.0 ~ 10.1.255.255 网络。基于这些变革，出现了无类别路由选择协议，这种协议不基于地址类型，而是基于 IP 地址的前缀长度，允许将一个网络组作为一个路由表项，并使用前缀来说明哪些网络被分在这个组内。

2.4 IP 地址规划

分配、管理和记录网络地址是网络管理工作的重点内容。好的网络地址分配规划不仅便于管理员对地址实施管理，也便于对地址进行汇总。地址汇总可以确保路由表更小、路由表查找效率更高、路由更新信息更少，并减少对网络带宽的占用，而且更容易定位网络故障。

2.4.1 网络地址分配原则

在网络设计阶段，对网络地址的分配应遵循一些特定的原则。

1）使用结构化网络编址模型

网络地址的结构化模型是对地址进行层次化的规划，基本思路是：首先，为网络分配一个 IP 网络号段；然后，将该网络号段分为多个子网；最后，将子网划分为更小的子网。

采用结构化网络编址模型，有利于地址的管理和故障排除。

2）通过中心授权机构管理地址

信息管理部门应该为网络编制提供一个全局模型。由网络设计人员先提供参考模型，这个模型应该根据核心层、汇聚层、接入层的层次化，对各个区域和分支机构等在模型中的层次结构，合理配置 IP 地址资源。

物联网工程规划与设计在网络中，IP 地址分为私有地址和公有地址。私有地址只在企业内部网络使用，信息管理部门拥有对地址的管理权；公有地址是全局唯一地址，必须在授权机构注册后才能使用。

在网络设计阶段必须明确的内容有是否需要公有地址和私有地址；需要访问专业网络的设备分布；需要访问公网的设备分布；私有地址和公有地址如何翻译；私有地址和公有地址的边界。

为确定用户网络中需要的 IP 地址的数量，要通过需求分析调研和实地考察的方式来确定用户的哪些设备需要 IP 地址的设备，以及每台设备需要 IP 地址的接口数量。这些设备包括路由器、交换机、防火墙、PC、传感器等。

此外，还需要考虑网络的发展，预留 IP 地址总数的 10% ~20%。

2.4.2 网络地址转换

由于 IPv4 公有地址数量有限，因此往往在网络内部使用 IPv4 私有地址，与 Internet 通信时才申请公有地址。当数据被发送到 Internet 时，内部私有地址转换为公有地址；当数据从 Internet 返回内部网络时,公有地址转换为私有地址。这就是网络地址转换(Net-workAddress Translation,NAT),通常使用 NAT 设备实现。很多网络设备都可以提供 NAT 服务,如防火墙、路由器。NAT 转换过程如图 2.5 所示。

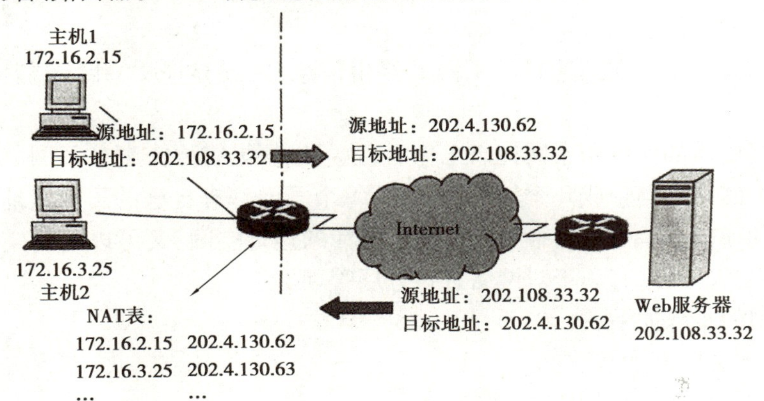

图 2.5 NAT 转换过程

NAT 设备需要定义出站接口和入站接口。入站接口用于连接内部网络,出站接口用于连接 Internet。此外,还需要定义用于翻译的公有地址。NAT 设备中有一个 NAT 表,既可以动态建立,也可以由网络管理员静态配置,该表记录了私有地址和公有地址的映射关系。在图 2.5 中,当主机 1 需要访问外部互联网上的一台 Web 服务器时,一个报文从 172.16.2.15 发送到 202.108.33.32,经过 NAT 设备后,其源地址被翻译成 202.4.130.62,然后通过互联网到达目的地 Web 服务器,该服务器把数据回复给 202.108.33.32。当 NAT 路由器接收到报文后,通过查找 NAT 表,将数据报文的目的地址 202.108.33.32 翻译为 172.16.2.15,然后将数据回复发送到主机 1。

从 NAT 转换过程可知,当 NAT 设备支持多台主机的并发会话时,若采用以上一对一方式进行地址映射,则需要多个公有地址以备映射。很多 NAT 设备支持地址复用。

地址复用是指多个内部地址被翻译成一个外部地址,使用 TCP/UDP 端口号来区分不同的连接,在 NAT 转换表中保存端口信息。地址复用不需要太多的公有地址即可满足大量内部网络用户同时与 Internet 通信的需求。

目前,地址转换技术除了 NAT 之外,还有 NAPT、PAT、Proxy 等技术。

多数园区网络都会选用私有地址。在使用私有地址前,需要确定选用哪一段专用地址。小型企业可以选择 192.168.0.0 地址段,大、中型企业则可以选择 172.16.0.0 或 10.0.0.0 地址段。为方便扩展,一般大型网络都使用 A 类私有地址。

2.4.3 划分子网

路由器是典型的第三层(网络层)设备,用于连接多个逻辑分开的网络。网络代表一个单独的网络或子网,通常为一个广播域。当数据从一个子网传输到另一个子网时,由路由器来判断数据的网络地址并选择传输路径,完成数据转发工作。路由器使用子网掩码来判断计算机的网络地址。

具体工作方式如下：

①路由器对目的地址进行分析,将目的地址与子网掩码进行与(AND)运算。

②在获得子网号(子网地址)后,查找路由表,以确定到达该子网的最佳端口,然后将报文从该子网发送出去。

③若路由表中不存在到达目的子网的路由信息,则放弃报文,并将错误信息返回源地址。

在了解路由器如何使用子网掩码工作后,就可以根据需要来划分子网。划分子网就是把一个较大的网络划分成几个较小的子网,每个子网都有自己的子网地址。这样既可以提高 IP 地址的利用率,为网络管理员提供灵活的地址空间,又可以限制广播的扩散范围,提高网络的安全性,有利于对网络进行分层管理。

划分子网的步骤如下：

第 1 步,确定所需子网数。

第 2 步,确定每个子网上的主机数。

第 3 步,确定网络地址位数。

第 4 步,确定主机地址位数。

第 5 步,计算子网掩码。

【例 2.1】有 C 类 IP 地址段 192.168.3.0,需要划分 12 个子网,每个子网中最多有 10 台主机。

解:设子网位数为 n,从 $n=1$ 开始递增,将 2 与所需子网数进行比较,直到子网数≤2,此时 n 为子网号的位数。在本例中,12≤2,子网位数,主机位数=8-4=4,每个子网段最多可以有 24-2=14 台主机,能满足需求。

此时,子网掩码为 255.255.255.240。

为了确定所有子网地址,可以先保持基本网络号不变;然后写出子网号的所有组合,其中主机号全为 0 的地址就是子网地址;最后将二进制数转换成十进制数,即可得到所有子网地址,如图 2.6 所示。

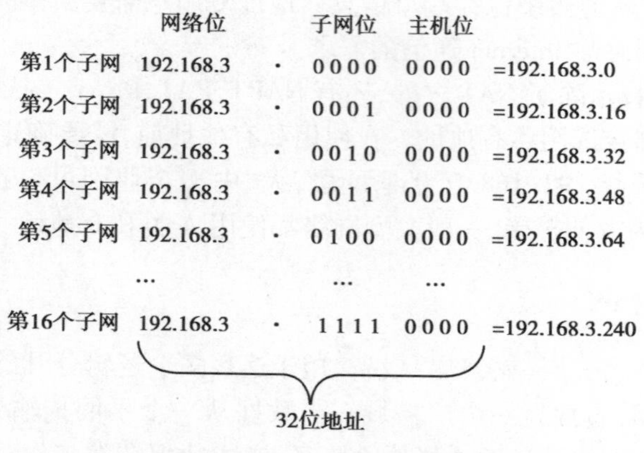

图 2.6　子网地址划分示意图

图 2.6 中,第 1 个子网地址为 192.168.3.0,子网掩码为 255.255.255.240,转换成 CIDR 格式为 192.168.3.0/28,其中 28 表示网络前缀,即网络号和子网号的长度。第 2

个子网地址转换成 CIDR 格式为 192.168.3.16/28,以此类推。

划分子网时,要注意以下几点:

①子网必须在原有网络的主机号中进行划分。

②子网的网络号必须在左侧。

③3 级层次的 IP 地址结构为“网络号+子网号+主机号”。

④同一个子网中的主机必须使用相同的子网号。

⑤子网划分可以应用到 A、B、C 类中的任意一类 IP 地址段。

2.4.4 层次化 IP 地址规划

IP 地址分配是一个重要步骤,分配不合理会导致网络管理困难或混乱。层次化 IP 地址规划是一种结构化分配地址方式,而不是随机分配。这与电话网络很类似,先按国家进行划分,再将国家划分成多个地区。层次化的结构使电话交换机只需保存很少的网络细节信息。例如,北京市的区号是010,其他省级交换机只需要知道北京市的区号010,而不必记录北京市所有的电话号码。

IP 地址层次划分也能取得同样的效果。层次化地址允许网络号汇聚,当路由器使用汇总路由来代替不必要的路由细节时,路由表可以变得更小。层次化方式不仅可以节省路由器内存,加快路由查找速度,还可以使路由更新信息更少,占用更少的网络带宽,从而更加有效地分配地址。此外,层次划分使得局部故障不会导致全局故障。

【例 2.2】某公司网络的拓扑结构如图 2.7 所示,该单位有 4 段 C 类地址:202.4.2.0/24、202.4、3.0/24、202.4.4.0/24 和 202.4.5.024 根据业务需要,划分了 8 个逻辑子网。每个子网最多能容纳 126 个主机。

解:如果不采用层次化地址分配方式,则每个子网随机分配的结果如下:

子网 1:202.4.2.0/25　　子网 2:202.4.5.128/25

子网 3:202.4.3.128/25　　子网 4:202.4.4.0/25

子网 5:202.4.3.0/25　　子网 6:202.4.5.0/25

子网 7:202.4.4.128/25　　子网 8:202.4.2.128/25

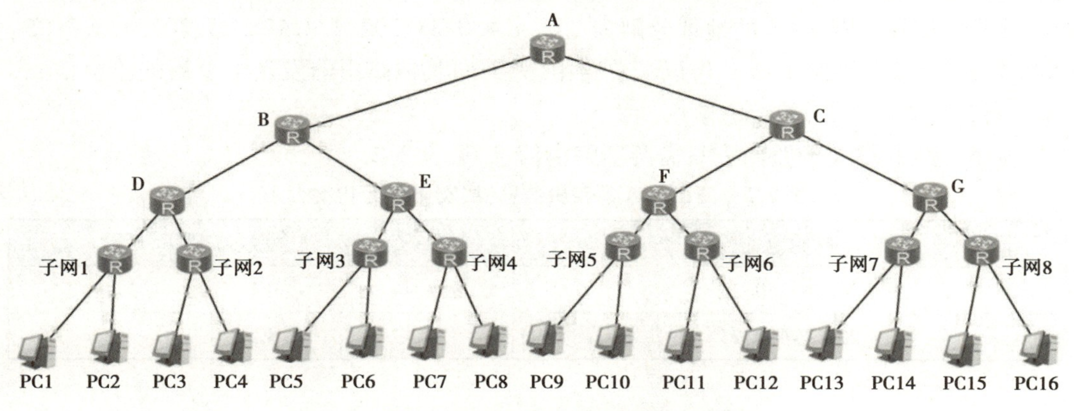

图 2.7 某公司网络拓扑结构

路由器D和E发送的路由信息到达路由器B时，由于路由器B无法汇聚路由，因此只能将路由表中的所有信息（即子网1、2、3、4共4项路由信息）发送到其他路由器。同理，路由器C也将子网5、6、7、8共4项路由信息发送到其他路由器。由于无法进行路由汇聚，因此最终导致路由器A需要记录8个子网的路由信息，见表2.1，设与路由器B相连的端口为E1、与路由器C相连的端口为E2。

表2.1　路由器A的路由信息

目的地址	转发端口
202.4.2.0/25	E1
202.4.5.128/25	E1
202.4.3.128/25	E1
202.4.4.0/25	E1
202.4.3.0/25	E2
202.4.5.0/25	E2
202.4.4.128/25	E2
202.4.2.128/25	E2

若对以上网络采用层次化地址分配，首先，让路由器D所连接的两个子网使用同一段C类地址，子网1为202.4.2.0/25，子网2为202.4.2.128/25，则路由器D可以进行路由汇总，在向其他路由器发送更新路由信息时仅发送汇总路由，而不必发送这两个子网的细节，汇总路由为202.4.2.0/24。其次，路由器D和路由器E都连接在路由器B上，可以让子网1、2和子网3、4的地址连续（子网3：202.4.3.0/25，子网4：202.4.3.128/25），则路由器B可以汇总路由，不必分别发送202.4.2.0/24和202.4.3.0/24的路由信息，而只需发送汇总后的路由信息，即子网202.4.2.0/23的路由信息。

同样，如果子网5～8的地址分别为202.4.4.0/25、202.4.4.128/25、202.4.5.0/25、202.4.5.128/25，则路由器C可以汇总路由，只需向其他路由器发送汇总后的路由信息，即子网202.4.4.0/23的路由信息。

此时，路由器A的路由表只需两项路由信息，见表2.2。

表2.2　路由器A的路由信息（层次化分配IP地址）

目的地址	转发端口
202.4.2.0/23	E1
202.4.4.0/23	E2

由此可知，使用层次化地址规划能使骨干网络上的路由表更小，从而能减轻核心路由器的工作压力，而且小型局域故障不需要在整个网络中通告。例如，当路由器D和子

网1相连的端口发生故障时,汇总路由器不必发生变化,去往子网1的报文由路由器D回复错误信息,故障不会通知到核心路由器和其他地区,从而能减少路由更新导致的网络和路由器开销。

2.4.5 IPv6 地址

Internet 的发展暴露了 IPv4 地址空间紧张的缺陷,为了解决该问题,IPv6 地址出现了。IPv6 地址使用 128 位的二进制数字,通常使用"冒号十六进制"表示法,将 128 位的地址按每 16 位划分为 1 段,每段转换成 4 位十六进制数,并用冒号隔开,如图 2.8 所示。

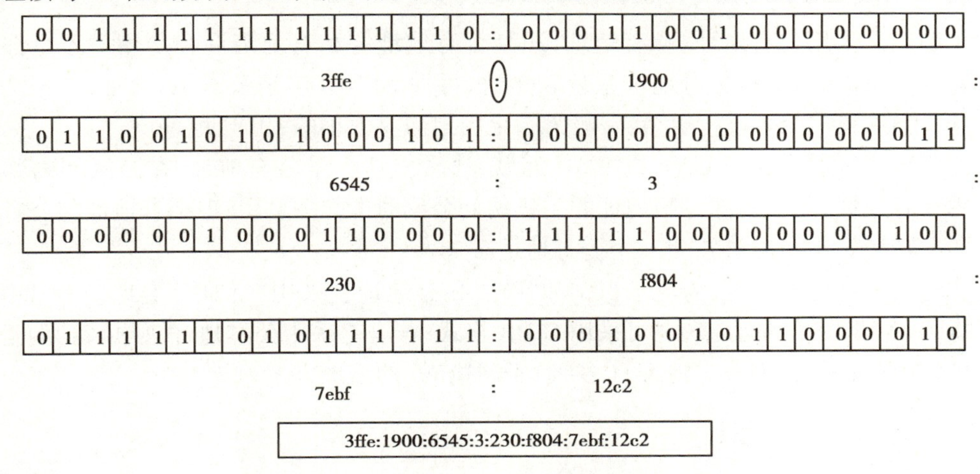

图 2.8 IPv6 地址分段示意图

每个字段中的前导 0 可以省略,例如,字段":0003:"可以写成":3:"。地址中连续出现一个或多个连续 16 位为 0 时,可以用"::"表示,但一个 IPv6 地址中只能出现一次"::"。

使用 IPv6 地址的优点是地址数据充足,且一般不需要人工配置。如果所建设网络要连接的 Internet 支持 IPv6,则选用 IPv6 地址是一种可供参考的方案。

IPv6 地址可分为单播、组播和泛播 3 种类型,取消了广播地址。IPv6 单播地址又分为全球聚合单播地址、本地链路单播地址和本地站点单播地址。其中,全球聚合单播地址类似 IPv4 的公有地址。泛播地址是单播地址的一部分,仅看地址本身结点无法区分泛播地址还是单播地址,目前泛播地址被分配给路由器使用,通过显示方式来指明泛播地址。

2.4.6 IP 编址设计的原则和要点

考虑到未来的扩展,在设计园区网 IP 地址时,以易管理为主要目标。

园区网中的 DMZ 区或 Internet 出口区有少量设备使用公有 IP 地址,在园区内部则使用 IP 地址。

1) IP 编制设计原则

①唯一性。网络中不能有两个主机采用相同的 IP 地址,即使使用了支持地址重叠

的 MPLS/VPN 技术，也尽量不要规划相同的地址。

②连续性。连续地址在层次结构网络中易于进行路由汇总，能缩小路由表，提高路由选择算法的效率。

③扩展性。在分配地址时，每一层都要留有余量，一般额外预留 10% ~20%，以便在网络规模扩展时保证地址汇总所需的连续性。

④实意性。好的 IP 地址设计使每个地址都具有实际意义，通过地址就可以大致判断该地址所属的设备。

2）IP 寻址的设计要点——园区网 IP 编址方案

①明确是采用公有地址、私有地址，还是公有地址与私有地址混合使用。若全部采用公有地址，那么当所需公有地址数量较多时，可向 APNIC 申请公有 IP 地址，一般为 C 类地址；否则，可向 ISP 进行申请，一般为满足用户需要大小的 CIDR 地址块。

②园区网一般会与 Internet 或 WAN 互联，通常申请少量公有地址，在园区网内部主要使用私有地址，并在内部专网地址的主机访问公网时配合 NAT 实现私有地址与公有地址之间的转换。NAT 对外需要一个公有地址。

③当采用混合地址时，为便于识别和管理，私有地址宜采用“标准分类地址+（多级）子网掩码+NAT”的编址方案，也可采用 CIDR 格式；若全部采用公有地址且申请到的是 C 类地址，则宜采用“标准分类地址+（多级）子网掩码”的编址方案。

2.4.7 DHCP 设计

1）DHCP 设计概述

对 TCP/IP 网络，一台主机能与其他主机通信的前提条件除了经网卡接入网络外，还需要配置很多参数，主要有本机 IP 地址、本机所属子网掩码、本地默认网关（接入路由器）的 IP 地址及本地 DNS Server 的 IP 地址。

当联网主机数量较多时，使用人工方式配置参数会增加管理人员的工作量，对远程访问园区网的主机，管理人员无法用人工方式来完成参数的配置，要求网络系统能够对 IP 地址进行动态分配。

动态主机配置协议（Dynamic Host Configuration Protocol，DHCP）基于 C/S 模式，可以自动对联网主机的 IP 地址网络参数进行设定。DHCP 自动配置的参数除了 IP 地址外，其他参数都是一样的。

DHCP 提供了 3 种 IP 地址分配方式，即人工分配、自动分配和动态分配。

（1）人工分配

人工分配的 IP 地址是静态地址，该地址不会过期，直到再次人工分配。

（2）自动分配

当 DHCP 客户端第 1 次成功从 DHCP 服务器端获得 IP 地址后，将永远使用该地址，实现静态 IP 地址的自动分配功能。

（3）动态分配

当 DHCP 客户端第 1 次成功从 DHCP 服务器端租用到 IP 地址后，并非永久使用，一旦租约到期,客户端就释放该 IP 地址。动态分配方式比人工分配更加灵活,尤其在实际 IP 地址不足的情况下。

用户在客户端除了勾选 DHCP 选项之外,几乎无须作任何 IP 环境设置。

2)园区网 DHCP

当园区网存在下列情况时,宜采用 DHCP 进行 IP 地址的动态配置:

①主机数量较多,配置静态 IP 地址的工作量较大。

②用户经常使用移动终端访问园区网,管理人员无法用人工方式完成配置。

③部门间人员变动较频繁。

④需提高网络管理效率。

园区网 DHCP 基本架构的特点如下:

①在园区数据中心(或服务器区)设置独立的 DHCP Server。

②在汇聚层网关部署 DHCP Relay 指向 DHCP Server,使其能为整个园区网统一分配地址。

③DHCP 在园区内一般通过虚拟局域网(VLAN)分配地址。

3)DHCP 设计要点

园区网 DHCP 设计要点如下:

①每个 DHCP 网段应保留部分静态 IP 地址,供服务器、网络设备等使用。

②静态 IP 地址段和动态分配 IP 地址段都应保持连续。

③按照业务区域进行 DHCP 地址的划分,便于统一管理及问题定位。

④若 DHCP 服务器发生故障,将得不到必要的 IP 地址,进而导致设备无法正常工作。为保障高可靠性,应配置冗余的 DHCP 或全部使用静态 IP 地址。

2.4.8 DNS 设计

1)DNS 概述

DNS 是基于 C/S 模式的应用层协议。DNS 系统包括域名资源数据库、域名服务器和地址解析程序,负责将用户输入的域名自动翻译成网络能够识别的 IP 地址。

DNS 系统是全球化、层次化的分布式系统,共有 13 个分布于不同国家的根域名服务器,以及许多区域服务器和本地服务器。

在园区网中需要建立本地 DNS,其命名对象可以是路由器、服务器、主机、网络打印机等。DNS 服务器可分为 4 种类型:Master 服务器、Slave 服务器、Cache 服务器、解析服务器。

(1)Master 服务器

Master 服务器即主服务器,作为 DNS 的管理服务器,它可以增加、删除、修改域名,修改的信息可以同步到 Slave 服务器。

(2)Slave 服务器

Slave 服务器即从服务器,它从主服务器获取域名信息,采用多台服务器形成集群的方式,统一对外提供 DNS 服务。

(3)Cache 服务器

Cache 服务器即缓存服务器,用于缓存内部用户的 DNS 请求结果,提高后续访问速度。Cache 服务器一般部署在 Slave 服务器上。

(4)解析服务器

解析服务器是一个客户端软件,用于执行本地的域名查询。

每台 DNS 服务器主机上都应有两三种进程来共同提供 DNS 服务。

2)园区网 DNS 设计要点

园区网 DNS 设计要点有 DNS 服务器的 IP 地址、Internet 域名地址设计和 DNS 可靠性设计。

(1)DNS 服务器的 IP 地址

①Master 服务器的 IP 地址:一般配置 1 台服务器,采用私有地址。

②Slave 服务器的 IP 地址:一般配置两台服务器,分配私有地址,并在负载均衡器上分配一个虚拟的企业内网地址。若所有 Slave 服务器都出现故障,则可切换到 Master 服务器,由 Master 服务器来处理所有 DNS 请求。

(2)Internet 域名地址设计

Internet 域名地址设计有以下两种方法:

①在防火墙上作 NAT 映射,将 Slave 服务器的虚拟地址映射为一个公有 IP 地址,用于外部 Internet 用户的访问。

②在链路负载均衡设备(LB)上通过智能 DNS 为外部 Internet 用户提供服务。

(3)DNS 可靠性设计

DNS 可靠性设计应注意以下 3 个方面:

①将众多内部用户发送的 DNS 请求均匀分发到 Slave DNS1 和 Slave DNS2。若 Slave DNS1 服务器发生故障,就将所有 DNS 请求分发给 Slave DNS2。DNS 服务器必须与外部 DNS 通信。

②将 Macter 服务器放置在 DMZ 区,并在同区内部建立 Slave DNS 服务器。例如,只对内提供服务的 DNS 服务器,可以作为二级 DNS 服务器放入其他非 DMZ 区。

当所有 Slave DNS 都发生故障后,用户发送的 DNS 请求无响应,用户需要切换到备用 DNS,由 Master DNS 处理所有请求。

2.5 网络第二层的关键技术与设备

园区网的物理网络为以太网,一般为交换型以太网。具体在网络工程中采用何种以太网及相关技术,是网络设计人员需要考虑的问题。

2.5.1 交换式网络

1) 交换式网络概述

共享传输介质(所有站点在同一个冲突域)的局域网已经难以满足网络通信的需求，交换式网络技术应运而生。交换式网络技术是指将一个局域网划分成多个小型局域网，通过二层交换机将这些小型局域网互联。

由于交换机的每个端口都是一个冲突域,所以各端口可以同时传输信息,从而提高网络性能。此外,交换机的加入可以使局域网范围高度扩大,使其地理位置更加分散。

2) 交换式网络工作原理

交换机系统有一张 MAC 地址表,表中包含了交换机可达的 MAC 地址。当交换机初次启动时,MAC 地址表是空的。交换机的工作过程示意如图 2.9 所示。

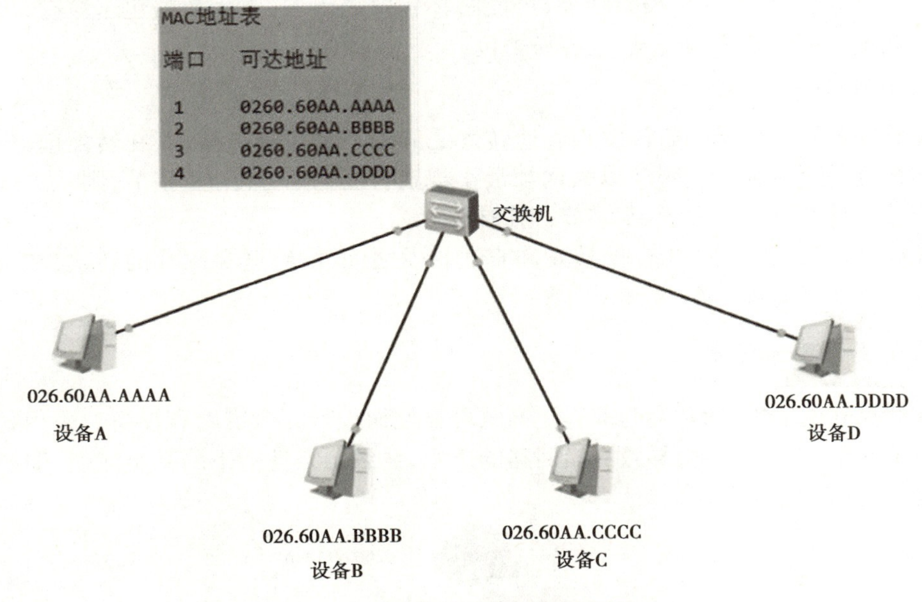

图 2.9 交换机工作过程示意图

以图 2.9 所示为例,在交换式网络中,交换机的工作过程如下:

①交换机了解到通过端口 1 可达设备 A,将设备 A 的 MAC 地址和端口 1 的映射关系存入 MAC 地址表。这是一个学习过程。

②设备 D 在某一时刻回复设备 A,交换机从端口 4 收到来自设备 D 的数据帧,交换机在 MAC 地址表中记录该信息。这又是一个学习过程。由于 MAC 地址表中已经有了设备 A 的 MAC 地址映射信息,因此交换机此时只会把数据帧转发给端口 1,而不会向其他端口广播该帧。这个过程称为过滤。

2.5.2 转发技术

转发技术目前主要有 3 种方式,即存储转发、直通转发和无碎片转发。

1)存储转发

存储转发是指先将到达输入端口的一个完整数据包缓存,再检查数据包传输是否有误,若传输无误,则取出目的地址,将之转发到相应的输出端口。

①存储转发的优点:在缓存完整数据包的基础上,可以进行循环冗余校验(CyclicRedundancy Check,CRC),不会转发错误包,还可以丢弃碎片;支持不同速率端口间的转发。

②存储转发的缺点:数据包经过交换机的时延较长。

2)直通转发

直通转发是指在输入端口提取到达数据包的目的 MAC 地址(通常只接收并检查 14 字节)后,立即把该数据包直通转发到相应的输出端口。

①直通转发的优点:不需要存储数据包,时延短,传输速度快。

②直通转发的缺点:由于只检查数据包的包头 14 字节,不检查数据包后面的 CRC 校验码部分,因此不具有差错校验功能,可能将坏包发送出去;由于数据包未缓存,因此不支持不同速率端口之间的转发,且容易丢包。

3)无碎片转发

无碎片转发是介于存储转发和直通转发之间的一种解决方案,其在转发前,先检查数据包长度是否达到 64 字节(以太网帧最小规定长度),若小于 64 字节,则认为该数据包是碎片,进行丢弃;若大于 64 字节,则进行转发。

无碎片转发的时延介于存储转发和直通转发之间,能够避免碎片的转发,在很大程度上提高了网络传输效率。

2.5.3 破环技术

在交换式网络中,通常会为取得更高的可靠性而设计冗余链路和设备。采用冗余链路可以消除单点故障,但会导致交换回路的产生,导致网络性能下降甚至瘫痪,即产生广播风暴,如图 2.10 所示。

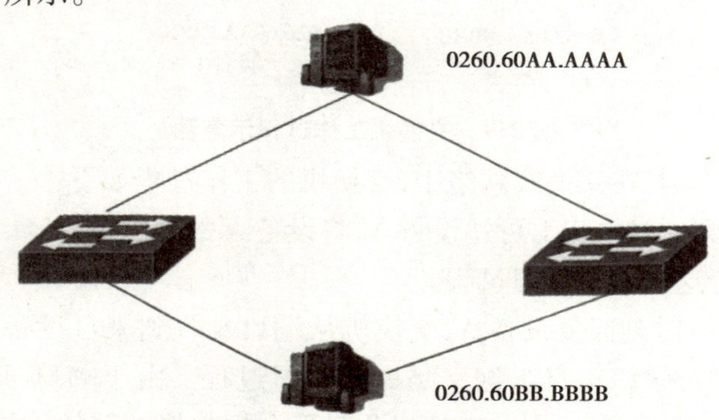

图 2.10 广播风暴产生示意图

广播风暴产生的原因有很多种,除了冗余连接之外,蠕虫病毒、交换机故障、网卡故障和双绞线线序错误等也会引起广播风暴。

在交换型网络中必须避免出现环路,一般通过在交换机中内置的破环协议来实现。

目前,常用的破环协议有 STP 系列协议和 RRPP。

1)STP 系列协议

STP 系列协议有 STP(Spanning Tree Protocol,生成树协议),RSTP(Rapid Spanning Tree Protocol,快速生成树协议)和 MSTP(Multiple Spanning Tree Protocol,多生成树协议)。

(1)STP

STP(802.1d 协议)通过动态生成没有环路的逻辑树,达到断开物理环路的目的。当线路出现故障时,阻塞的端口将被激活,从而起到备份线路的作用。缺点是当网络拓扑发生变化时,需要较长的时间(默认为 15 s)才能消除新网络拓扑结构中可能有的环路,而在此期间,网络中会存在两个转发端口,将导致存在临时环路。

(2)RSTP

RSTP(802.1w 协议)是从 STP 发展出来的协议,其基本思想与 STP 一致,在网络结构发生变化时,能更快地收敛网络(最快在 1 s 内)。

RSTP 和 STP 在同样环境下计算出的最终拓扑是一致的,只是它们的步骤和达到收敛所需的时间不同。

(3)MSTP

MSTP(802.1s 协议)把 RSTP 算法扩展到多生成树,能为 VLAN 提供快速收敛和负载均衡的功能,是 VLAN 标记协议(802.1q 协议)的扩展协议。

MSTP 既能够实现在同一台交换机内运行不同 STP 算法的协议,又能够将相同属性的 VLAN 归纳成组,在同一个 VLAN 组内采用单一的 STP 算法。

2)RRPP

RRPP(Rapid Ring Protection Protocol,快速环网保护协议)是一个专门应用于以太网环的二层协议,其报文采用硬件广播转发,而非 STP 的逐条处理。

与 STP 系列协议相比,RRPP 的特点有拓扑收敛速度快,收敛时间最短可在 50 ms 以内;收敛时间与环网上结点数及网络规模无关。

2.5.4 虚拟局域网技术

交换式局域网处于广域网中,随着局域网规模的增大,广播流量增加、网络性能下降还有产生广播风暴的隐患。为了提高网络性能和安全性,通常希望广播域不要太大,除了使用路由器划分、破坏协议之外,还可以采用虚拟局域网(Virtual Local Area Network,VLAN)技术,把一个交换式网络划分成多个 VLAN,每个 VLAN 都是一个广播域。通过创建 VLAN,可以控制广播风暴,提高网络的整体性能和安全性。

VLAN 是指对在一个或者多个 LAN 上的一组设备进行配置,使它们能够相互通信,好像连接在同一条线上一样。VLAN 使用逻辑连接代替物理连接,在配置时非常灵活。

1)VLAN 的特点

VLAN 的特点有将一个物理的 LAN 逻辑结构划分为不同的广播域;同一个 VLAN 内的主机不一定属于同一个 LAN 网段;一个 VLAN 内部的广播流量不会转发到其他 VLAN 中。

2) VLAN 的作用

VLAN 将交换型 LAN 内的设备按逻辑结构划分为若干独立网段,从而在一个交换型 LAN 内隔离广播域,并实现用户之间安全隔离。

随着网络规模越来越大,局部网络出现的故障会影响整个网络。VLAN 的出现可以将网络故障限制在 VLAN 范围内,从而增强网络的健壮性。

3) VLAN 的类别

VLAN 按应用范围可以划分为用户 VLAN、Voice VLAN、Guest VLAN、Multicast VLAN 和管理 VLAN。

(1)用户 VLAN

用户 VLAN 即普通 VLAN,也就是通常所说的 VLAN,是用于对不同端口进行隔离的一种手段。用户 VLAN 通常根据业务需要进行规划,在需要隔离的端口配置不同的 VLAN,在需要防止广播域过大的结点配置 VLAN,以减小广播域。

(2)Voice VLAN

Voice VLAN 是为用户的语音数据流划分的 VLAN。用户通过创建 Voice VLAN 并将连接语音设备的端口加入 Voice VLAN,可以使语音数据集中在 Voice VLAN 内进行传输,便于对语音流进行有针对性的 QoS(服务质量)配置,提高语音流量的传输优先级,保证通话质量。

(3)Guest VLAN

用户在通过 802.1x 等协议认证之前,接入设备会把相关端口加入一个特定的 VLAN(即 Guest VLAN),用户访问该 VLAN 内的资源不需要认证,但只能访问有限的网络资源。用户从处于 Guest VLAN 的服务器上可获取 802.1x 客户端软件、升级客户端或执行其他应用升级程序(如防病毒软件、操作系统补丁程序等)。认证成功后,相关端口会离开 Guest VLAN,加入用户 VLAN,用户可以访问其特定的网络资源。

(4)Multicast VLAN

Multicast VLAN 即组播 VLAN,组播交换机运行组播协议时,需要组播 VLAN 来承载组播流。组播 VLAN 主要用于解决当客户端处于不同 VLAN 中时,上行的组播路由器必须在每个用户 VLAN 复制一份组播流到接入组播交换机的问题,即使用组播 VLAN 可以满足 VLAN 复制的需求。不同 VLAN 的用户分别进行同一组播源点播时,可以在交换机上配置组播 VLAN,并将用户 VLAN 加入组播 VLAN,以实现组播数据在不同的 VLAN 间传输,便于对组播源和组播组成员进行管理和控制,同时减少带宽浪费。

(5)管理 VLAN

管理 VLAN 是网络管理专用的 VLAN,用于保障网络管理工作的安全性。管理 VLAN 通常包括设备的网管端口、服务器的远程管理端口、被管设备提交 SNMP 协议数据包的端口、网管工作站。

4) VLAN 的规划

VLAN 的规划通常有以下 4 种方式:

（1）基于端口划分 VLAN

基于端口划分 VLAN 是指按照交换机端口分组，每组划分成一个 VLAN。这是一种静态划分 VLAN 的方法。

在交换机上进行配置，可以将一个或者多个端口设置成一个 VLAN，连接在不同交换机端口上的设备可以划分在同一个 VLAN 内。交换机之间的链路称为干线（VLAN-Trunk）。非干线端口在同一时刻只属于一个 VLAN。

不考虑端口所连接设备，主机从交换机的一个端口移动到另一个端口后，所属 VLAN 也会发生改变，如图 2.11 所示。

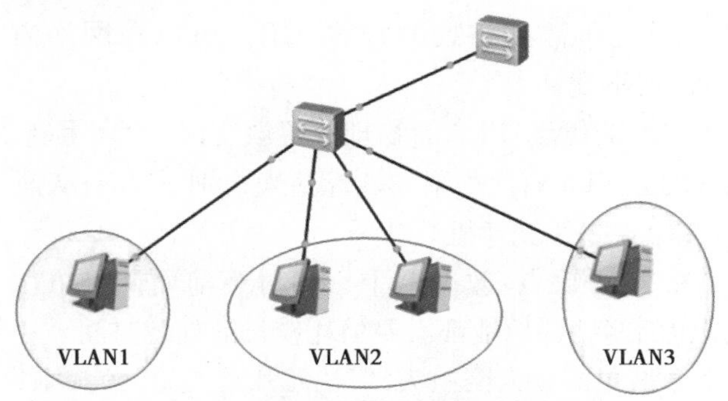

图 2.11　基于端口划分 VLAN 示意图

（2）基于 MAC 地址划分 VLAN

基于 MAC 地址划分 VLAN 是指根据主机 MAC 地址划分 VLAN，主机移动时不会影响 VLAN 的划分，使用 VLAN 管理策略服务器（VLAN Management Policy Server，VMPS）来存放 MAC 地址与 VLAN 的映射关系。

基于 MAC 地址划分 VLAN 是一种动态划分 VLAN 的方法。主机从交换机的一个端口移动到另一个端口后，交换机通过查询 VMPS 把新端口分配到正确的 VLAN，主机移动时不会影响 VLAN 的划分，如图 2.12 所示。

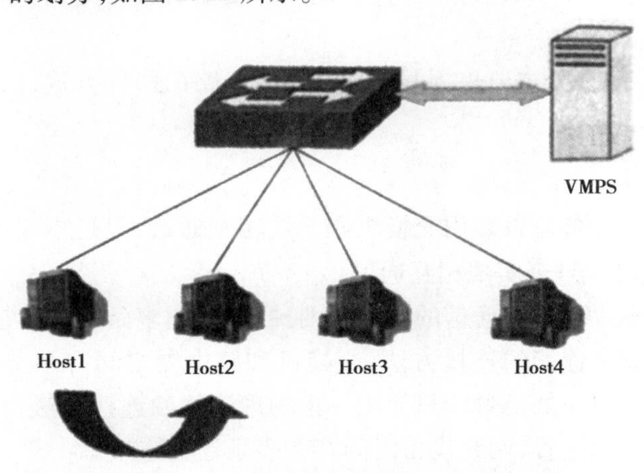

图 2.12　基于 MAC 地址划分 VLAN 示意图

基于 MAC 地址划分 VLAN 的优点：当用户的物理位置从一个交换机换到其他交换机时，无须重新配置 VLAN。

基于 MAC 地址划分 VLAN 的缺点:初始化时,所有的用户都必须进行配置,管理难度较大。该方法一般只适用于小型局域网。

(3)基于路由划分 VLAN

基于路由划分 VLAN 是指根据主机 IP 地址划分 VLAN。该方法是根据每个主机的网络层地址和协议类型来进行划分的。

路由协议工作在七层协议的第三层(网络层),是基于 IP(互联网协议)和 IPX(互联网分组交换协议)的转发协议,设备包括路由器和路由交换机。该方式允许一个 VLAN 跨越多个交换机,或一个端口位于多个 VLAN 中,这对希望针对具体应用和服务来组织用户的网络管理员来说是非常具有吸引力的。用户可以在网络内部自由移动,但其 VLAN 成员身份仍然保留不变。

基于路由划分 VLAN 的优点:用户的物理位置改变时,无须重新配置所属的 VLAN;可以根据协议类型来划分 VLAN;无须附加帧标签来识别 VLAN,从而可以减少网络通信量,可使广播域跨越多个 VLAN 交换机。

基于路由划分 VLAN 的缺点:效率低下。相对于前面两种方法,这种方法划分的 VLAN 检查每个数据包的网络层地址都需要消耗较长的处理时间。一般的交换机芯片都可以自动检查网络上数据包的以太网帧头,但让芯片检查 IP 帧头则需要更高的技术,同时也更费时。这种方式一般只适用于需要同时运行多协议的网络。

(4)基于策略划分 VLAN

基于策略划分 VLAN 是一种比较有效而直接的方式,这主要取决于在 VLAN 的划分中所采用的策略。基于策略的 VLAN 能实现多种分配,包括端口、MAC 地址、IP 地址、网络层协议等。

基于策略划分 VLAN 的优点:网络管理人员可根据自己的管理模式和需求来选择 VLAN 的类型。

基于策略划分 VLAN 的缺点:在建设初期步骤复杂。这种方式一般只适用于需求比较复杂的环境。

目前,对 VLAN 的划分主要采用基于端口和基于路由两种方式,以基于 MAC 地址方式作为辅助手段。

5)VLAN 间路由

同一个 VLAN 的设备可以使用交换机和干线相互通信,但是不同 VLAN 上的设备需要借助三层设备(路由器)来实现相互通信。

接入路由器实现 VLAN 间通信的方法有两种,即使用多条物理连接或只使用一条物理连接。使用多条物理连接的连接方法,交换机和路由器之间有两条物理连接,每条物理连接仅承载一个 VLAN 的流量。只使用一条物理连接的连接方法,交换机和路由器的端口采用干线协议进行配置,两台设备之间存在多条逻辑连接。

采用干线协议进行配置后,一条干线可以承载多个 VLAN 的业务数据,干线端口可以在交换机和路由器上配置。常用的干线协议有思科公司的私有交换链路内协议(InLink,ISL)协议和 802.1q 协议。

2.5.5 网络第二层设备

网络第二层的设备是指工作于第二层(数据链路层)的网络互联设备,主要有网桥和L2交换机。

网络第二层的设备具有以下特点:

①可以过滤和转发数据帧。

②互联数据链路层异构或物理层异构的网络,即在数据链路层异构的网络之间通过转换数据链路层协议来实现互联。

③能隔离冲突域,但不能隔离广播域。

2.5.6 网络第二层设计要点

网络第二层的设计包括交换型以太网的设计、破环协议的设计和VLAN的设计,其设计要点如下:

1)交换型以太网的设计要点

①根据带宽、所在层面(核心层、汇聚层和接入层)及缆线来确定交换机的类型。

②预测带宽。交换机带宽的最终确定要有前瞻性,应考虑未来3~5年的发展需要。

③预留端口。一般预留30%的端口数,特殊情况另外考虑。

④结合网络管理、VLAN等需求情况来选配适宜的交换机。

⑤核心层采用L3交换机,接入层采用L2交换机,汇聚层采用L3/L2交换机。

⑥对中小型园区网,若受到建设资金和管理技术局限,则宜只在核心层部署L3交换机(在L3交换机上运行生成树协议而不运行路由协议),而在汇聚层和接入层部署L2交换机。

⑦对大中型园区网,宜在核心层和汇聚层部署L3交换机,接入层部署L2交换机。

2)破环协议的设计要点

在设计前,应明确是否需要部署STP(生成树协议)。部署STP的首要条件是网络中存在冗余链路,应在此基础之上考虑选用哪种STP协议。

①一些早期生产的交换机可能不支持RSTP(快速生成树协议)或者MSTP(多生成树协议),在有这些设备存在的网络中启用STP协议。采用RSTP、MSTP可以提升网络的性能,如果资金允许,不妨更新设备。

②若交换机设备支持RSTP,那么当网络中仅有一个VLAN时,建议采用RSTP,以充分发挥RSTP的优势,加速网络收敛。

③如果网络中有多个VLAN,并且各VLAN在拓扑上保持一致,即在Trunk链路上各个VLAN的配置相同,则宜使用RSTP。

④若网络中存在多个VLAN,且它们在Trunk链路上的配置不一致,则采用MSTP。

⑤RRPP(破环协议)应用于对保护性能要求较高的简单二层以太网络,支持固定的单环、主环/子环拓扑模型。

3) VLAN 的设计要点

在设计 VLAN 时,应注意以下几点:

①区分业务 VLAN、管理 VLAN 和互联 VLAN。

②按照业务(部门)划分不同的 VLAN。

③同一业务(部门)按照具体的功能类型(如 Web、APP、DB)来划分 VLAN。

④应将 VLAN 连续分配,以保证合理利用 VLAN 资源。

⑤预留一定数目的 VLAN,便于后续扩展。

2.6 网络第三层的关键技术与设备

网络第三层是网络层在通信子网的最高层,其基本功能是寻址和路由(选径)。园区网在本质上是基于 TCP/IP 的 Intranet,通常需要进行第三层设计。

多层交换技术也称为第三层交换技术或 IP 交换技术,是相对于传统交换概念提出的,是在网络模型中的第三层实现数据包的高速转发,利用第三层协议中的信息来加强第二层交换功能的机制。简而言之,多层交换技术=第二层交换技术+第三层交换技术。多层交换技术能解决局域网中网段划分之后网段中的子网必须依赖路由器进行管理的问题,以及传统路由器低速、复杂所造成的网络瓶颈问题。

2.6.1 第三层原理

1) 交换技术如何转发数据

局域网交换技术是作为对共享式局域网提供有效的网段划分的解决方案而出现的,它使每个用户尽可能地分享最大带宽。前文已经提到,交换技术是在数据链路层进行操作的,交换机对数据包的转发是建立在 MAC 地址(即物理地址)基础上的,对于 IP 协议而言,它是透明的。交换机在操作过程中会不断地收集资料来建立一个自己的地址表。

2) 路由器与交换机在转发数据方面的区别

路由器在 OSI 七层模型中的第三层网络层转发数据。首先,它在网络中收到任何一个数据包(包括广播包在内),都要将该数据包第二层(数据链路层)的信息去掉(称为“拆包”),查看第三层信息(IP 地址)。然后,根据路由表来确定数据包的路由,再检查安全访问表。若检查通过,则进行第二层信息的封装(称为“打包”)。最后,将该数据包转发。如果在路由表中查不到对应 MAC 地址的网络地址,路由器将向源地址的站点返回一个信息,并将该数据包丢弃。

与交换机相比,路由器能够提供构成网络安全控制策略的一系列存取控制机制。

路由器对任何数据包都有一个“拆打”过程,即使对同一源地址向同一目的地址发出的所有数据包,也要重复相同的过程。这导致路由器不可能具有很高的吞吐量,也是路由器成为网络瓶颈的原因之一。

3)三层交换

三层交换可以采用第二层交换技术与第三层交换技术相结合的方式。

假设两个使用IP协议的站点A、B通过第三层交换机进行通信,发送站A在发送前会将自己的IP地址与目的站B的IP地址进行比较,判断B站是否与自己在同一子网内。若目的站B与发送站A在同一子网内,则进行二层数据交换。若两个站不在同一子网内,则发送站A向"缺省网关"发出ARP(地址解析)封包,即广播一个ARP请求。如果三层交换模块在以前的通信过程中已经知道B站的MAC地址,则向发送站A回复B的MAC地址,否则,三层交换模块根据路由信息向B站广播一个ARP请求,B站在收到此ARP请求后向三层交换模块回复其MAC地址,三层交换模块保存此地址并回复发送站A,同时将B站的MAC地址发送到二层交换引擎的MAC地址表中。从此以后,A向B发送的数据包便全部交给二层交换处理,信息得以高速交换。由于仅在路由过程中才需要三层处理,绝大部分数据都通过二层交换转发,因此三层交换机的速度很快,可接近二层交换机的速度,且比相同路由器的价格低很多。在选择设备时可以选择路由器或三层交换机。

2.6.2 第三层技术

第三层技术主要有寻址技术、路由技术,还涉及VPN(虚拟专用网络)技术和IP组播技术。其中,路由技术包括AS域内路由技术和AS域间路由技术。

AS(Autonomous System,自治系统)是由一个单位或机构进行管理的网络系统,又称自治网络系统。园区网是一种典型的自治网络系统。

1)路由技术

路由器选择路径的依据是路由表,它由人工设置或自动生成。路由分为静态路由和动态路由。静态路由不需要经常更新路由表的路径选择方式;动态路由则需要根据网络变化而定期或动态地更新路由表的路径选择方式。

动态路由可根据网络拓扑变动、各路由器的输出线路速率、路由器内输出队列的长短、网络拥塞情况等动态地更新路由表中的最佳路径信息。

目前,路由技术有以下3种:

(1)最短路径路由技术

该技术选择到达目的地所经过的路由器数量最少的路径为最短路径。最短路径路由技术实施起来简单,因为最短路径只与网络拓扑结构有关,只要拓扑结构无变化,路由表就保持不变。这属于静态路由方法。

(2)距离矢量路由技术

距离矢量路由技术通常要求在路由器之间定时交换路由信息来反映网络的动态变化,以便更新路由表。这属于动态路由方法。

(3)链路状态路由技术

链路状态路由技术以输出队列的长短与链路的速率相结合来表征某路由器至另一

路由器的转发效率，最终反映该路径上的传输时延。由于现在网络干线速率可选择的范围很大，因此将链路速率作为选择路径的因素就显得特别重要，这是链路状态路由技术目前被广泛使用的原因。

2）路由协议

路由协议分为两类，即AS域内路由协议和AS域间路由协议。常用的AS域内路由协议即内部网关协议（Interior Gateway Protocol，IGP），有RIP、OSPF、IS-IS，以及Cisco（思科）公司的IGRP和EIGRP；常用的AS域间路由协议为BGP。

（1）RIP

RIP（Routing Information Protocol，路由信息协议）是一种基于距离矢量的动态路由协议，适用于最多16个路由器（最多15跳）的AS。

运行RIP的路由器将维护一张路由表，列出AS域内每个目的网络的距离和转发端口（下一跳路由器）。路由器周期性地（每隔30 s）通过广播分组向自治网络系统内的所有其他路由器传输路由表，其他路由器会根据接收到的广播包更新路由表。

RIP的优点：协议简单；易于配置、维护。

RIP的缺点：网络规模受限，有距离（跳数）的限制（15跳）；交换的路由信息是完整的路由表，影响网络效率；当网络出现故障，故障信息需较长时间才能被所有路由器获知（更新），即“坏消息传播得慢”。

改进之后的RIPv2能支持无分类IP地址、可变长子网掩码（VLSM）；能支持简单的鉴别和组播方式，阻挡非法路由信息更新；能支持组播方式。

（2）OSPF

OSPF（Open Shortest Path First，开放最短通路优先）协议是一种基于链路状态的动态路由协议。链路状态是指本路由器与哪些路由器相邻，以及该链路的度量。度量是一个以费用、距离、时延及带宽等来综合衡量链路的参数。

一个路由器的某个链路状态发生变化后，会通过LSA（Link State Advertisement，链路状态通告）向全网其他路由器发布更新信息。当一个路由器接收到LSA后，会更新自己的链路状态数据库，使用最短路径优先算法（SPF）来重新计算到达各结点的最短路径，并更新路由表。

①OSPF区域。

随着网络规模增大，拓扑结构发生变化的概率也会增大，网络会经常处于“震荡”之中，造成网络中有大量的OSPF协议报文件在传递，从而降低网络的带宽利用率。更为严重的是，每次变化都会导致网络中的所有路由器重新进行路由计算。

OSPF协议通过将自治系统划分成不同的区域（Area）来解决上述问题。区域是从逻辑上将路由器划分为不同的组，每个组用区域号（Area ID）来标志。一个OSPF区域的路由计算和网络调整不会影响其他区域，故障引起的路由震荡会被隔离在区域内部。

a. 主干区域（Backbone Area）。OSPF划分区域之后，区域并不是平等的关系，有一个区域是与众不同的，它的区域号是0，通常被称为主干区域。主干区域负责区域之间的路由，非主干区域之间的路由信息则必须通过主干区域来转发。对此，OSPF有两个规定：

一是所有非主干区域必须与主干区域保持连通;二是主干区域自身必须保持连通。但在实际应用中,可能会受到各方面的条件限制而无法满足该要求,此时可通过配置 OSPF 虚连接(Virtual Link)来解决。

虚连接是指在两台 ABR(Area Border Router,区域边界路由器)之间通过一个非主干区域而建立的一条逻辑上的连接通道,两端必须是 ABR,而且必须在两端同时配置方可生效。为虚连接两端提供一个非主干区域内部路由的区域称为传输区(Transit Area)。

如图 2.13 所示,Area 2 与主干区域(Area 0)之间没有直接相连的物理链路,但可以在 ABR 上配置虚连接,使 Area 2 通过一条逻辑链路与主干区域保持连通。

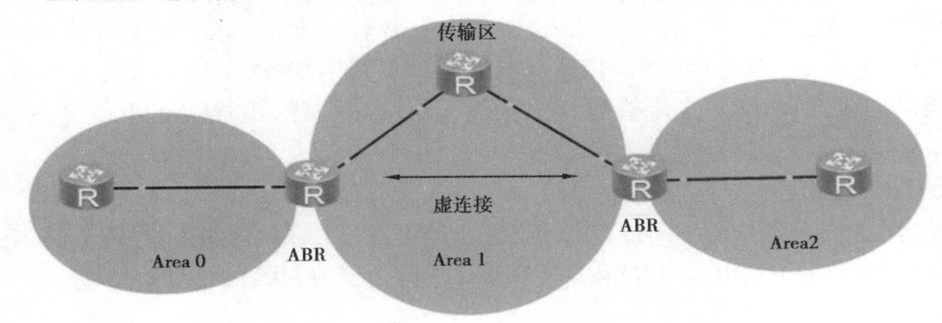

图 2.13　虚连接示意图(一)

虚连接的另一个应用是提供冗余的备份链路,当主干区域因链路故障不能保持连通时,仍然可以通过虚连接来保证主干区域在逻辑上的连通性,如图 2.14 所示。

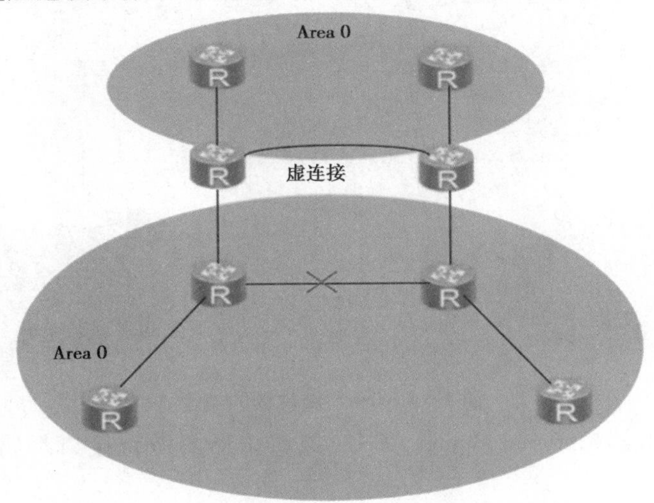

图 2.14　虚连接示意图(二)

虚连接相当于在两个 ABR 之间形成一个点到点的连接,在这个连接上可以配置与物理接口一样的各个参数。

b. 端域(Stub Area)。端域是一些特定的区域,端域的 ABR 不允许注入 5 类 LSA 分组。在这些区域中,路由器的路由表规模及路由信息传递的数量都会大大减少。

c. 完全端域(Totally Stub Area)。为了进一步减少端域中路由器的路由表规模及路由信息传递的数量,可将该区域配置为完全端域。该区域的 ABR 不会将区域间的路由信息和外部路由信息传递到本区域。

通常,完全端域位于自治网络系统的边界,并不是每个端域都符合配置为完全端域的条件。为保证到本自治系统的其他区域或者自治网络系统外的路由可达,该区域的 ABR 将生成一条默认路由,并发布给本区域中的其他非网络 ABR 路由器。完全端域内不能存在 ASBR(Autonomous System Boundary Router,自治系统边界路由器),即自治系统外部的路由不能在本区域内传播。虚连接不能穿过完全端域。

d. NSSA 区域(Not-So-Stubby Area)。NSSA 区域是端域的变形,与端域有许多相似之处。NSSA 区域也不允许 5 类 LSA 注入,但允许 7 类 LSA 注入。这 7 类 LSA 由 NSSA 区域的 ASBR 产生,在 NSSA 区域内传播。当 7 类 LSA 到达 NSSA 的 ABR 时,由 ABR 将 7 类 LSA 转换成 5 类 LSA 并传播到其他区域。与端域一样,虚连接也不能穿过 NSSA 区域。

②OSPF 路由器。

根据在自治系统中的不同位置,OSPF 路由器可以分为区域内路由器(IR)、区域边界路由器(ABR)、主干路由器(BR)和自治系统边界路由器(ASBR),如图 2.15 所示。

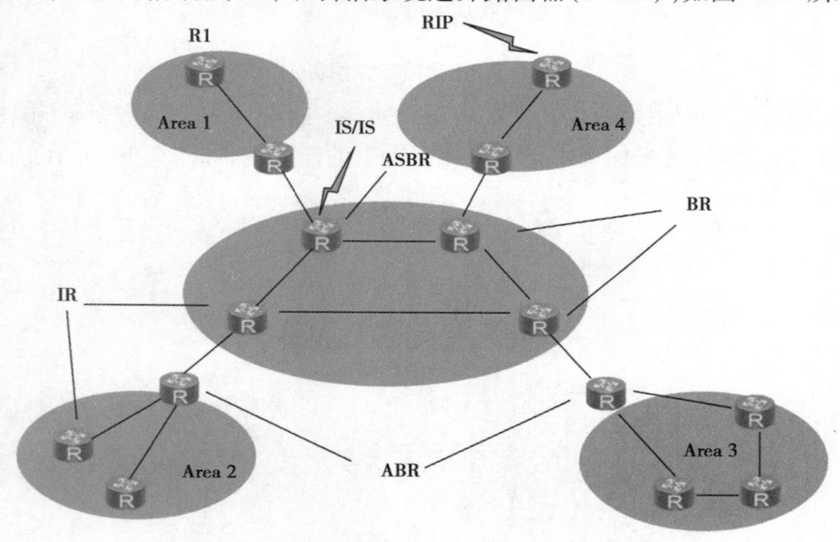

图 2.15 OSPF 路由器的类型

a. 区域内路由器(Internal Router,IR)。该路由器的所有接口都属于同一个 OSPF 区域。

b. 区域边界路由器(Area Borer Router,ABR)。该类路由器可以同属于两个以上的区域,但其中一个必须是主干区域。ABR 用来连接主干区域和非主干区域,它与主干区域之间既可以是物理连接,也可以是逻辑连接。

c. 主干路由器(Backbone Router,BR)。该类路由器至少有一个接口属于主干区域。所有 ABR 和 Area 0 内部路由器都属于主干路由器。

d. 自治系统边界路由器(ASBR)。与其他自治系统(AS)交换路由信息的路由器称为 ASBR。ASBR 并不一定位于 AS 的边界,既有可能是区域内路由器,也可能是 ABR。只要一台 OSPF 路由器引入了外部路由的信息,它就成了 ASBR。

③OSPF 的优缺点。

OSPF 的优点:

a. 当一个路由器的链路状态发生变化时,该路由器向自治系统的所有路由器仅发送链路状态的变化信息(非定期发送),在该链路上以组播地址发送协议报文,降低对主机 CPU 的利用率。

b. 每个路由器都有自己的链路状态数据库,保存着一致的全网拓扑结构信息和所有链路的状态信息。

c. 路由信息(链路状态)更新收敛快,收敛时间在 100 ms 以内,适合链路状态频繁变化的网络。

d. 支持分层结构,适用于大规模网络(路由器数量成百上千)。

e. 允许划分区域来管理。

f. 支持基于端口的报文验证、不连续子网和 VLSM(可变长子网掩码)。

g. 可使用 4 类不同的路由来进行分级。

OSPF 的缺点:复杂,不易掌握和使用。

(3)IS-IS

IS-IS(Intermediate System-to-Intermediate System,中间系统-中间系统)是一种基于链路状态的自治网络系统内的路由协议,每个 IS-IS 路由器独立地建立网络的拓扑数据库,汇总被淹没的网络信息。IS-IS 使用 Dijkstra(迪克斯加)算法来计算通过网络的最佳路径,然后根据计算的理想路径转发数据包。

在该协议中,IS(路由器)负责交换基于链路开销的路由信息并决定网络拓扑结构。IS-IS 类似于 TCP/IP 网络的开放最短路径优先(OSPF)协议。

IS 网络包含了终端系统、中间系统、区域(Area)和域(Domain)。其中,终端系统指用户设备,中间系统指路由器。路由器形成的本地组称为区域,多个区域组成一个域。IS-IS 被设计为提供域内或一个区域内的路由。IS-IS 与 CLNP(无连接网络协议)、ES-IS(终端系统到中间系统路由)协议、IDRP(域内路由选择协议)相结合,为整个网络提供完整的路由选择。

IS-IS 的版本有 IS-ISv4 和 IS-ISv6,与 OSPF 相比的优点有:

①IS-IS 的安全性更高。

②IS-IS 的可扩展性更强,通过增添 TLV 协议就可以支持 IPv6。

③IS-IS 的模块化程度更高,所有接口都属于同一个区域,容易升级。

(4)IGRP

IGRP(Interior Gateway Routing Protocol,内部网关路由协议)是一种动态距离向量路由协议,由 Cisco(思科)公司在 20 世纪 80 年代中期设计,使用组合用户配置尺度,包括延迟、带宽、可靠性和负载。缺省情况下,IGRP 每 90 s 发送 1 次路由更新广播。若 3 个更新周期(即 270 s)后没有收到路由中第一个路由器的更新,则宣布该路由不可访问;若在7个更新周期(即630 s)后仍未收到更新,则从路由表中清除该路由。

IGRP是一种在自治网络系统中提供路由选择功能的思科专有路由协议。在20世纪80年代中期,最常用的内部路由协议是路由信息协议(RIP)。尽管RIP对实现小型或中型同机种互联网络的路由选择非常有用,但是随着网络的不断发展,其受到的限制越来越明显。思科路由器的实用性和IGRP的强大功能使得众多小型互联网络组织采用IGRP取代了RIP。20世纪90年代,思科推出了增强的IGRP,进一步提高了IGRP的操作效率。

(5)EIGRP

EIGRP是思科公司的增强内部网关路由协议,是链路状态和距离矢量型路由选择协议的思科专用协议,它采用散播更新算法(DUAL)来实现快速收敛,可以不发送定期的路由更新信息以减少带宽的占用,支持Appletalk、IP、Novell和NetWare等多种网络层协议。

EIGRP综合了距离矢量和链路状态的优点,其特点如下:

①快速收敛性。链路状态包(Link-State Packet,LSP)的转发不依靠路由计算,大型网络可以较为快速地进行收敛。EIGRP采用散播更新算法(Diffusing Update Algorithm,DUAL),通过多个路由器并行进行路由计算,可以在无环路产生的情况下快速地收敛。

②减少带宽占用。EIGRP不作周期性的更新,只在路由的路径和速度发生变化后作部分更新。当路径信息改变以后,DUAL只发送该路由信息改变了的更新,且只发送更新给需要该更新信息的路由器,而不是发送整个路由表和更新传输到一个区域内的所有路由器上。在WAN低速链路上,EIGRP可能占用大量带宽,默认只占用链路带宽的50%,之后发布的版本允许使用命令来修改这一默认值。

③支持多种网络层协议。EIGRP通过使用协议相关模块,可以支持IPX、ApplleTalk、IP、IPv6、Novell和Netware等协议。

④无缝连接数据链路层协议和拓扑结构。EIGRP不要求对OSI参考模型的二层协议作特别的配置,能够有效地工作在LAN和WAN中,而且保证网络不会产生环路;配置简单;支持VLSM;使用组播和单播,不使用广播,能节约带宽;使用的算法和IGRP一样,但位长为32位;可以做非等价路径的负载平衡。

⑤增大网络规模,支持1 000台路由器。

(6)BGP

BGP(Border Gateway Protocol,边界网关协议)是一种基于距离向量的自治系统域间路由协议,是一种用于AS之间的动态路由协议。

BGP是一种外部网关协议,与OSPF、RIP等内部网关协议不同,其着眼点不在于发现和计算路由,而在于控制路由的传播并选择最佳路由。

BGP的特点如下:

①BGP使用TCP作为其传输层协议(端口号179),提高了协议的可靠性。

②BGP支持CIDR。

③路由更新时,BGP只发送更新的路由,从而大大减少BGP传播路由所占用的带宽,适用于在Internet上传播大量的路由信息。

④BGP 路由通过携带 AS 路径信息,彻底解决了路由环路问题。

⑤BGP 提供了丰富的路由策略,能够对路由实现灵活的过滤和选择。

⑥BGP 易于扩展,能够适应网络的发展。

BGP 在路由器上以下列两种方式运行:

①当 BGP 运行于同一自治系统内部时,称为 IBGP。

②当 BGP 运行于不同自治系统之间时,称为 EBGP。

3)虚拟专用网络技术

虚拟专用网络(VPN)是指在公用网络上建立专用网络的技术。之所以称其为虚拟专用网络,主要是因为整个 VPN 网络的任意两个结点之间的连接并没有传统专网端到端的物理链路,而是架构在公用网络服务商所提供的网络平台之上的网络,用户数据在逻辑链路中传输。

VPN 主要采用隧道技术、加解密技术、密钥管理技术和使用者与设备身份认证技术。隧道技术涉及公网上的点到点逻辑通道、协议封装、负荷加密等技术;加解密技术是数据通信中一项较成熟的技术,VPN 直接利用现有技术来实现加解密;密钥管理技术的主要任务是在公用数据网上安全地传递密钥而不被窃取;使用者与设备认证技术最常用的是使用者名称与密码或卡片式认证等方式。

2.6.3 第三层网络设备

第三层网络设备主要包括路由器、交换机(L3 交换机)、VPN 设备等。

1)路由器

路由器基于路由表按 IP 地址进行分组转发,既能隔离冲突域又能隔离广播域,适用于大中规模网络,支持复杂的网络拓扑结构、负载共享、路径寻优和组播,能更好地处理多媒体,安全性高。但是,路由器价格高、转发速度较慢、安装复杂、同类端口数少。

路由器按吞吐量可分为高挡路由器(>40 Gb/s)、中挡路由器(25 ~ 40 Gb/s) 和低挡路由器(<25 Gb/s);按运营商角度可分为核心路由器、边缘路由器、接入路由器;按附加功能可分为 IP 电话路由器、防火墙路由器、无线路由器、VPN 路由器等;按结构可分为模块化路由器(可扩展插卡)、非模块化路由器(固定端口);按支持的路由选择数量可分为单协议路由器、多协议路由器。

路由器的适用场合有局域网(园区网)与城域网/广域网的互联;需要隔离广播域、网络层异构的广域网之间的互联;VLAN 之间的互联以及构成防火墙。

2)L3 交换机

L3 交换机通过“一次路由、多次交换”的方式来实现比路由器更高的转发速度,数据包转发速度快、成本低、组网灵活(每个端口可配置为交换口或路由口)、端口密度高,但是会影响网络的可扩展性和维护简易性。

L3 交换机的适用场合有局域网/园区网的核心层;局域网/园区网与城域网/广域网互联;路由器不能满足转发速率或成本较高的网络。

2.6.4 第三层设计要点

第三层设计一般采用汇聚交换机作为路由和交换的分界点，路由器设计在汇聚层及核心层，交换机设计在接入层。

这种设计方法的优点有：

①路由配置简单。只需要在两台汇聚/核心交换机上配置路由，大量接入交换机只作二层交换，配置简单，便于采用接入交换机的自动配置功能，进而减少配置维护工作量。

②扩展性好，在同一个汇聚/核心交换机下的服务器扩容方便，并且随着业务的变化不需要更改网络的配置，即插即用。

1)自治系统域内路由选择协议的设计要点

①由于园区网基于 TCP/IP 的自治系统，因此所选的 IGP 协议应基于 IP 协议。

②若园区网内的路由器数量较少(不大于 15 跳)，且非层次化架构并不在意网络故障时的较长收敛时间，则宜选 RIP 协议。

③若是层次化的大中型园区网，或在意网络的快速收敛，则应采用链路状态路由选择协议；若无部署 IPv6 的需求，则可任选 OSPF 或 IS-IS；若现用 IPv4，以后要升级到 IPv6，则宜选用 IS-IS。

④若大中型园区网用的是思科的网络设备，则宜考虑选用 EIGRP。

⑤若选用 OSPF 协议，则：

a. 当园区网规模较小(如终端数<2 000)或部门较少时，则不宜采用分层设计，所有网络结点统一规划为 Area 0。

b. 当需要分层时，每个业务部门区域作为一个单独的 OSPF 区域。

c. OSPF 核心区域：出口路由器和核心交换机作为 OSPF 的 Area 0，出口路由器作为 ASBR 和 ABR 汇聚交换机，核心交换机为 ABR；每台汇聚交换机和核心交换机组网部署为不同的 OSPF 区域(Area 1、Area 2、Area N)。

d. OSPF 边缘区域：Area 1、Area 2、Area N 使用 OSPF NSSA 区域，以精简主干区域路由器的路由表，减少主干区域内 OSPF 交互的信息量，提高路由表项的稳定性。

2)BGP 设计要点

①对 IBGP 和 EBGP 的选择：园区网的规模通常都不会很大，一般采用 IBGP 就可以满足需求。

②在使用 MPLS L3 VPN 时，宜使用 MP-IBGP 协议。MP-IBGP 是对传统 BGP 的扩展，增加了对 VPNv4 和 IPv6 地址的支持。

【任务书】

请根据项目 1 任务中完成的《智能家居需求分析说明书》项目需求，与你的团队一起，作出这套智能家居系统的网络规划设计。

网络设计文档对网络类型的选择、结构的规划、设备的配置情况进行描述，是从需求、通信分析到实际的物理网络建设方案的过渡阶段文档。它是所有网络设计文档中技术要求较详细的文档之一，也是指导实际网络建设的关键性文档。

任务指标：

①网络结构设计：描述网络中主要连接设备和网络计算机结点分布而形成的主体框架，包括网络的拓扑结构、层次结构及模块组成。

②关键技术选择：选择主干技术，包括感知技术、局域网技术、广域网技术。

③网络编址方案设计：写出子网划分、IP 地址规划和分配的方案。

④路由方案设计：选择合适的路由协议。

⑤编写网络设计文档。

【任务分组】

班级		组别	
组员列表			
姓名	学号	任务分工	

【任务实施】

下面给出一个提纲，可将其作为实际网络设计说明书的模板。

1. 项目概述

1.1　简短描述项目

1.2　列出项目设计过程各阶段的清单

1.3　列出项目各阶段的目前状态，包括已完成和正在进行的阶段

2. 设计目标

3. 工程范围

4. 设计需求

5. 当前网络状态

6. 网络拓扑结构

7. 地址与命名设计

8. 路由协议选择

9. 安全策略设计(略)

10. 网络管理策略设计(略)

参考以上提纲内容,编写网络设计文档。

【扩展训练】

1. 简述物联网工程的五层模型结构及各层作用。
2. 简述物联网通信主流技术。
3. 试着探索训练 AI 掌握物联网网络设计的规则与方法。

【评价反馈】

<table>
<tr><td colspan="3">班级:</td><td colspan="4">姓名:</td><td colspan="4">学号:</td><td colspan="4">评价时间:</td></tr>
<tr><td rowspan="15">评价
内容</td><td colspan="2" rowspan="2">项目</td><td colspan="4">自我评价</td><td colspan="4">同学评价</td><td colspan="4">教师评价</td></tr>
<tr><td>A</td><td>B</td><td>C</td><td>D</td><td>A</td><td>B</td><td>C</td><td>D</td><td>A</td><td>B</td><td>C</td><td>D</td></tr>
<tr><td rowspan="2">课前准备</td><td>课前预习</td><td></td><td></td><td></td><td></td><td></td><td></td><td></td><td></td><td></td><td></td><td></td><td></td></tr>
<tr><td>信息收集</td><td></td><td></td><td></td><td></td><td></td><td></td><td></td><td></td><td></td><td></td><td></td><td></td></tr>
<tr><td rowspan="3">课中表现</td><td>考勤情况</td><td></td><td></td><td></td><td></td><td></td><td></td><td></td><td></td><td></td><td></td><td></td><td></td></tr>
<tr><td>课堂纪律</td><td></td><td></td><td></td><td></td><td></td><td></td><td></td><td></td><td></td><td></td><td></td><td></td></tr>
<tr><td>学习态度</td><td></td><td></td><td></td><td></td><td></td><td></td><td></td><td></td><td></td><td></td><td></td><td></td></tr>
<tr><td rowspan="4">任务完成</td><td>方案设计</td><td></td><td></td><td></td><td></td><td></td><td></td><td></td><td></td><td></td><td></td><td></td><td></td></tr>
<tr><td>任务实施</td><td></td><td></td><td></td><td></td><td></td><td></td><td></td><td></td><td></td><td></td><td></td><td></td></tr>
<tr><td>资料归档</td><td></td><td></td><td></td><td></td><td></td><td></td><td></td><td></td><td></td><td></td><td></td><td></td></tr>
<tr><td>知识总结</td><td></td><td></td><td></td><td></td><td></td><td></td><td></td><td></td><td></td><td></td><td></td><td></td></tr>
<tr><td rowspan="2">课后拓展</td><td>任务巩固</td><td></td><td></td><td></td><td></td><td></td><td></td><td></td><td></td><td></td><td></td><td></td><td></td></tr>
<tr><td>自我总结</td><td></td><td></td><td></td><td></td><td></td><td></td><td></td><td></td><td></td><td></td><td></td><td></td></tr>
<tr><td colspan="15">学生自我总结:</td></tr>
</table>

项目3
物联网工程管理与维护

【项目导读】

在物联网工程的全生命周期中,实施阶段的施工、验收的主要任务是通过管理使设计落地和实现,是物联网工程建设中的重要组成部分。本章中物联网工程的管理主要是指实施阶段的施工阶段和竣工验收,依次涉及物联网工程的招投标、启动、施工、测试、培训和售后服务相关知识。

物联网工程的维护是物联网工程验收交付后的重要工作,也是保证物联网工程安全、可靠、稳定运行的保障。物联网工程的维护主要涉及物联网工程全生命周期的运行阶段中的使用和维修,包括运行中的检测、故障的维护相关知识。

【教学目标】

知识目标:

- 了解物联网工程的全生命周期。
- 熟悉物联网工程招标方式及招投标过程。
- 了解物联网工程的施工过程管理和质量监控。
- 了解物联网工程的验收过程。

能力目标:

- 能够制作招标文件、投标文件。
- 能够对物联网工程进行过程管理和质量监控。
- 能够对物联网系统进行运维与管理。

素养目标:

- 培养自主学习能力。
- 培养实践操作能力。
- 培养沟通协调能力。

思政目标:

- 养成严谨细致、认真踏实的作风。
- 培育学生追求卓越的创新精神。
- 引导学生厚植爱国主义情怀。

【知识储备】

3.1 物联网工程项目生命周期

3.1.1 物联网工程的全生命周期

物联网工程的全生命周期是指一个物联网工程从立项开始,到实施建成,到运行维护,再到报废淘汰即项目完全失去效益的整个过程时间。物联网工程项目的全生命周期包括项目的决策阶段、实施阶段和运行阶段(或运营阶段,或使用阶段),如图 3.1 所示。

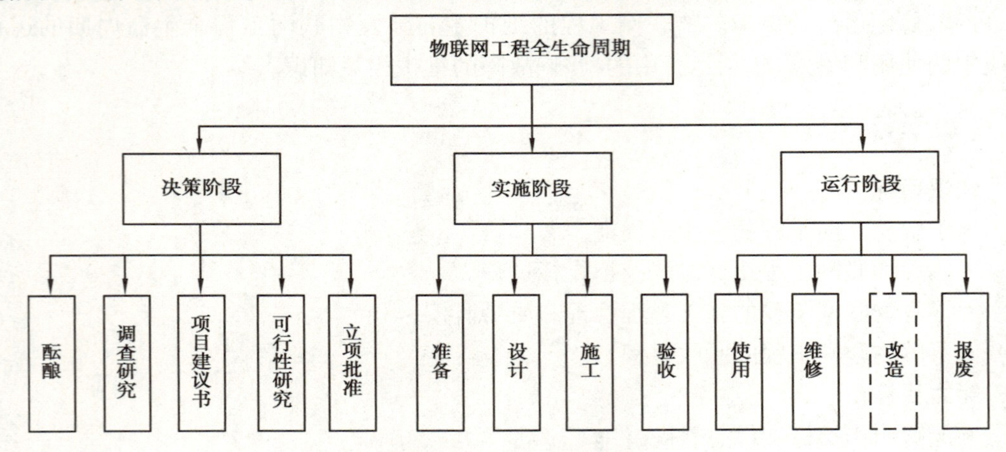

图 3.1 物联网工程全生命周期阶段划分

从物联网工程建设意图的酝酿开始,调查研究、编写和报批项目建议书、编制和报批项目的可行性研究等项目前期的组织、管理、经济和技术方面的论证都属于决策阶段的内容。项目立项(立项批准)是项目决策的标志。

实施阶段包括设计前的准备阶段、设计阶段、施工阶段和竣工验收。根据物联网工程的项目大小、复杂程度和组织管理的不同,有的物联网工程的招标投标工作分散在设计前的准备阶段、设计阶段、施工阶段中进行,有的物联网工程的招标投标工作集中在施工阶段中进行。物联网工程实施阶段管理的主要任务是通过管理使项目的目标得以实现。项目的目标通常包括项目的进度目标、质量目标、费用目标等。

运行阶段主要包括使用、维修和报废。有一部分物联网工程在运行一段时间后采取改造的方式,以延长其使用寿命。

3.1.2 物联网工程管理与维护的主要内容

本节中物联网工程的管理主要是指实施阶段的施工阶段和竣工验收;物联网工程的维护主要涉及运行监测和维修。其中,物联网工程的实施依次包含以下内容:

1)项目招投标

物联网工程的建设方通过招标投标活动来寻找合适的承建方和采购设备。招标投标活动遵循国家相关招投标法律法规,严格按照招投标活动流程执行。

2)项目启动

项目启动包括下述主要步骤:

①承建方组织技术人员对需求进行深入调研。

②设计详细的技术方案和施工计划。

3)项目施工

①场地准备:承建方对施工现场进行准备,如申报施工许可、腾空场地,有时还需要搭建施工人员的临时住房。

②采购工程所需设备和辅助材料:购买工程所需要的各种设备及辅助材料。根据承建方的单位性质,对大额的设备或工程,可能需要通过招标方式采购,需要做好招标文件,走招标流程。

③组织施工:根据施工计划,组织各类人员各司其职,进行项目施工。

4)项目测试

①单元测试:承建方对各子项进行测试,并根据测试结果进行完善。

②综合测试:承建方对整个项目进行综合测试,确定是否达到设计要求。

③第三方测试:对大型物联网工程或重要的子项,按照合同约定,承建方可能需要提交第三方的测试报告,这时承建方应邀请有资质的第三方专业机构对整个工程或重要子项进行测试。

5)项目验收

①提交验收申请:在经过试运行,确认工程项目达到设计要求后,承建方向建设方提出验收的申请。

②准备验收文档:承建方编制验收所需要的各种文档。

③鉴定验收:建设方或委托第三方组织鉴定验收。

6)项目培训和售后服务

①进行用户培训:制订培训方案,对用户进行培训,以保证系统正常运行。

②进行售后服务:质保期内,按照合同的售后服务要求提供相应的服务,如定期巡检(定期巡检有利于提高承建方在业界的美誉度)、及时处置故障等;质保期过后,合同一般会要求承建商提供优惠的备品备件服务和技术咨询服务,建设方也可与承建方协商,签订新的服务合同,有偿提供更多的售后服务。这是承建方增加收入的重要方式。

3.2　招投标与设备采购

按照《中华人民共和国招标投标法》规定，在中华人民共和国境内进行下列工程建设项目包括项目的勘察、设计、施工、监理以及与工程建设有关的重要设备、材料等的采购，必须进行招标：

（一）大型基础设施、公用事业等关系社会公共利益、公众安全的项目；

（二）全部或者部分使用国有资金投资或者国家融资的项目；

（三）使用国际组织或者外国政府贷款、援助资金的项目。

物联网工程通常需要通过招投标活动来采购设备。其中，招标人是提出招标项目、进行招标的法人或者其他组织。投标人是响应招标、参加投标竞争的法人或者其他组织。招标代理机构是依法设立、从事招标代理业务并提供相关服务的社会中介组织。招标人有权自行选择招标代理机构，委托其办理招标事宜；招标人具有编制招标文件和组织评标能力的，也可以自行办理招标事宜。

3.2.1　招标方式

招标方式分为公开招标和邀请招标。

公开招标，是指招标人以招标公告的方式邀请不特定的法人或者其他组织投标。进行公开招标的项目的招标公告，应当通过国家指定的报刊、信息网络或者其他媒介发布。

邀请招标，是指招标人以投标邀请书的方式邀请特定的法人或者其他组织投标。招标人采用邀请招标方式的，应当向 3 个以上具备承担招标项目的能力、资信良好的特定的法人或者其他组织发出投标邀请书。

国有资金占控股或者主导地位的依法必须进行招标的项目，应当公开招标；但有下列情形之一的，可以邀请招标：

（一）技术复杂、有特殊要求或者受自然环境限制，只有少量潜在投标人可供选择；

（二）采用公开招标方式的费用占项目合同金额的比例过大。

3.2.2　招投标过程

完整的招投标过程包含以下阶段，见表 3.1。

表 3.1　招投标过程

阶段		主要内容
1	招标	招标人根据项目情况选择招标方式，编制和发布招标文件
2	投标	投标人响应招标，编制投标文件并投标

续表

阶段		主要内容
3	开标	招标人主持,所有投标人参加。检查投标文件的密封情况,现场唱标
4	评标	评标委员会对投标文件进行评审和比较,向招标人提出书面评标报告,并推荐合格的中标候选人
5	定标	招标人根据书面评标报告和中标候选人确定中标人,向中标人发出中标通知书,并同时将中标结果通知所有未中标的投标人。订立书面合同

1)招标

(1)确定是否代理招标

招标人可根据项目规模、复杂程度和自身技术、经济方面的能力来决定是否需要招标代理机构(如招标公司、招标中心等)来具体实施招标过程。

若招标人决定自行办理招标事宜,则可组织相关部门及人员按照确定的招标方式来进行编制、发布招标文件等招投标程序。

若招标人委托招标代理机构进行招标工作,首先要选择一个较好的招标代理机构。招标代理机构通常有其特定的业务范围或擅长的招标业务类型。招标代理机构在其资格许可和招标人委托的范围内开展招标代理业务,任何单位和个人不得非法干涉。选择招标代理机构主要考虑以下因素:

①资质。要了解招标代理机构的业务范围、等级、服务质量、人员的业务水平。具有良好业务水平的招标代理机构可以为招标人节约大量的人力、时间,并能对技术需求或技术方案提出一些具有价值的建议。

②招标时限。要了解招标代理机构在招标人期望的时间段,其相关部门有无专业人员承接此项招标工作。

③收费标准。招标代理机构是营利机构,要收取代理费用。各代理机构的收费标准并不完全相同。招标费用通常由招标人承担,若招标人没有预算招标费,也可约定由投标人中最后的中标方支付,投标人在报价中会包含招标费用。

本节(3.2.2 招投标过程)后续内容所提到的招标人,在无特别说明的情况下也可为授权的招标代理机构。

(2)编制招标文件

由招标人或招标代理机构按照确定的招标方式来编制招标文件。

招标文件应当包括招标项目的技术要求、对投标人资格审查的标准、投标报价要求和评标标准等所有实质性要求和条件以及拟签订合同的主要条款。招标文件应当使用国务院发展改革部门会同有关行政监督部门制定的标准文本。2017 年 9 月国家发展改革委会同工业和信息化部、住房城乡建设部、交通运输部、水利部、商务部、国家新闻出版署、国家铁路局、中国民用航空局,发布了《标准设备采购招标文件》《标准材料采购招标文件》《标准勘察招标文件》《标准设计招标文件》《标准监理招标文件》,自 2018 年 1 月 1 日起实施。如图 3.2 所示为关于印发《标准设备采购招标文件》等五个标准招标文件的通知。

中华人民共和国国家发展和改革委员会
National Development and Reform Commission

首页　机构设置　新闻动态　政务公开

首页 > 政务公开 > 政策 > 通知

关于印发《标准设备采购招标文件》等五个标准招标文件的通知

发改法规[2017]1606号

图 3.2　关于印发《标准设备采购招标文件》等五个标准招标文件的通知

在编制招标文件时应注意以下要求：

①合法性：符合法律法规或规章的相关规定。

②完整性：完整、详细地说明招标人的目的、需求、评标标准等，以及投标人应提交的文件清单。

③准确性：不要有二义性、不确定性的内容。

④公开性：不能保留一些重要信息供私下告知。

(3)发布招标公告/投标邀请书

招标文件编制好后，发布其中的招标公告或投标邀请书。

若为公开招标，应当在国务院发展改革部门依法指定的媒介发布招标公告，招标公告不得收取费用。在不同媒介发布的同一招标项目的招标公告的内容应当一致。

若为邀请招标，应当向 3 个以上具备承担招标项目的能力、资信良好的特定的法人或者其他组织发出投标邀请书。

(4)发售招标文件

招标人按照招标公告或者投标邀请书规定的时间、地点发售招标文件。招标文件收取的费用应当限于补偿印刷、邮寄的成本支出，不以营利为目的。招标文件的发售期不少于 5 个工作日。

(5)澄清或修改招标文件

招标人可以对已发出的招标文件进行必要的澄清或者修改。

澄清或者修改的内容可能影响投标文件编制的，招标人应当在投标截止时间至少 15 日前，以书面形式或在招标公告发布媒介通知所有获取招标文件的潜在投标人；不足 15 日的，招标人应当顺延提交投标文件的截止时间。澄清或者修改的内容为招标文件的组成部分。

(6)踏勘项目现场

招标人根据招标项目的具体情况,在招标期间,可以组织潜在投标人踏勘项目现场。招标人不得组织单个或者部分潜在投标人踏勘项目现场。

2)投标

(1)购买招标文件

潜在投标人从相关渠道(如招标机构网站、政府采购网、招标人网站等)获得招标信息,在对招标项目的基本信息经过评估后确定是否投标。若决定投标,则按照招标公告或投标邀请书指定的时间、地点和方式购买招标文件。

(2)编制投标文件

购买招标文件后,投标人组织技术人员、销售人员、财务人员、项目管理人员等分工负责,共同编制投标文件。投标文件应当对招标文件提出的实质性要求和条件作出响应。投标文件的具体格式及制作方式详见3.2.4节。

(3)投标

制作好投标文件后,在招标文件规定的时间之前送达投标地点。投标人在异地的,在招标人许可情况下,可通过快递方式邮寄投标文件。

投标人在招标文件要求提交投标文件的截止时间前,可以补充、修改或者撤回已提交的投标文件,并书面通知招标人。补充、修改的内容为投标文件的组成部分。

投标时,应按照招标文件规定的金额和方式支付投标保证金。通常投标保证金以网上银行方式支付,在本地的,也可用支票支付。对金额很小的,也可以用现金支付。

3)开标

在招标文件规定的时间和地点,由招标人主持,所有投标人参加开标。

(1)确定开标顺序

一般按签到的逆序,或者抽签确定。

(2)检查投标文件、唱标

按照开标顺序,投标人检查本公司投标文件密封的完好性,工作人员打开封装,交由投保人唱标——报告本公司的主要投标内容,如技术方案的关键思想、设备品牌、报价、工期、售后服务等。结束后,一般投标人需在开标记录上签字,然后离场。

依据招标内容及规定的不同,有些招标规定所有投标人都进入开标现场唱标,有些招标规定每次只能有一个投标人进入开标现场唱标。

投标人对开标有异议的,应当在开标现场提出,招标人应当场作出答复,并作记录。

投标人少于3个的,不得开标,招标人应当重新招标。

4)评标

在开标之前,招标人依法组建评标委员会。评标委员会由招标人的代表和有关技术、经济等方面的专家组成,成员人数为5人以上单数,其中技术、经济等方面的专家不得少于成员总数的2/3。通常会在招标委员会成员中选出一名组长,主持招标过程。评标流程一般如下:

(1)评标

评标委员会按照招标文件规定的评标标准和方法,客观、公正地对投标文件提出评审意见。招标文件没有规定的评标标准和方法不得作为评标的依据。

(2)澄清、说明

评标过程中,投标文件中有含义不明确的内容、明显文字或者计算错误,评标委员会认为需要投标人作出必要澄清、说明的,书面通知该投标人。投标人采用书面形式澄清、说明,同时不得超出投标文件的范围或者改变投标文件的实质性内容。评标委员会进行讨论,形成一致意见。

(3)提交评标报告和中标候选人

评标完成后,评标委员会向招标人提交书面评标报告和中标候选人名单。中标候选人应当不超过 3 个,并标明排序。

评标报告由评标委员会全体成员签字。对评标结果有不同意见的评标委员会成员应当以书面形式说明其不同意见和理由,评标报告应当注明不同意见。评标委员会成员拒绝在评标报告上签字又不书面说明其不同意见和理由的,视为同意评标结果。

5)定标

(1)公示中标候选人

招标人自收到评标报告之日起 3 日内在指定媒介公示中标候选人,公示期不得少于 3 日。

投标人或者其他利害关系人对评标结果有异议的,应当在中标候选人公示期间提出。招标人应当自收到异议之日起 3 日内作出答复。作出答复前,应当暂停招标投标活动。

(2)确定中标人

公示结束后,招标人根据评标委员会提出的书面评标报告和推荐的中标候选人确定中标人。招标人也可以授权评标委员会直接确定中标人。

中标人确定后,招标人应当向中标人发出中标通知书,并同时将中标结果通知所有未中标的投标人。

(3)签订合同

招标人和中标人应当自中标通知书发出之日起 30 日内,签订书面合同。合同的标的、价款、质量、履行期限等主要条款应当与招标文件和中标人的投标文件的内容一致。

招标人最迟应当在书面合同签订后 5 日内向中标人和未中标的投标人退还投标保证金及银行同期存款利息。

招标文件要求中标人提交履约保证金的,中标人应当按照招标文件的要求提交。

至此完成招投标活动。

3.2.3 评标要点

评标专家评标是否准确,推荐的中标候选人是否恰当,直接关系工程招投标活动的公正性、科学性、合理性,评标专家评标准确性的重要性不言而喻。常规情况下,评标专家的评标工作量比较繁重,一般须在半天至一天时间内完成整个项目的评审工作,如不对评标要点予以充分关注,评标质量很难得到保证。招标人要充分了解评标要点,才能设计出更符合需求的招标方案,招到满意的中标人。投标人需要对评标要点充分了解,才能设计出更符合招标需求的投标方案,获得更高的评标结果,这样才有可能最终中标。

评标有以下几个要点:

1)熟悉招标文件

评标前评标专家应详细通阅招标文件内容,如投标须知前附表、投标须知、投标文件格式等内容,尤其对其中的投标文件编制、评标办法要熟悉,做到心中有数,使评标工作有规可循。当然评标专家对我国有关工程招标投标工作方面的法律法规、规章及规范性文件的主要精神内容,应早已胸有成竹。

2)投标文件符合性审查

主要是投标人资格审查、投标文件实质性格式要求响应性审查、投标文件实质性内容要求响应性审查3个方面的内容。

具体评审前,如出现以下情况,投标文件即定为废标,不再进行具体评审:投标文件逾期送达的;投标人未准时参加开标会议的;未按招标文件要求提交保函或投标保证金,或所提交的投标担保有瑕疵的;投标文件封袋不符合招标文件要求的,投标文件未按照招标文件要求予以密封的;投标文件封袋填错工程名称的。

剔除上述无效投标文件后,即进入具体评审阶段。

①审查投标人资格。主要针对招标文件相关内容,审查是否有符合本项目要求的企业资质证书;合法经营的企业营业执照;企业法定代表人;相关工程业绩、劳动合同、社会保险证明等。如发现投标文件有以下情况的,作为符合性审查未通过:

a.投标人的投标资格不满足国家有关规定的。

b.投标人的资质、业绩、人员、设备等条件不满足招标文件载明的强制性要求的。

c.被省级及以上招标投标行政监督部门通报限制投标且在限制期间的。

审查时应详细校对原件与复印件,凡发现证书原件字迹模糊、手感不佳等疑点的,即封存,验明正身,如确属伪证,该投标文件即成废标。

审查投标人资格,可采用仅审查综合排序前三名投标人资格的“资格后审法”,经资格后审不合格的投标人的投标文件按废标处理。如工程招投标过程采用“资格预审”的,评标过程中不再进行投标人资格审查。

②投标文件实质性格式要求响应性审查。主要审查投标文件的投标函部分、商务标部分、技术标部分的格式。

评审中如发现以下情况,投标文件按废标处理:

a.未按招标文件要求编制,未按规定的格式填写,内容不全,漏填有关内容,或关键内容字迹模糊,无法辨认的。

b.递交的投标文件正副本份数不符的。

c.未按招标文件规定提交商务标电子光盘的。

③投标文件实质性内容要求响应性审查。主要针对以下内容:投标人名称,工程名称,投标人公章、法定代表人或委托代理人印章或签字;质量标准,投标日期,工程量清单计价编制说明、工程量清单报价表的相关内容等,是否与招标文件、投标备案资料一致。

评审中如发现以下现象者,均应定为废标:

a. 投标文件中的投标函未加盖投标人的企业及企业法定代表人印章的,或者企业法定代表人、委托代理人没有合法、有效的委托书(原件)及未加盖委托代理人印章的;投标文件没有投标人、法定代表人或授权代表人盖章、签字的。

b. 投标人递交两份或多份内容不同的投标文件,或在一份投标文件中对同一招标项目报有两个或多个报价,且未声明哪一个有效,按招标文件规定提交备选投标方案的除外。投标函中的投标总价与工程量清单报价表中的投标总价不一致的。

c. 投标人名称或组织机构与资格预审时不一致的,投标人名称与所盖公章名称不符的(如用分支机构公章)。

d. 组成联合体投标的,投标文件未附联合体各方共用投标协议的。

e. 投标文件不响应招标文件的实质性要求和条件的:

- 投标文件载明的招标项目完成期限超过招标文件的期限,投标工期超过招标工期的。
- 采用的验收标准或主要技术指标达不到国家强制性标准或招标文件要求的。
- 采用的施工工艺、方法或者质量安全管理措施不能满足国家强制性标准或要求的。
- 招标文件要求采用经评审的最低价中标的,成本分析价却大于投标报价的。
- 投标文件填错工程名称的。
- 报价大写金额遗漏关键货币单位的,如“万”字。
- 招标报价范围中已包含的项目费用,但投标文件编制说明却不包含该费用的。
- 投标报价高于招标文件规定的最高限价的,或低于最低限价的。
- 擅自修改工程量清单的有关内容的。
- 投标文件附有招标人不能接受的条件的。
- 不符合招标文件中规定的其他实质性要求。

在符合性审查过程中,如发现投标函中的投标工期与技术标中的工期不一致时,在均符合招标工期的前提下,一般应以不利于投标人的倾向考虑,如打分按所报工期较长者;如中标,合同工期按所报工期较短者。

3)商务标评审

应对商务报价的范围、数量、单位、费用组成和总报价等进行全面审阅和对比分析,找出报价差异的原因及存在的问题。报价评审应以报价口径范围一致的评标价为依据。评标价应在最终报价的基础上,按照招标文件约定的因素和方法进行计算,凡属招标文件的原因造成报价口径范围不一致的,应调整投标人报价,但因投标人自身失误造成多算、少算、漏算的,不得调整。

评审的具体注意事项如下：

①审核投标文件正本与副本内容是否一致，如不一致的，以正本为准。

②审核投标总报价中的小写金额与大写金额是否一致，如果数字表示的金额和用文字表示的金额不一致时，应以文字表示的金额为准。

③审核各项取费的合理性，如规费、税金等的取值是否符合招标文件要求，如不符合，应按招标文件相关条款给予处置；若规费、税金等未计取，被认为已在综合单价中综合考虑，并作为投标报价可能低于成本价的询价参考之一。

④评审综合单价的合理性：是否存在严重的不平衡报价，是否存在脱离市场价格的偏高偏低的综合单价。凡招标文件要求或工程造价组成应计算的费用而投标人未报，且投标文件未阐明充分理由并提供足够证据者，均视为缺漏费用。

⑤计算商务标评标基准价，并打分：剔除废标（高于最高限价，低于最低控制价）后，剩余投标文件的报价即为有效标价，按招标文件规定的计分标准，定出评标基准价，计算各投标文件商务标的得分。

如招标文件采用经评审的最低价中标的评标办法，不需打分的，则按有效标价由低到高依次取前三名候选。同时注意防止低于成本价中标。如投标人报价明显低于其他投标报价或者在设有标底时明显低于标底，使得其投标报价可能低于其成本的，投标人不能合理说明或者不能提供相关证明材料的，其投标文件应作废标处理。

4）技术标评审

技术评标专家对投标文件进行技术部分评审，如发现有不符合技术部分评标要求的，按技术标评审不合格处理。

如技术标评审采用通过方式的，则上述评审不合格的投标文件不予通过；如果用打分式的，按招标文件技术标打分标准，逐个对技术标打分，个别技术标得分低于招标文件规定的最低限定值的，不予通过。

5）串标嫌疑的评审

投标人以他人名义投标、串通投标、以行贿手段谋取中标或者以其他弄虚作假方式投标的，其投标文件应认定为废标。

具体评审可从以下几个方面判断：

①数个投标文件内容存在错漏之处一致或异常雷同现象。

②数个投标文件由同一单位或同一人编制。

③数个投标文件中载明的项目管理班子由同一人担任不同投标人职务的。

④数个投标文件由同一台计算机编制或同一附属设备打印。

⑤数个投标文件的某一部分由同一份材料复印而成的。

⑥数个投标文件中不应失分的内容故意失分，以衬托内定中标人中标的。

如在评标过程中经比对发现投标人存在以上情况之一的，应当向投标人质疑，如投标人拒绝说明或未能合理说明理由的，应认定该投标人有串通投标的嫌疑，其投标文件作废标处理，当事人等候处理。

6) 投标文件排序

①如招标文件规定:中标人应按《中华人民共和国招标投标法》第四十一条第一款:“能够最大限度地满足招标文件规定的各项综合评价标准”的精神确定的,在通过符合性审查、技术标评审的基础上,综合考虑商务标、技术标得分,由高向低依次取前三名排序为第一、第二、第三名。如技术标为通过式,商务标按合理低价基准打分的,则按有效投标文件的商务标得分,由高向低依次取前三名排序为第一、第二、第三名。

②如招标文件规定:中标人应按《中华人民共和国招标投标法》第四十一条第二款:“能够满足招标文件的实质性要求,并且经评审的投标价最低;但是投标价格低于成本的除外”的精神确定的,那么通过符合性审查、技术标评审,有效标价的最低、次低、第三低者,依次排序为第一、第二、第三名。

3.2.4 标书的编制

1) 标书的内容

投标文件也称为标书。在招标文件中对标书给出了参考格式及要求,投标人应按照该样本填写相应内容,制作自己的标书。

标书通常包含以下内容:

①投标承诺函:即投标函或投标书。

②开标一览表:主要包括投标单位名称、投标报价等,把投标所涉及的资料和说明性材料一应俱全地列出来,用于开标。

③投标分项报价表:有时也称为分项明细报价表,具体到设备、材料、人工、培训等。

④技术文件:包括针对招标项目的技术方案、技术规格偏离表(即技术条款差异表)等与技术有关的文件。

⑤商务文件:主要包括商务条款偏离表(即商务条款差异表)、售后服务承诺和措施等文件。

⑥资格文件:招标文件要求提供的各类资质文件和证明文件,如营业执照、公司财务状况、纳税证明、社会保险缴纳证明等。

⑦其他文件:招标文件要求的其他与项目有关的资料,或者自附能证明更好完成项目的资料。

实际的标书格式会根据项目的需求进行适当的调整,如图 3.3 所示为部分物联网工程项目的标书格式内容。

2) 标书编制流程

标书是评标委员会评标的具体文件,是投标人想要拿到工程项目的关键组成文件。通常标书编制流程如下:

①根据招标文件的要求,落实投标书起草人(一般为投标方的项目经理),并组建编写组。

标书起草人是标书质量的关键人物,要具有全面的技术知识和技能,能够有效地管理编写组中的成员,并要求他们按自己的计划开展工作。

第七篇 投标文件格式

一、经济文件

（一）开标一览表

（二）分项报价明细表

二、技术文件

（一）所投各产品的技术参数（或技术指标）

（二）所投各产品进入当期国家节能、环保清单目录的证明文件（如果有）

（三）技术条款差异表

三、商务文件

（一）投标函（格式）

（二）商务条款差异表

（三）商务及售后服务承诺

四、其他

（一）投标人小微企业证明文件、微型企业承诺书、监狱企业证明文件、残疾人福利性单位声明函

（二）其他与项目有关的资料（自附）

五、资格文件

（一）营业执照（副本）或事业单位法人证书（副本）复印件

（二）组织机构代码证复印件

（三）法定代表人身份证明书（格式）

（四）法定代表人授权委托书（格式）

（五）2016年度或2017年度财务状况报告（表）或其基本开户银行出具的资信证明复印件，本年度新成立或成立不满一年的组织和自然人无法提供财务状况报告（表）的，可提供银行出具的资信证明复印件

图3.3 投标文件格式实例

②由起草人为首分析招标文件中的技术要点，对不清楚的问题要在第一时间按照招标文件要求的方式向招标人提出，并尽早获得满意的答复。

③根据招标文件的具体要求选定设备（或产品）、材料等，制订技术方案；收集所用设备的技术手册、认证测试证书、技术参数、图片、外形尺寸、工具等，以及招标文件所要求的其他技术资料。

④整理招标文件要求的商务文件、资质文件和证明文件。可按分工与③同时进行。

⑤起草标书，以最吸引评标人的方式、最简洁的文字编写标书的精华部分，并在标书中全面满足招标文件的要求（如技术指标、商务指标、标书格式等）。

⑥打印装订标书，按招标文件的要求密封。

有的投标人会将标书编制工作委托给专业的第三方，要注意与第三方的沟通协调，

保证标书符合招标文件要求，且能突出投标人的特色和优势。

3）标书编制时的注意事项

①认真细读招标文件，提取其中的关键要求和信息。

在拿到招标文件之后，首先要详细阅读招标文件，把重要的信息勾画出来，主要包括质量要求、工期要求、安全目标、资质要求、业绩要求、人员要求、投标保证金的提交时间和方式、标书的份数、密封要求、开标时间、评标办法等，读完招标文件之后要做到心中有数，之后针对这些投标的要求有目的地逐项进行整理和落实，收集资料。

②严格套用招标文件要求的格式编制投标文件。

在编制投标文件时，必须严格按照招标文件提供的格式填写，不得进行任何更改和调整，包括一些文字说明都要一字不差地与招标文件相符，顺序不能颠倒。有电子版招标文件的最好直接套用招标文件中的投标文件格式部分直接进行标书的编制，这样可以保证不会出现大的差错。在标书编制完成之后应该再根据招标文件的要求逐项地进行检查。

③商务技术部分的资料要齐全、真实、有效。如相关人员的身份证、职称证、投标单位的资质证书、营业执照、安全生产许可证、税务登记证及组织机构代码等，所有附件资料必须齐全、真实，能满足招标文件的要求，并且在有效期内，以保证合法有效。这个是投标的硬性条件，容不得一点含糊，也不能有一点闪失，否则就是废标。

④投标报价部分要做到数字清晰，计算无误，大小写金额一致。

⑤注意标书细节部分的编制和检查。

标书在细节方面需要注意的事项很多，一个小小的疏忽往往就构成了致命的错误。具体有以下需要注意的地方：

a. 签字盖章。

标书编制完成后要进行盖章、签字。不仅有投标单位名称的地方需要盖章，而且其他每页都需要盖章。签字必须是手写，不得使用印章、签名章代替，签字必须是法人或者经过公证的授权人的签字。具体的要求在招标文件中都有体现，一定要根据招标文件的要求执行，不得随意更改。

b. 编制目录。

一般标书编制完成后思想容易松懈，从而忘记目录的编制或者没有目录，容易造成废标。在编制完成之后一定要详细地进行检查，根据标书的页码编制目录，确保完成一份完整的标书。

c. 注意时间日期。

在标书中涉及许多的时间和日期，要注意前后顺序，如授权委托书、公证书、投标函的日期、标书封面的日期、封套的日期等，如果不注意，可能会造成不可弥补的遗憾。

d. 注意正副本的区分。

通常会根据评标委员会评标专家的数量，在招标文件中要求提供正本标书一份，副本标书若干，以便评标时使用。正本、副本要求内容一致，当不一致时，以正本为准。通常正本会存档，作为后期合同签订的依据之一。一定要在标书封面上注明“正本”“副本”字样以区分。

e. 标书的密封。

仔细阅读招标文件中关于标书密封的相关章节之后进行密封，并且注意密封套的内容是否跟招标文件要求的一致，外封套一定不要体现出投标单位的名称或者加盖投标单位的公章。

标书是评标的主要资料，很多时候关系投标的成败。一份高质量标书的背后体现的是专业、细致、严谨，而且凝聚了团队的力量。

【思政小课堂】

北京××公司：为你讲述投标背后的故事

2016年，北京××公司市场业绩实现“周周刷”，已提前半年超额完成集团下达的年度经营目标。在重点区域、大型项目、创新模式等方面均取得关键突破。在高歌猛进发展势头的背后，有一群兢兢业业的建工人的精诚合作：他们来自不同部门，却是公司不可或缺的高手；他们集责任、专业、勤奋、乐观于一身；他们是我们的投标英雄！

今天，我们一起来认识一下投标背后的这些人和故事。

一个土壤修复项目从前期市场运作到投标、中标，再到实施、竣工验收，离不开公司每一位员工的努力和付出。本期《E回归》将选择一个特别视角，呈现同事们在投标工作背后最真实、生动的状态，让大家了解他们的同时，感受更多正能量……

一、个个都是多面手

××公司市场运营中心投标部一共有4位员工，负责标书编写、审核、封标、组织开标以及中标后的各项归档与移交工作。公司总部权限内的项目投标由投标部组织、协调相关部门完成。地区事业部权限内的项目投标，投标部主要提供技术支持和把控。

投标一直是一项神秘而紧张的工作。一项投标周期从报名开始，投标部会根据招标文件的具体要求牵头组织技术、工程、经管等部门召开投标启动会，做好标书编写的人员分工和进度节点安排。因为每个投标项目的招标文件会有不同要求，所以需要综合判断具体情况，根据地域特点、竞争对手等因素，组织标书编写。

小E看到投标部主管李伟桌上放着一本特别的日历，打开到3月份，每一个日期上都标注得密密麻麻，这是他这个月里重要的工作安排。在3月份最后的8个工作日里，他要和另外一位同事辗转4个地方，工作紧张程度可想而知。

“3月份公司总部和事业部有多个项目要投标，除组织编写投标文件、做好相关单位的联络、协调工作外，还需要对所有的标书进行审核、封标。”李伟告诉小E，投标是一个跟时间赛跑的工作，标书制作时间短、内容多，有时候几个项目集中在一块就更考验工作效率和统筹协调能力，对投标部每一个成员的要求就更高，他们要成为多面手，熟悉各项工作流程，哪里需要就去哪里。

标书审核是投标部同事的基本功，逐字逐句详读招标文件，每项废标条件烂熟于心，整个过程全神贯注，容不得半点马虎。

“记得我第一次审核标书的时候特别紧张，一项一项对着废标条件看，看完了再核对其他内容是否符合要求。从头到尾整个心都悬着,直到顺利开标那一刻才放下来。"投标部王月回忆起当时的情景,仍然难掩激动。

从市场开拓到投标中标,公司高管和普通员工都付出了很多心血。准备资信文件和封标是投标部苏金豹常做的工作,他对小 E 说:"咱们之所以能在行业里保持高中标率,真的是因为团队协作的结果。比如,春节期间有项目投标,从领导到员工,说加班就加班,说出差就出差,跟平常没有两样。大家知道,每一个项目背后都凝结着公司无数人的付出,相比于中标时的那种喜悦和成就感,过程中的辛苦算不得什么。"

二、有厚度的常胜将军

刘鹏是公司技术质量中心的高级经理。每次公司接到新的招标信息,技术质量中心都会根据市场部门提供的资料,按要求组织现场踏勘,了解项目场地污染情况,估算施工成本和工期,以此来确定项目的技术路线。

技术标书最核心的部分是技术路线和修复工艺的选择。只有工艺确定了,才能确定项目使用的设备、安全文明施工方案、如何做好二次污染防治和职业健康规划、应急预案等工作。

刘鹏介绍说:"比如之前我们投标的一个大型修复项目,它的难点在于土方量大、工期短、成本紧张和工艺复杂。我们创新了修复理念,建立多技术联合应用的技术路线,不仅能降低修复成本,还保证了修复效果。"

"项目实施中还有很多细节需要考虑,这方面我们比同行更有经验,我们竞标的优势在于兼顾了经济可行性和技术可行性,在评标中取得了技术标第一名的成绩。"刘鹏补充道。

让小 E 惊叹的是,当时只有 5 个人的团队编写的技术标书竟然达 1 000 多页!这是其他竞标企业无法企及的。

"公司工程案例多,工程做得多了,在技术标书的编写中自然就考虑得更细致、更全面、更能达到业主的要求,标书厚一是因为工程师们的方案细致,更是因为公司有业绩积累、有底蕴。"刘鹏给小 E 解释道。

然而,这个项目只是修复公司众多中标项目中的一个缩影。南通姚港技术标第一、武汉染料厂技术标第一、大连大化技术标第一、宁波丰庆技术标第一……每一本技术标书都是一个"有厚度的常胜将军"!

"一份标书承载的不仅是文字,它像是我们亲手哺育的孩子,是心血也是技术人员的脸面,更代表建工修复的牌子。你对标书负责任,它一定带给你惊喜!"技术质量中心工程师许超感叹道。

三、培养新人的练兵场

工程管理中心负责标书施工组织设计部分的编写。他们在技术质量中心确定好工艺技术路线后,对项目施工进行总体部署,包括施工顺序、施工工期部署、施工平面布置、资源配置及重难点的分析。

投标施组和实施性施组有若干差异。首先,施工条件未完全落实,有很多不确定性。编制过程中有很多内容需要各个部门反复推敲,尤其是三图(总平面布置图、总进度计划图、总施工流程图)和三表(机械设备表、劳动力计划表、材料需求表)的内容,基本处于每日一更新状态。其次,投标施组需体现公司的综合实力、技术能力和管理水平,对内容的完整性和先进性要求很高,工程量大,工期紧一直是投标小组经常面临的难点。

"领导陪我们一起通宵编制标书是常有的事。标书的审定时间严格按进度执行,有时候在最后节点的前一天晚上还在更新方案,但是无论什么时候将方案发给领导审核,每次都是秒回,知道他们在计算机的另一端陪着我们,这个时候再累心里也是暖暖的。"工程管理中心技术工程师王钪说。

投标工作,是一个很好的培养新人的机会。工程管理中心工程师顾暄,2015年年底才入职,就遇到了有项目在投标,画施工图的人员紧张的状况。顾暄应急上阵,在同事的帮助下很快就能熟练操作专业软件,用半个月的时间完成了项目所有的施工总图和附图。当厚厚的一叠A3彩图打印出来,同事们都为他骄傲。实习生张坤,投标忙的时候经常跟着加班,学习画图,编写专项方案。女孩子工作做得精细,标书的文本和附图很精致,得到大家的赞赏。毕了业就跟着项目部做安全员的程欣,参与安全标准化文件的编制,从零开始,逐步将安全文明工作做成了体系。王钪提到新同事如数家珍,他说:"好的平台能不断激发年轻人的潜能,工作越投入越用心,就会越热爱。"

四、反复核查的强迫症

经济运营中心造价主管吴树丰这样描述自己的工作:"如果把投标比作一场没有硝烟的战争的话,那么公司高管,市场、技术、工程、商务、行政等各部门人员就是参战打仗的指战员。商务部门负责的是这场战争的一个重要战役——经济标报价文件的编制。"

吴树丰作为商务预算员参与了公司多个项目经济标报价的编写工作。写好报价文件首要条件是熟读并领悟招标文件,充分了解技术部门编制的技术方案,真正做到胸有成竹。其次是充分了解工程所在地的各类工程材料的市场价格、人工成本等信息,掌握真实的第一手资料。这样才能保证投标报价列项考虑全面,不漏项,成本测算更贴近后期施工。标前成本测算做精了,后续中标项目进场成本策划、集中采购招标等工作质量和效率才会提高。需要把每一次投标都视为必中的标来做好基础性工作。

3.3　过程管理和质量监控

3.3.1　施工进度计划

进度控制是施工阶段的重要内容,是质量、进度、投资三大建设管理环节的中心,直接影响工期目标的实现和投资效益的发挥。为了有效地进行进度控制,项目实施前,首要任务就是编制科学有效且符合实际情况的进度计划。

施工进度计划是从工程建设的施工准备起始到竣工为止的整个施工期内,所有组成工程项目的各个单项工程的施工顺序、施工速度及其技术供应的相互联系，通过协调综合平衡后，显示总体规划的强度和时间进程的指标。

1）进度计划的编制原则

进行项目进度计划的编制，既要考虑项目管理知识体系中关于进度计划编制的相关理论，又要结合项目本身的具体情况。对项目进行进度计划编制，应当符合以下原则：

（1）可实施原则

对项目工作任务进行分解，应当首先保证每一个分解后的工作任务可以进行操作，要在了解项目全部任务流程的基础上，将项目分解成若干个可以实施的单独的工作单元，便于项目实施人员单独实施自己所参与的任务部分。

（2）独立存在原则

对某一项目进行工作任务的分解，必须保证每个任务是可以单独存在，在该任务环节完成后有一个可以交付的成果或达成某一个可检验的效果，从而便于项目管理者对项目情况进行监督和检查。

（3）完整性原则

对项目进行分解后所获得的所有工作任务除能够独立存在外，还应该是无空缺的，在进行排序后，应当是可以完整地组成一整个项目的工作程序并且实现项目目标的。

（4）不重复原则

分解后所得的每个工作任务环节应当是可连续但是并不重复的，避免同一项工作内容在不同的两个环节内重复出现，造成各种资源的浪费和时间成本的增加。

2）进度计划表的格式

进度计划的表现形式有多种，目前主要有甘特图和网络图两种表示方法。

（1）甘特图

甘特图以图示的方式，通过工作活动列表和时间刻度形象地表示出项目中各项工作的起始顺序与持续时间，它极其直观地反映出计划中某项工作在什么时候开始，到什么时候完成，以及实际进展情况与计划要求的对比。管理者可以根据甘特图很方便地了解项目进展情况，知道还剩下哪些工作要做，并可对工作进度进行评估。典型的甘特图如图3.4所示。根据项目情况，甘特图可以年、月、日为时间单位。

甘特图存在以下优缺点：

①优点：具有编制方便、形象直观、便于统计的优点。

②缺点：不能全面地、如实地反映出各施工过程相互之间的逻辑关系和制约因素，不便进行各种时间参数的计算，不能客观地突出影响工期的关键工作，也不能从图中看出计划中的潜力所在。

（2）网络图

网络计划图通常以多个节点以及带有方向的箭头共同组成，它从整个项目工作顺序的角度以图的方式揭示整个项目的所有工作环节的结构，从而使项目管理者对各环节间次序及工作关系一目了然。其中每一个节点表示一个工作任务单元，节点中标明该工作单元的代码，单元间的工作次序以箭头标示，在箭头中标明数字代表任务完成所需要的

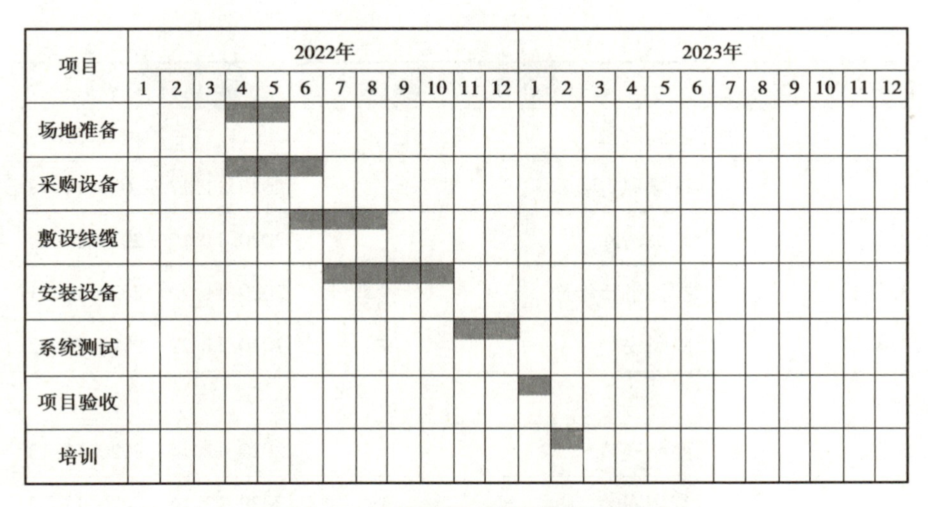

图 3.4　某项目施工进度计划甘特图

时间。

网络计划图作为项目管理中标示项目进度和直观展示项目各任务间关系及工作顺序的重要工具，是项目管理者们在进行进度控制时最常运用的方式之一。通过网络计划图，可以为参与项目工作任务的所有人员展示自己所负责的任务模块在整体项目进度中所处的位置，同时为项目管理者们揭示项目的整体任务构架。应用这种工具进行项目进度计划的制订，可以使项目参与人员明确自己的工作职责以及所承担的工作责任，也可以让项目管理者们在项目进度出现滞后时，及时发现具体问题出现的工作环节并及时加以干预。

根据表 3.2 可得到对应的网络计划图，如图 3.5 所示。

表 3.2　某大学图书馆机房改造项目工作分解结构

工作编码	任务名称	执行时间
1	吉大图书馆机房改造项目	2020.11.1—2020.12.25
1.1	项目立项阶段	2020.11.1—2020.11.6
1.1.1	项目报告撰写	2020.11.1—2020.11.2
1.1.2	组织结构确立	2020.11.3—2020.11.4
1.1.3	项目预算编制	2020.11.5—2020.11.6
1.2	项目前期准备阶段	2020.11.7—2020.11.16
1.2.1	设计施工方案	2020.11.7—2020.11.9
1.2.2	相关投标招标	2020.11.10—2020.11.13
1.2.3	项目人员准备	2020.11.10—2020.11.11
1.2.4	项目文案建档	2020.11.12—2020.11.12
1.2.5	后勤与消防部门报备	2020.11.13—2020.11.13
1.2.6	服务器临时迁移	2020.11.14—2020.11.16

续表

工作编码	任务名称	执行时间
1.3	项目实施阶段	2020.11.17—2020.11.18
1.3.1	拆除原有装修	2020.11.17—2020.11.18
1.3.2	垃圾清除	2020.11.19—2020.11.19
1.3.3	按图平整地面	2020.11.20—2020.11.21
1.3.4	隔断安装	2020.11.22—2020.11.22
…		
1.3.15	照明安装	2020.12.14—2020.12.15
1.3.16	空调安装	2020.12.16—2020.12.17
1.3.17	监控安装	2020.12.18—2020.12.19
1.4	项目收尾阶段	2020.12.20—2020.12.25
1.4.1	机柜回迁	2020.12.20—2020.12.22
1.4.2	整理标示	2020.12.23—2020.12.23
1.4.3	系统调试	2020.12.24—2020.12.25

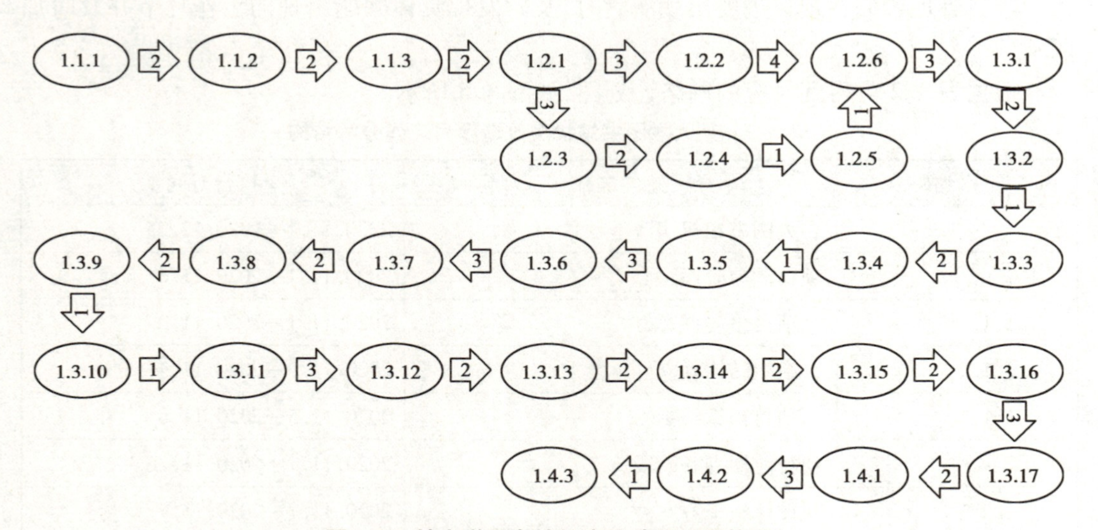

图 3.5　某大学图书馆机房改造项目网络图

根据所绘制的网络图可知，整个项目实施过程以项目撰写为起始，以系统最终调试结束为终止，其中任务 1.2.2（相关投标招标）可以与任务 1.2.3（项目人员准备）、1.2.4（项目文案建档）、1.2.5（后勤与消防部门报备）同时进行，根据工作环节必要性以及工作内容安排，任务 1.2.3、1.2.4、1.2.5 路径在项目计划中任务时间较难缩减，内容安排较多，可以选取以下路径为某大学图书馆机房改造项目的关键路径，如图 3.6 所示。

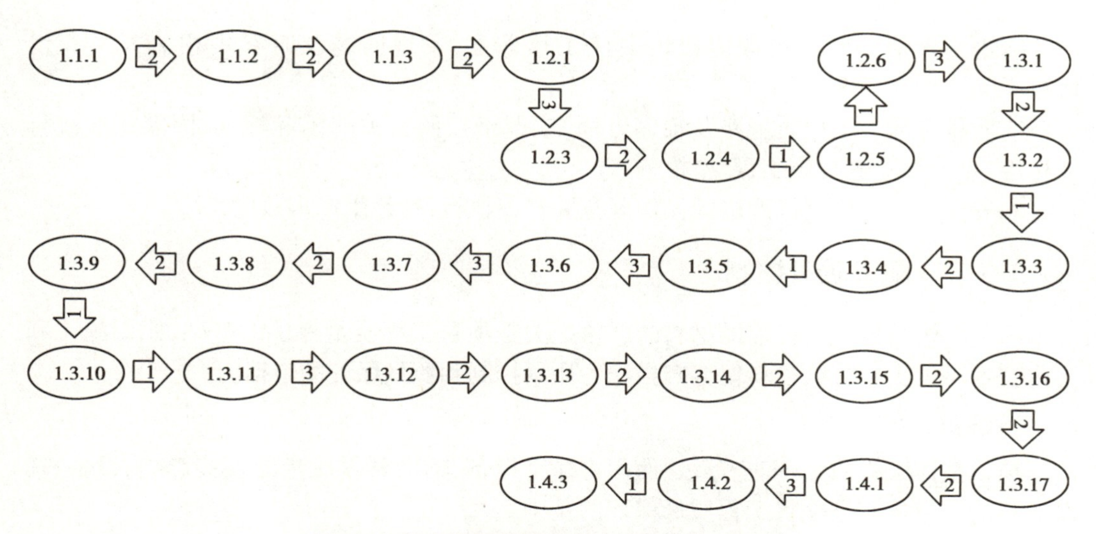

图 3.6 某大学图书馆机房改造项目关键路径

3.3.2 施工过程管理

施工过程中管理工作的好坏直接关系项目的成败。通常的办法如图 3.7 所示。

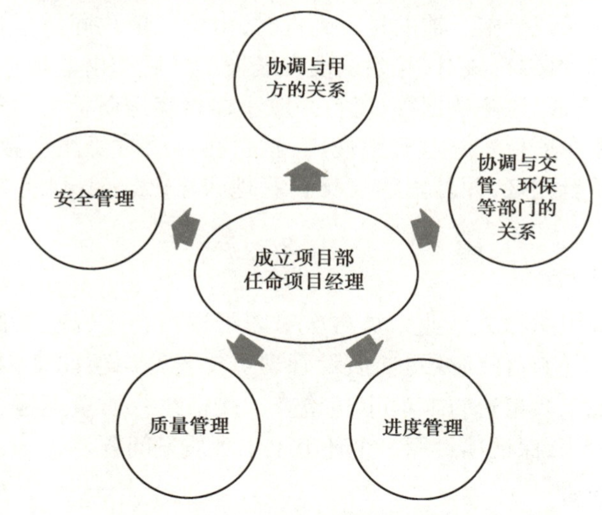

图 3.7 施工过程管理方法

①成立项目部,任命项目经理,全权对项目实施全过程进行管理。一般情况下可实行项目制,即将项目部当成独立的核算单位,进行财务核算。

②协调好与甲方的关系,定期召开项目碰头会,及时解决施工过程中遇到的问题,对下一步的工作预先提出预案。

③协调与城管、交管、环保等部门的关系。如果项目影响到交通,需要获得交管部门的批准,并协助做好交通疏解方案,必要时派出人员协助管理交通。如果项目涉及环境问题,需要获得环保部门的批准。如果项目涉及文物,需要获得文物保护部门的批准。如果项目涉及其他部门,需要协调好与其他部门的关系。

④进度管理。项目经理应密切关注工程进度,发现问题及时召集相关人员商讨解决。

⑤质量管理。工程质量涉及很多方面,应严格按照有关的国际标准、国家标准或行业标准、企业标准进行施工,严格检查。

⑥安全管理。应制订严格的操作规范并督促执行,杜绝生产事故的发生。

3.3.3 施工质量控制

项目实施阶段,设备、辅助材料的严格把关是项目工程质量保证的基础,照图施工和工艺技术不可少,文件、资料留存归档作为质量控制和质量保证的依据。

1)设备、材料严把关

项目整体工程质量、安全等级、使用寿命受设备、辅助材料质量的直接影响,设备、辅助材料的质量控制是项目工程质量保证的基础。

①设备质量保证措施。设备到货后,项目部应协同施工单位、设备厂商、质量管理部一起开箱验收,属于原厂、全新、有合格标志、数量正确的设备方可进场安装。在设备安装过程中,施工单位多与设备厂商沟通,严格按照厂商要求的工序对设备进行安装和接线,经质量检查员验收后再进入下一步工序。

②辅助材料质量保证措施。辅助材料到货时,由施工单位同质量管理部一起对材料的品牌、数量、规格、资料进行核对,并确认没有破损。然后交由监理进一步验收,审核厂家资质证书、检验合格证、检测数据等材料,并取小样封存送质检机构复测。通过监理验收及复测的材料才能在项目实施过程中使用,材料在存放时要注意做好防火、防水等防护措施以保障材料质量完好,并且要建立材料管理台账,做好挂牌标志及相关记录存档工作。

2)照图施工必做到

施工前项目经理组织相关专业人员再次对图纸进行会审,施工方要对照技术交底、设计图纸进行施工,不能有任何变更。质量管理员要履行岗位职责,对照质量检验章程及设计图纸内容对施工质量进行实时审核检查。严格执行质量巡检、强化质量跟踪,以自检、互检、专检为手段,保证项目每一个环节不出现质量问题。

3)施工工艺有讲究

施工单位现场各专业施工人员需严格遵照施工工艺和施工规范开展项目实施工作,认真负责地对待每一个施工细节。走线架、网络柜、配电柜等分项工作的实施,注意工艺技术及安全性;电缆、光缆、网线、端子的布放,注意安装规范性及美观程度。质量管理员需对现场施工工艺及工序进行实时监测,达到随时校验判定施工工艺质量的目的。

4)文件、资料留存归档

在项目实施过程中,有时根据现场情况会对图纸有细微的变更,此时项目经理应马上对图纸编号标注、对变更内容登记备案、对原版图纸存档记录。随着项目实施进展,要注意将全部施工中使用的图纸、技术文档等资料进行电子化存储管理、纸质留存,以便后续查阅。

3.4 工程验收

3.4.1 物联网工程验收的内容

物联网工程验收通常有如图3.8所示7个方面的验收。

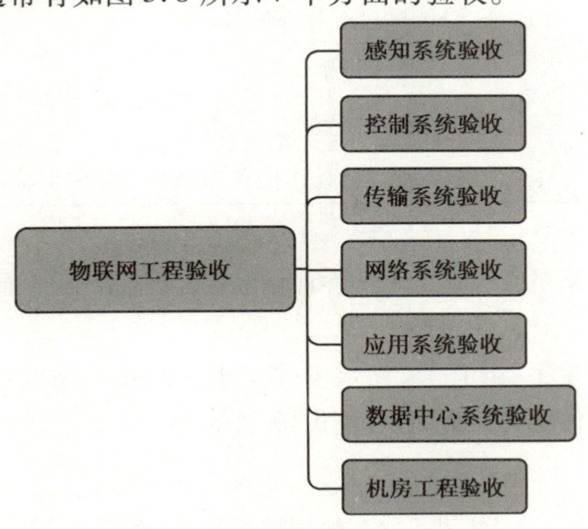

图3.8 物联网工程验收内容

1)感知系统验收

对感知系统的各组成部分进行验收,根据具体构成,可包括RFID系统、无线传感网系统、视频监测系统、光纤传感器系统、特殊监测(如交通监测、气象监测等)系统等,应对每一个子系统逐一进行测试、验收。

2)控制系统验收

对有控制系统的物联网工程,需要对执行系统、控制装置进行测试、验收。

3)传输系统验收

传输系统包括远距离无线传输系统、干线光缆及附属装置、近距离无线传输系统(如传感网)、园区/建筑物内结构化布线系统等。

4)网络系统验收

网络系统的验收工作主要包括验证交换机、路由器等互联设备和服务器以及用户计算机、存储设备等是否提供应有的功能,是否满足网络标准,是否能够互联互通。需要注意以下几个方面:

①所有重要的网络设备(路由器、交换机和服务器等)和网络应用程序能够联通并运行正常。

②对网络系统进行压力测试。网络上的所有主机全部打开上网并满负荷运转,运行特定的重载测试程序,产生大量流量对网络系统进行压力测试。

③启动冗余设计的相关设备,考查它们对网络性能的影响。

④网络布线图包括逻辑布线图和物理布线图,具体内容见表 3.3。

表 3.3 网络布线图的具体内容

逻辑连接图	各 LAN 的布局
	各 LAN 之间的连接关系
	各 LAN 与 WAN 的接口关系
	服务器的部署情况
物理连接图	各 LAN 接口的具体位置
	路由器具体位置
	交换机具体位置
	配线架插口与具体位置的网络设备的对应关系

⑤网络信息。各网络的 IP 地址规划和掩码、VLAN、路由器配置、交换机端口配置、服务器 IP 地址等。

⑥正常运行时网络主干端口的流量趋势图、网络层协议分布图、传输层协议分布图、应用层协议分布图。可作为今后网络管理的测试基准。

5) 应用系统验收

应用系统测试通过运行应用程序来测试整个网络系统支撑应用的能力。测试的主要项目包括服务的功能、服务的响应时间、服务的稳定性等。

6) 数据中心系统验收

数据中心系统的验收内容包括各服务器的硬件和软件配置、存储系统的容量及结构、服务器间的互联方式及带宽、服务器上的作业管理系统的版本及配置、数据库管理系统配置、容错与容灾配置、远程管理系统等。

7) 机房工程验收

机房工程验收的主要要求包括输入线路是否满足最大负荷,UPS 的负载容量及电池容量,三相供电的负载均衡,接地是否符合要求,空调的制冷量及最热条件下的满足程度,消防是否符合规定,漏水检测系统的灵敏度,监控与报警系统的功能及报警方式,有无自动断电保护装置,装修材料是否达标,地板强度是否满足承重要求,地面是否满足承重要求等。

3.4.2 验收文档

验收文档是物联网工程验收的重要组成部分。工程文档通常包括系统设计方案、布线系统相关文档、设备技术文档、设备配置文档、应用系统技术文档、用户报告、用户培训及使用手册、签收单等。

①系统设计方案:包括工程概况、系统建设需求、施工方案、招标文件副本、投标文件副本、合同副本。

②布线系统相关文档:包括布线图、信息端口分布图、综合布线系统平面布置图、信息端口与配线架端口位置的对应关系表、施工方布线系统性能自检报告、第三方布线系统测试报告(针对大型布线工程),以及设备、机架和主要部件的数量明细表(即网络工程中所用的设备、机架和主要部件的分类统计,要列出其型号、规格和数量等)。

③设备技术文档:包括设备的进场验收报告、产品检测报告或产品合格证明、设备使用说明书、安装工具及附件(如线缆、跳线、转接口等)、保修单。

④设备配置文档:包括 VLAN 和 IP 地址配置表、设备的配置方案、设备参数设定表、配置文档及设备的口令表、施工方的自测报告、第三方测试报告(100 万元或以上的合同金额)。

⑤ 应用系统技术文档:包括应用系统总体设计方案、应用系统操作手册、应用系统测试报告。

⑥用户报告:包括用户使用报告、系统试运行报告。

⑦用户培训及使用手册:包括用户培训报告、用户操作手册、用户维护手册。

⑧签收单:包括硬件设备签收清单、系统软件签收清单、应用软件验收清单。

3.5 物联网系统运行维护与管理

3.5.1 物联网系统测试

物联网工程在施工过程中及施工完成后,需要对其进行测试,以检验系统是否正常运行、是否实现设计功能、是否达到预期目标。物联网系统测试包含如图3.9 所示6 个方面的内容。

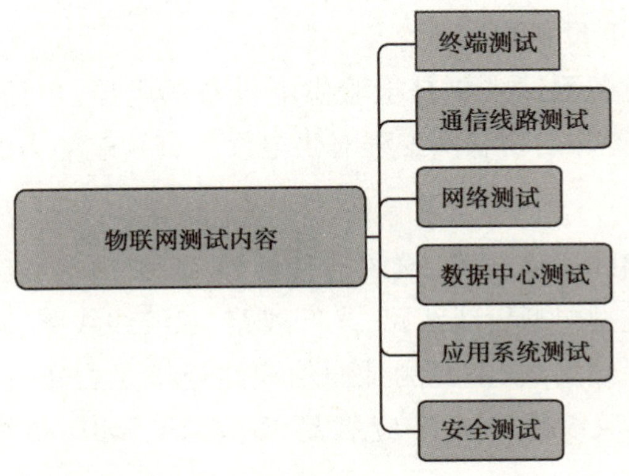

图 3.9 物联网测试的内容

1)终端测试

主要是对感知设备、控制装置、面向终端的供电设备等终端设备进行测试。

(1)感知设备测试

物联网工程的感知设备主要包括 RFID 系统和传感器。

对 RFID 系统,主要测试其通信范围、识读率和误码率、读写时间。一种可能的测试表格见表 3.4。

表 3.4 RFID 系统测试表

测试时间: 测试人员: 测试设备:

序号	终端编号	名称	安装位置	测试内容	测试方法	设计值	实测值
1	1-01-002	RFID 阅读器	斜坡道 1 号位置	通信范围	实际读标签	50 m	
1	1-01-002	RFID 阅读器	斜坡到 1 号位置	识读率	现场测试(20 次)	99%(20 次)	
1	1-01-002	RFID 阅读器	斜坡到 1 号位置	读取时间	现场测试	50 ms	

其他测试还包括多标签碰撞测定、系统负荷耐久性测定等。如果业务流程中设计有多标签读取的环节(如智能商店的自动结算),那么多标签碰撞测定是关键的性能测试,需要测出一次可读最大标签数量、所需时间、识读率和误码率等。系统负荷耐久性测定需要进行大负荷的长时间测试,测出系统的最大负荷量(如单位时间内最多能够识别和处理物品的数量),以及耐久性。

对传感器,测试的主要目的是测试各传感器是否正常工作,能否感知设定的对象数据(包括触发条件、数据精度等),能否正确地向外发送检测到的数据。

(2)控制装置测试

控制装置测试的主要目的是检验控制装置在给定条件下是否正确地执行了预定的控制功能。在实验室条件下,可采用专用仪器测试各环节的状态是否正确;在应用现场,可采用注入控制信息观察控制效果的方法进行测试。

(3)面向终端的供电设备测试

面向终端的供电设备测试主要是检验供电设备的电压、电流、接地等是否满足终端用电设备的要求,某些特殊的物联网工程对供电设备有续航能力的要求。

2)通信线路测试

通信线路包括终端的通信线路、接入通信线路、汇聚通信线路、骨干通信线路、数据中心网络线路。介质类型包括无线线路、光纤线路、双绞线线路、同轴电缆线路等。

通信线路测试是基础测试,主要测试通信线路连接是否正确、通断情况和信号衰减情况,目前应用广泛的双绞线和光纤应满足 EIA/TIA 568B 布线标准、TSB-67CE 测试标准。

如图 3.10 和图 3.11 所示分别为测量双绞线和光纤的工具及仪器。

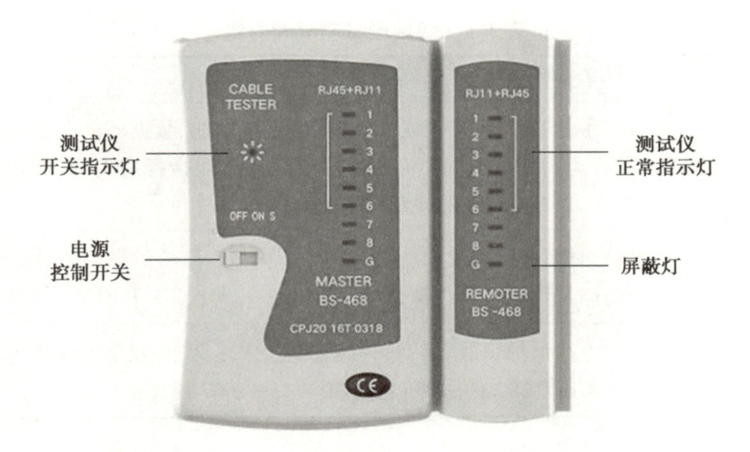

图 3.10　一种双绞线/电话线测试仪

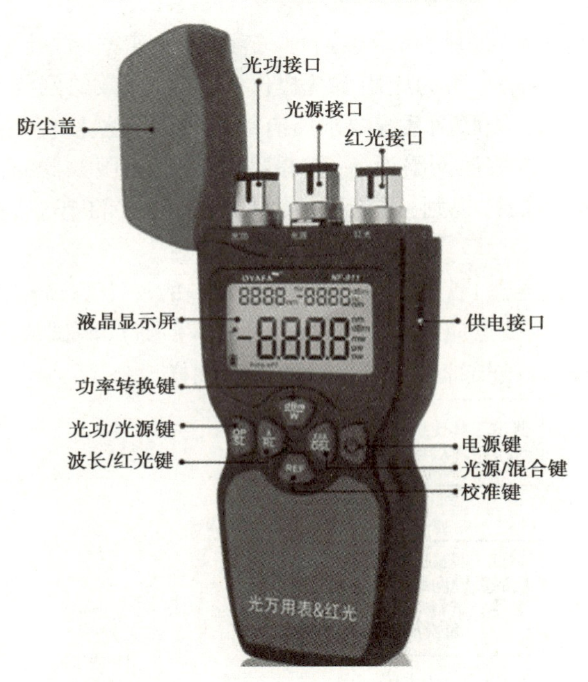

图 3.11　一种光纤测试仪

3）网络测试

网络测试包含网络中的网络设备测试和网络系统综合测试两个部分。

（1）网络设备测试

对网络设备（如交换机、路由器防火墙等）进行性能测试，了解设备完成各项功能时的性能情况。性能测试的参数包括吞吐量、时延、帧丢失率、数据帧处理能力、地址缓冲容量、地址学习速率、协议的一致性等。测试主要是验证设备是否符合各项规范的要求，确保网络设备互联时不会出现问题，见表 3.5。

表3.5　网络设备测试的内容

网络设备	测试内容
交换机	端口密度、数据帧转发功能、数据帧过滤功能、数据帧转发及过滤的信息维护功能、运行维护功能、网络管理功能及性能指标应符合 YD/T 1099—2001、YD/T 1255—2003 的规定
路由器	接口功能、通信协议功能、数据包转发功能、路由信息维护、管理控制功能、安全功能及性能指标应符合 YD/T 1096—2001、YD/T 1097—2001 的规定
防火墙	用户数据保护功能、识别和鉴别功能、密码功能、安全审计功能及性能指标应符合 GB/T 20010—2005、YD/ T 1707—2007 的规定

(2)网络系统综合测试

网络系统综合测试主要包括系统连通性、链路传输速率、吞吐率、传输时延、丢包率等基本测试,主要检测网络是否为应用系统提供了稳定、高效的网络平台。

①系统连通性测试。物联网系统要求所有终端设备必须按使用要求全部连通,需要测试接入层设备端口与汇聚层网络设备、核心层网络设备、服务器的连通性。

a. 系统连通性测试抽样规则:不低于接入层设备总数的 10%,抽样少于 10 台设备的,全部测试。

b. 系统连通性测试方法:首先测试单台接入设备的一个测试点的连通性(至少选择一个端口作为测试点,测试点应覆盖不同的子网和 WLAN),测试流程如图 3.12 所示;其次按照单台接入设备测试连通性的方法,遍历所有抽样设备。

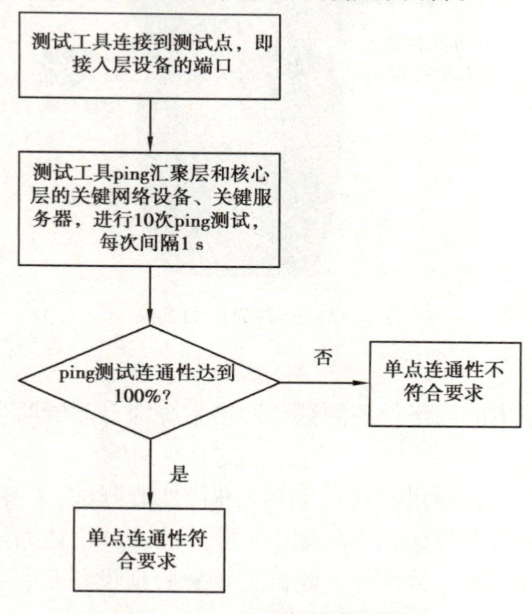

图3.12　单点连通性测试流程

c. 系统连通性合格标准:抽样设备所有的测试点的连通性都达到 100%,则系统连通性符合要求,否则系统连通性不符合要求。

②链路传输速率测试。链路传输速率指设备间通过网络传输数字信息的速率。

a. 链路传输速率测试抽样规则:核心层骨干链路,进行全部测试;汇聚层到核心层的上联链路,进行全部测试;接入层到汇聚层的上联链路,以不低于 10% 的比例抽样测试,抽样不足 10 条时,按 10 条测试或者全部测试。

b. 链路传输速率测试方法:按照如图 3.13 所示将测试工具连接到交换机的端口上;对全双工系统,测试工具 1 在发送端口产生 100% 线速流量,对半双工系统,测试工具 1 在发送端口产生 50% 线速流量;测试工具 2 在接收端口对收到的流量进行统计,计算其端口利用率。

图 3.13 链路传输速率测试示意图

c. 链路传输速率合格标准:发送端口和接收端口的利用率达到表 3.6 的要求,则系统的链路传输速率符合要求,否则系统的链路传输速率不符合要求。

表 3.6 发送端口、接收端口利用率对照表

网络类型	全双工以太网		共享式/半双工以太网	
	发送端口利用率	接收端口利用率	发送端口利用率	接收端口利用率
10 Mbit/s 以太网	100%	≥99%	50%	≥45%
100 Mbit/s 以太网	100%	≥99%	50%	≥45%
1 Gbit/s 以太网	100%	≥99%	50%	≥45%

③吞吐率测试。吞吐率是指空载网络在没有丢包的情况下,被测网络链路所能达到的最大数据包转发速率。

a. 吞吐率测试抽样规则:核心层骨干链路,进行全部测试;汇聚层到核心层的上联链路,进行全部测试;接入层到汇聚层的上联链路,以不低于 10% 的比例抽样测试,抽样不足 10 条时,按 10 条测试或者全部测试;端到端的链路(经过接入层、汇聚层和核心层的用户到用户的网络路径),以不低于终端用户数量 5% 的比例抽样检测,抽样不足 10 条时,按 10 条测试或者全部测试。

b. 吞吐率测试方法:按照如图 3.14 所示将测试工具连接到交换机的端口上;测试工具 1 以 64 字节帧长度向测试工具 2 发送数据包,测出被测网络/设备在未丢包的情况下能够处理的最大帧速率;再分别测试 128、256、512、1 024、1 280、1 518 字节的帧长度下上述过程的最大帧速率。按照上面的方法反方向测试,得到测试工具 2 在不同帧长度下向测试工具 1 发送数据包时的最大帧速率。

c. 吞吐率合格标准:系统在不同帧长度下,双向测得的最低吞吐率均符合表 3.7 的要求,则系统吞吐率符合要求,否认系统吞吐率不符合要求。

图 3.14 吞吐率测试示意图

表 3.7 系统吞吐率指标

帧长/字节	10 Mbit/s 以太网		101 Mbit/s 以太网		1 Gbit/s 以太网	
	帧/s	吞吐率	帧/s	吞吐率	帧/s	吞吐率
64	≥14 731	≥99%	≥104 166	≥70%	≥1 041 667	≥70%
128	≥8 361	≥99%	≥67 567	≥80%	≥633 446	≥75%
256	≥4 483	≥99%	≥40 760	≥90%	≥362 318	≥80%
512	≥2 326	≥99%	≥23 261	≥99%	≥199 718	≥85%
1 024	≥1 185	≥99%	≥11 853	≥99%	≥107 758	≥90%
1 280	≥951	≥99%	≥9 519	≥99%	≥91 345	≥95%
1 518	≥804	≥99%	≥8 046	≥99%	≥80 461	≥99%

④传输时延测试。传输时延指数据包从发送端口到目的端口需经历的时间。

a. 传输时延测试抽样规则：传输时延测试抽样规则与吞吐率测试抽样规则相同。

b. 传输时延测试方法：如图 3.15 所示为传输时延测试示意图，测试工具 1 产生流量（帧长为 1 518 字节），测试工具 2 接收流量，并将测试数据流环回（当被测网络收发端口位于同一机房时，也可用一台具有双端口测试能力的测试工具来完成此过程）；测量工具 1 从产生流量到接收流量所经历的时间的一半，即为传输时延。测试必须在空载网络下分段进行，包括接入层到汇聚层链路、汇聚层到核心层链路、核心层间骨干链路、端到端链路。

图 3.15 传输时延测试示意图

c. 传输时延合格标准：在正常情况下，传输时延应不影响各种业务的使用，同时满足设计时延要求，则系统传输时延符合要求，否则系统传输时延不符合要求。

⑤丢包率测试。丢包率是指网络在 70% 流量负荷下，网络性能问题造成部分数据包无法被转发的比例。

a. 丢包率测试抽样规则：丢包率测试抽样规则与前述的吞吐率测试抽样规则和传输时延测试抽样规则相同。

b. 丢包率测试方法：如图 3.16 所示为丢包率测试示意图。将两台测试工具分别连接到被测网络链路的源交换机和目的交换机端口上，测试工具 1 按一定流量负荷，均匀地向被测网络发送一定数目的数据帧，测试工具 2 接收。测试工具 1 发送的流量负荷从

100%以10%的步长递减,当递减到70%时,记录测试工具2的丢包率(接收到的数据帧数目/发送的数据帧数据)。

图3.16 丢包率测试示意图

c.丢包率合格标准:若系统在不同帧长(64、128、256、512、1 024、1 280、1 518字节)下测得的丢包率符合表3.8的要求,则系统丢包率符合要求,否则系统丢包率不符合要求。

表3.8 丢包率指标

帧长/字节	10 Mbit/s以太网		101 Mbit/s以太网		1 Gbit/s以太网	
	流量负荷	丢包率	流量负荷	丢包率	流量负荷	丢包率
64	70%	≤0.1%	70%	≤0.1%	70%	≤0.1%
128	70%	≤0.1%	70%	≤0.1%	70%	≤0.1%
256	70%	≤0.1%	70%	≤0.1%	70%	≤0.1%
512	70%	≤0.1%	70%	≤0.1%	70%	≤0.1%
1 024	70%	≤0.1%	70%	≤0.1%	70%	≤0.1%
1 280	70%	≤0.1%	70%	≤0.1%	70%	≤0.1%
1 518	70%	≤0.1%	70%	≤0.1%	70%	≤0.1%

4)数据中心测试

数据中心设备主要有各种服务器、存储设备、核心网络设备、配电与UPS、制冷系统、消防系统、监控与报警系统等。数据中心测试具体包含的内容见表3.9。

表3.9 数据中心测试内容

测试项目	测试方法
服务器的测试	运行系统软件、典型的应用软件,查看结果(包括网络通信)是否正确
存储设备的测试	重复进行大文件的复制,测试读写的正确性、I/O带宽及整体性能
核心网络设备的测试	通过进行各种网络操作,检查核心交换机、出口路由器、防火墙、IDS等主要设备是否正常
配电与UPS的测试	检查电压、电流是否在安全范围,满负荷时检查三相电是否基本平衡,检测UPS续航能力是否满足设计
制冷系统的测试	检查空调系统是否正常制冷、有无涌水,室内温度是否达到设定标准
消防系统的测试	人为制造触发条件(如烟雾等),检查消防系统是否自动启动
监控与报警系统的测试	人为制造一些报警条件(如高温、盗窃等),查看报警系统是否正常报警

5)应用系统测试

应用系统测试包括应用系统的功能、性能、可靠性等测试。应用系统的测试应与实际的物联网关联,在真实数据环境下进行。

6)安全测试

安全测试主要包括系统漏洞测试和应用系统安全测试。

(1)系统漏洞测试

利用漏洞检测工具对系统进行测试。典型的漏洞检测工具有360企业版工具。目前的工具主要是针对互联网、操作系统、数据库等系统级的,针对物联网终端自身系统的漏洞检测工具较少。

(2)应用系统安全测试

利用安全检测系统检测应用系统是否存在恶意行为。IDS、网站漏洞监测系统等都具有相应的功能。

通常并不能通过简单的测试就能发现全部安全隐患,需要在运行过程中持续监测。

3.5.2 故障分析与处理

一般故障的分析处理流程如图3.17所示。此流程并不是解决物联网系统的故障时必须严格遵守的步骤,只是为特定物联网系统的故障排程提供基础。

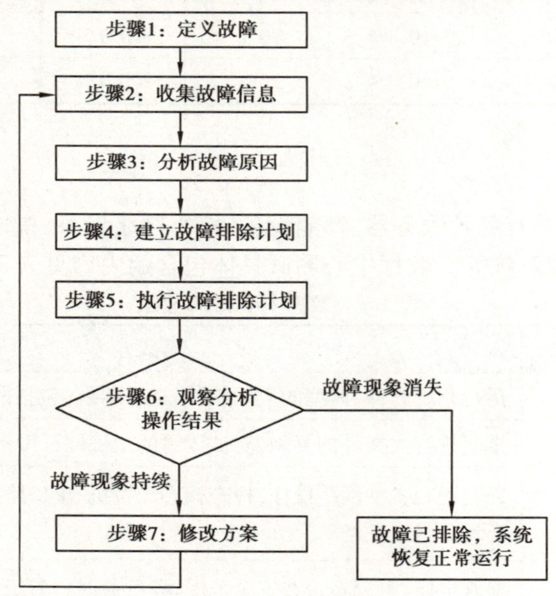

图3.17 一般故障的分析处理流程

步骤1:定义故障。分析网络故障时,要对网络故障进行清晰描述,并根据故障的一系列现象及潜在的症结对其进行准确定义。

要对网络故障作出准确的分析,首先应该了解故障表现出来的各种现象,然后确定可能会产生这些现象的故障根源或现象。例如,主机没有对客户机的服务请求作出响应

(一种故障现象),可能产生这一现象的原因主要包括主机配置错误、网络接口卡损坏或路由器配置不正确等。

步骤2:收集故障信息。收集故障信息有助于确定故障症结的各种信息。可以向受故障影响的用户、网络管理员、经理及其他关键人员询问详细的情况,从网络管理系统、协议分析仪的跟踪记录、路由器诊断命令的输出信息及软件发行注释信息等信息源中收集有用的信息。

步骤3:分析故障原因。依据收集到的各种信息考虑可能引发故障的症结。利用收集到的这些信息可以排除一些可能引发故障的原因。例如,根据收集到的信息也许可以排除硬件出现问题的可能性,于是把关注的焦点放在软件问题上。应该充分地利用每一条有用的信息,尽可能地缩小目标范围,从而制订出高效的故障排除方法。

步骤4:建立故障排除计划。根据剩余的潜在症结制订故障的排除计划。从最有可能的症结入手,每次只作一处改动。之所以每次只作一次改动,是因为这样有助于确定针对固定故障的排除方法。如果同时作了两处或多处改动,也许能排除故障,但是难以确定到底是哪些改动消除了故障现象,而且对日后解决同样的故障没有太大的帮助。

步骤5:执行故障排除计划。实施制订好的故障排除计划,认真执行每一步骤,同时进行测试,查看相应的现象是否消失。

步骤6:观察分析操作结果。当作出一处改动时,要注意收集、记录相应操作的反馈信息。通常,采用在步骤2中使用的方法(利用诊断工具并与相关人员密切配合)进行信息的收集工作。分析相应操作的结果,并确定故障是否已被排除。如果故障已被排除,那么整个流程到此结束。

步骤7:修改方案。如果故障依然存在,那么需要针对剩余潜在症结中最可能的一个症结制订相应的故障排除计划。返回步骤4,依旧每次只作一次改动,重复此过程,直到故障被排除为止。

物联网系统中,已经解决的故障一定要记录其故障现象和相应的解决方案,建立故障处理台账。当操作、维护、管理人员发生变动时,发生类似故障时作为参考,以便快速解决问题,使系统恢复正常。

3.5.3 物联网系统运行监测

在物联网系统的运行过程中,需要对物联网系统的运行状态进行监测。

从硬件到软件,物联网系统涉及的内容很多,但是在概念上,呈现出显而易见的层次结构如图3.18所示。根据物联网系统的三层架构体系,物联网系统的运行监测也可以分为3个方面。

1)感知层的监测

感知层的部分终端设备(如控制设备)可以通过传感器采集相应的状态信息进行监测。

目前,传感器的监测主要依靠有无采集数据来判断其是否工作,但对其工作时的性能指标(如精确性等),目前还没有有效的在线监测方式,主要通过离线方式进行检测和校验。

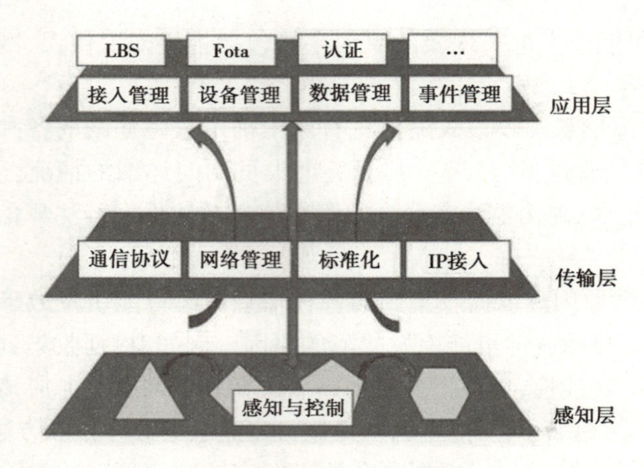

图 3.18　物联网系统的架构体系

2) 传输层的监测

物联网系统的传输层属于互联网部分,目前具有较成熟的监测工具。可以选用功能较完善的网络管理系统实现监测。比如,监测交换机/路由器的 CPU 利用率、内存利用率、端口流量及利用率,自动绘制拓扑结构,发现网络异常状态的节点、链路等。

3) 应用层的监测

应用层的监测需要根据需求单独开发。

【任务书】

标书的编制是一项细致严谨的工作,需要踏实认真的工作态度,一丝不苟的工作精神。投书说到底其实就是对招标文件的一种响应和承诺,只有把招标文件理解透了,掌握了其中对投标单位的要求和标书的格式要求,那么按照招标文件要求的内容和格式进行整理编制就容易了。在标书的编制过程中,无论是资料的整理收集、方案的编制,还是标书的签字盖章或者密封,需要的都是一种态度,一种认真负责、一丝不苟的工作精神,需要全身心地投入,从细节入手,从一点一滴做起,保证标书对招标文件有正确的、明确的响应,这样才能做出一份完整的、严密的标书,一份能真实反映投标人各种能力的标书,一份有足够竞争力的标书。

请 2 ~ 3 人为一组,根据物联网工程项目招标文件的要求制作标书。

【任务分组】

<table>
<tr><td>班级</td><td></td><td>组别</td><td></td></tr>
<tr><td colspan="4">组员列表</td></tr>
<tr><td>姓名</td><td>学号</td><td colspan="2">任务分工</td></tr>
<tr><td></td><td></td><td colspan="2"></td></tr>
<tr><td></td><td></td><td colspan="2"></td></tr>
<tr><td></td><td></td><td colspan="2"></td></tr>
</table>

【任务实施】

1. 小组虚拟为一名投标人。

2. 投标人在招投标网站寻找物联网工程项目的招标公告，并获取电子版招标文件。或者由教师作为招标人发布招标公告，向小组提供招标文件。

3. 按照招标文件要求，小组编制标书。招标文件要求提供的各类资质文件和证明文件，如营业执照、公司财务状况、纳税证明、社会保险缴纳证明等，小组可自行制作。教师可根据实际情况对招标文件进行澄清和修改。

4. 对电子版标书（有条件也可打印、密封）进行自评、小组互评、教师点评。

5. 本任务制作的标书仅用于教学。

【扩展训练】

1. 物联网工程项目的全生命周期包含哪几个阶段?

2. 简述招标投标活动流程。

3. 根据所在小组的标书制作任务完成情况，谈谈标书制作时的注意事项。

4. 你知道有哪些招投标网站？请列举出至少3个招投标网站。

5. 物联网工程项目的施工进度计划的编制有哪些原则？进度计划主要有哪些表现形式?

6. 请你谈谈物联网工程施工过程中进度管理、质量管理、安全管理的意义。

7. 物联网工程验收主要包含哪几个方面的内容?

8. 物联网系统测试包含哪几个方面的内容?

9. 简述物联网系统一般故障的分析处理流程。

10. 请查找一个物联网系统传输层的监测工具，对该工具的功能进行介绍并尝试使用。

【评价反馈】

<table>
<tr><td colspan="3">班级：</td><td colspan="4">姓名：</td><td colspan="5">学号：</td><td colspan="3">评价时间：</td></tr>
<tr><td rowspan="13">评价内容</td><td colspan="2" rowspan="2">项目</td><td colspan="4">自我评价</td><td colspan="4">同学评价</td><td colspan="4">教师评价</td></tr>
<tr><td>A</td><td>B</td><td>C</td><td>D</td><td>A</td><td>B</td><td>C</td><td>D</td><td>A</td><td>B</td><td>C</td><td>D</td></tr>
<tr><td rowspan="2">课前准备</td><td>课前预习</td><td></td><td></td><td></td><td></td><td></td><td></td><td></td><td></td><td></td><td></td><td></td><td></td></tr>
<tr><td>信息收集</td><td></td><td></td><td></td><td></td><td></td><td></td><td></td><td></td><td></td><td></td><td></td><td></td></tr>
<tr><td rowspan="3">课中表现</td><td>考勤情况</td><td></td><td></td><td></td><td></td><td></td><td></td><td></td><td></td><td></td><td></td><td></td><td></td></tr>
<tr><td>课堂纪律</td><td></td><td></td><td></td><td></td><td></td><td></td><td></td><td></td><td></td><td></td><td></td><td></td></tr>
<tr><td>学习态度</td><td></td><td></td><td></td><td></td><td></td><td></td><td></td><td></td><td></td><td></td><td></td><td></td></tr>
<tr><td rowspan="4">任务完成</td><td>方案设计</td><td></td><td></td><td></td><td></td><td></td><td></td><td></td><td></td><td></td><td></td><td></td><td></td></tr>
<tr><td>任务实施</td><td></td><td></td><td></td><td></td><td></td><td></td><td></td><td></td><td></td><td></td><td></td><td></td></tr>
<tr><td>资料归档</td><td></td><td></td><td></td><td></td><td></td><td></td><td></td><td></td><td></td><td></td><td></td><td></td></tr>
<tr><td>知识总结</td><td></td><td></td><td></td><td></td><td></td><td></td><td></td><td></td><td></td><td></td><td></td><td></td></tr>
<tr><td rowspan="2">课后拓展</td><td>任务巩固</td><td></td><td></td><td></td><td></td><td></td><td></td><td></td><td></td><td></td><td></td><td></td><td></td></tr>
<tr><td>自我总结</td><td></td><td></td><td></td><td></td><td></td><td></td><td></td><td></td><td></td><td></td><td></td><td></td></tr>
<tr><td colspan="15">学生自我总结：</td></tr>
</table>

下篇
物联网工程实施案例

项目 4 智慧家居工程项目实施案例

【引导案例】

清晨 6:00 您还在熟睡,厨房内面包机、咖啡机已按预先设定开始准备早餐。7:00,主卧室柔和的灯光和音乐把您从梦中唤醒,窗帘缓缓打开,卫生间取暖设备、热水器开始工作,智能音箱开始播报今天的早间新闻,梳洗完毕,香喷喷的面包和咖啡已经准备好了。

8:00 上班,系统启动"离家无人模式",按预先设定程序,关闭电灯、电器和窗户,安防系统启动工作。当家里有入侵、火情、水情、燃气泄漏等各种安防问题时,会第一时间通过智能家居系统直接联系您,通知您处理紧急情况。

傍晚下班,在回家路上通过手机 App,远程控制家里空调、热水器运行,把室内温度设置成合适的温度,厨房内电饭煲按事先准备好的食材开始煮饭。回到家时,在天热炎热或寒冷的季节,室内温度已经提前设置成适宜的温度,电饭煲已经煮好米饭。

晚饭过后,可以启动"学习模式",孩子可以通过多媒体设备学习网课、收听双语节目和其他互动学习。同时还有多种"娱乐模式"供家人娱乐休闲。

夜幕慢慢降临,一键关灯,关闭窗帘,全家进入"睡眠模式",在您熟睡的时候,安防系统保护着您的安全。

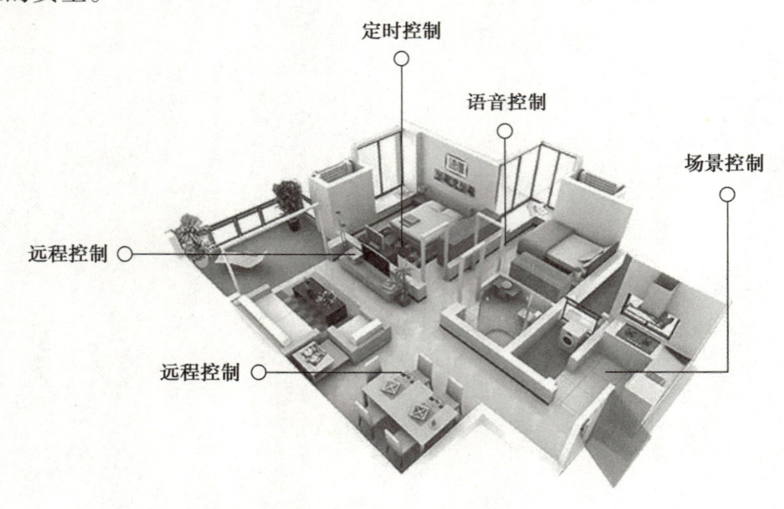

图 4.1 智能家居场景图

智能家居(smart home,home automation)是以住宅为平台,利用综合布线技术、网络通信技术、安全防范技术、自动控制技术、音视频技术等将家居生活有关的设施集成起来,构建可集中管理、智能控制的住宅设施管理系统，从而提升家居安全性、便利性、舒适性、艺术性，并实现环保节能的居住环境。

智能家居是在互联网影响之下物联化的体现，智能家居并不是一个单一的产品，而是通过物联网技术将家中的各种设备（如音视频设备、照明系统、窗帘控制、空调控制、安防系统、数字影院系统、影音服务器、影柜系统、网络家电等）连接到一起，提供家电控制、照明控制、电话远程控制、室内外遥控、防盗报警、环境监测、暖通控制、红外转发以及可编程定时控制等多种功能和手段。与普通家居相比，智能家居不仅具有传统的居住功能，兼备建筑、网络通信、信息家电、设备自动化，提供全方位的信息交互功能，甚至为各种能源费用节约资金。

智能家居是未来家居生活的趋势，也是物联网时代的主要产品之一。随着计算机技术、通信技术和嵌入式系统的发展，智能家居越来越多地进入人们的生活。

【职业能力目标】

- 熟悉智能家居物联网工程项目的功能结构。
- 熟悉智能家居物联网工程项目的设备。
- 熟悉智能家居物联网工程项目的实施流程。
- 熟悉智能家居物联网工程项目的施工设计内容。
- 掌握智能家居传感器设备选型。

【任务分析】

任务描述：

随着人们生活水平的提高及物联网技术的飞速发展，人们对家居环境提出了更高的要求。国内某别墅小区，想要打造全屋智能整装，构建从客厅到餐厅，从卧室到卫生间，从设计端到服务端的沉浸式体验场景。天冷自动暖风预热，创建健康舒适家居环境；起夜下床自动开启柔和夜灯，保持睡眠无惊扰，快速再入眠；清晨，智能厨房按预设值，自动开始煮早餐……给您不一样的生活仪式感，让您的家居环境安全舒适、轻松方便、节约能源、随心所欲，切实让您拥有一个“最懂您”的家。

任务要求：

- 了解智能家居项目的需求分析。
- 了解智能家居项目的功能模块。
- 了解智能家居项目的设计规范。
- 了解智能家居项目的设备。
- 了解智能家居项目的实施流程。

4.1 知识储备

4.1.1 需求分析

1)智能家居项目发展背景

近几年来,随着5G技术形成的产业链进入发展快车道,为智能家居提供落地支持,使得智能家居掀起了一股热潮,而这个大市场迎来了它的爆发期。

智能家电是我国智能家居使用率最高的产品,使用率占比达19.6%,其次为智能锁和智能音箱,使用率占比分别为18.1%和17.7%。现在市场上的单品爆品、设备联动、语音识别、安全性能的加强正在推动中国智能家居市场从单品智能向智能联动和全屋智能推进。基于广阔的市场空间,5G、LOT、AI等技术快速迭代,新基建的政策红利以及新消费形势的需求,智能家居产业发展提速。国内各家巨头公司纷纷涌入这个赛道。

除智慧市场的助力外,人均消费水平的提高也促使用户更关注家居生活的质量。家居的功能将延展至娱乐、办公、学习等多属性,这对智能家居的交互提出了新的、更高的要求。随着人工智能技术的成熟,人们对家居的需求最终将以实现无感化、主动化,即自动实现场景分析、活动状态分析、故障率分析,并自动作出合理反应,记录保存相关操作习惯为趋势,完成智能家居由“智能”向“智慧”、由被动到主动的转化。

2)智能家居市场需求

目前,智能家居的产品市场主要有智能空调、智能冰箱、智能洗衣机、智能照明、智能遮阳、智能门锁、家用摄像头、运动与健康监测等。从当前的市场份额来看,智能家电类产品的市场份额最高,智能空调、智能冰箱和智能洗衣机三者的市场份额高达71.71%,而价格相对较低的智能锁、家用摄像头等产品市场增速较快。

随着AI技术的流行,根据消费者对AI技术应用场景的预期的调查数据显示,智能家居成为消费者最期待的应用AI的服务,由此可知,智能家居具有很大的潜在需求。随着经济的发展,人们的消费水平不断升级,尤其是年轻一代,更倾向于追求具有新鲜感和个性的产品,在家居方面,比老一代人更加追求舒适的生活环境,5G等技术的发展会使智能家居产品的性价比越来越高,年轻一代逐渐成为智能家居的消费主力军。

4.1.2 概要设计

经过市场需求分析和可行性分析,智能家居系统的功能可以分为以下几大类:

1)安防控制系统

家居安防控制系统主要通过智能主机与各种探测设备配合,实现对各个防区报警信号及时收集与处理,通过本地声光报警器,以及电话或短信报警,向用户预设的电话或短信号码发送报警,用户接到报警后进行相应处理。另外,在正常情况下,还可通过网络摄像头观察家中的一切情况,如图 4.2 所示为安防控制系统中常用的设备。

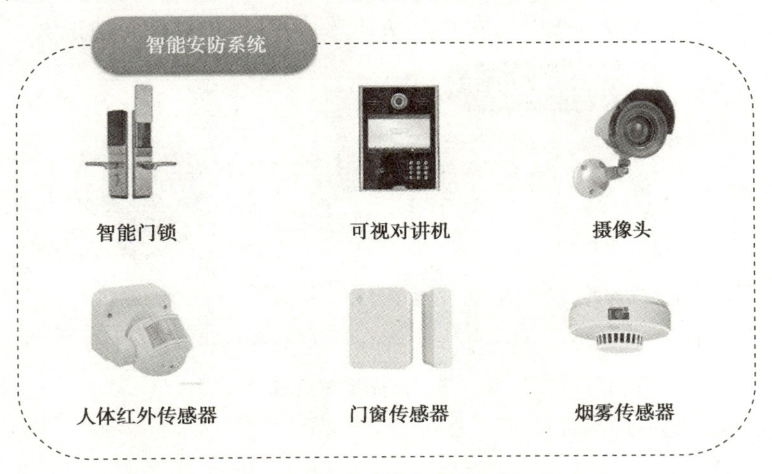

图 4.2 安防控制系统

总的来说,智能家居安防系统主要有以下几个功能模块:

(1)智能门锁

相比较传统的开锁方式,智能门锁除具备钥匙开锁方式以外,还可以通过指纹、密码、磁卡、手机 App 等方式开锁,让用户不再因为忘带钥匙,而有家进不了。

另外,通过不同的指纹或者密码,系统自动识别来人身份,并且触发对应的情景流程,对家人的出入门时间也会进行记录。

(2)入侵检测

当住宅处于设防状态下,有人闯入防御区域,通过人体传感器自动感知,室内报警器自动报警,同时系统自动给家人拨打电话告知。另外,通过门窗磁传感器,可以检测门窗的开合状态,通过主机情景联动,可实现开关门窗,有人入侵报警器报警,系统自动给家人拨打电话。

(3)SOS 一键报警

当家中出现危险状况,可通过 SOS 一键报警,系统会自动给家人或物业人员手机拨打电话,第一时间进行处理,避免损失。

2)灯光控制系统(图 4.3)

(1)灯光开关

用户可通过手机 App、语音、情景自动化等方式控制室内任何区域灯光的开启或关闭,支持一键离家、一键回家、来宾等模式的场景模式。

(2)智能调光

通过智能筒射灯或智能灯带,可以实现室内灯光冷暖色的转变和灯光亮度的调节,可以设置睡眠模式、阅读模式、起床模式、娱乐模式等多个场景。

(3)灯光感应

通过配合人体活动传感器,实现卫生间、厨房等功能区域的人来灯开、人走灯关的功能。方便家人夜里进出厨房或卫生间时自动补光,同时避免打扰其他家人。

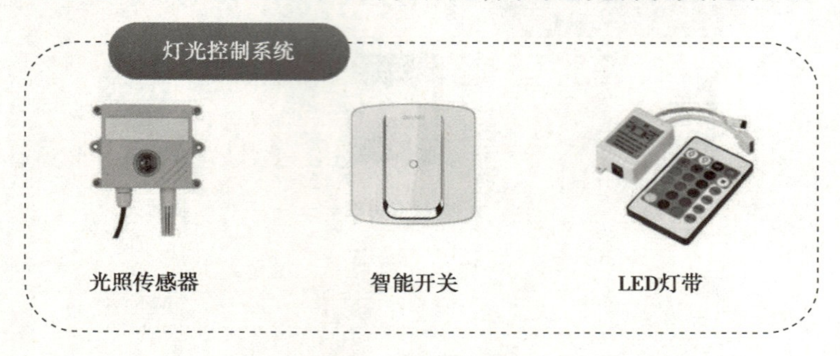

图 4.3　灯光控制系统

3)电器控制系统

无论在家里的哪个房间,使用情景面板便可控制家中所有的照明、窗帘、空调、音响等电器。例如,看电视时,想拉开窗帘,只需通过联动控制面板一键拉开窗帘,而不用担心开关灯或者拉窗帘而错过关键的剧情。控制灯光可以调亮度;控制音响可以调音量;控制拉帘或卷帘时可以调节室内的光线等这些操作都可通过电器控制系统完成,如图 4.4 所示。

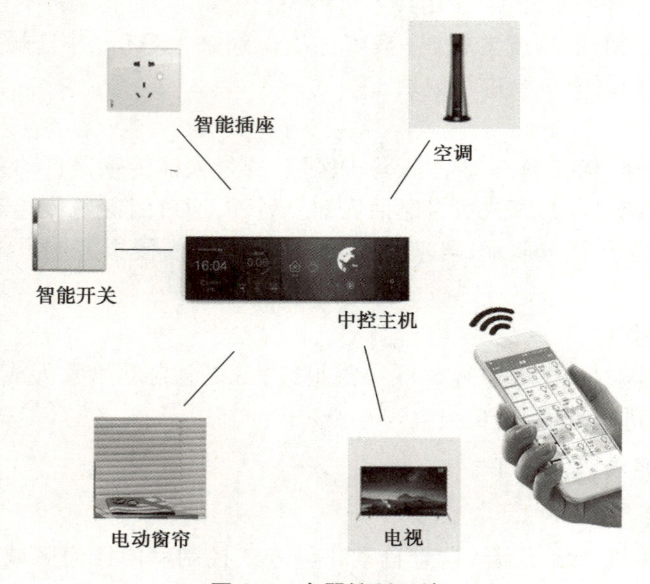

图 4.4　电器控制系统

4)环境监测系统

环境是家居生活中最重要的部分之一,也是体现家居生活质量的重要部分。环境监测就相当于人们的各种感官所能感知的外在环境,主要有以下功能(图 4.5):

(1)空调控制

通过空调控制器,可以语音、手机 App、情景自动化等方式控制空调设备的开启或关闭,以及根据外在环境调节空调的模式,节省能源。

(2)新风控制

通过新风控制器,可以语音、手机 App、情景自动化等方式控制新风设备的开启或关闭,以及新风模式的调节,节省能源。

(3)地暖控制

通过地暖控制器,可以语音、手机 App、情景自动化等方式控制地暖设备的开启或关闭,以及地暖模式的调节,节省能源。

(4)环境监测仪

通过环境监测仪可实现对室内 CO_2、温湿度、甲醛、PM2.5 等多种对人体有害气体参数的监测,通过与新风空调等设备的联动,可以实时开启设备,保证室内环境质量。

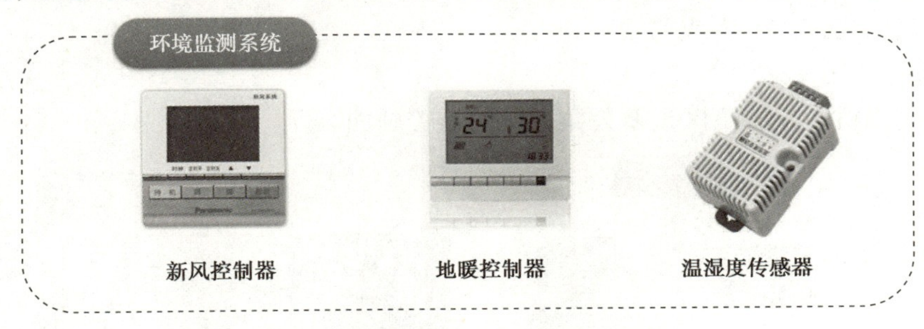

图 4.5　环境监测系统

5)消防监测系统(图 4.6)

(1)漏水监测

当室内特定区域出现漏水状况,水浸传感器可以自动感知,通过与报警器联动,自动报警,系统会主动给家人手机拨打电话告知,同时机械手臂自动将阀门关闭。

(2)烟雾监测

当室内特定区域出现烟雾浓度超标,烟雾传感器可以自动感知,室内报警器开始报警,同时系统会主动给家人手机拨打电话告知。

(3)可燃气体泄漏监测

当室内出现可燃气体泄漏,可燃气体传感器会自动感知报警,同时系统会主动给家人手机拨打电话告知。

6)室内智慧屏(图 4.7)

(1)可视对讲功能

可通过室内机与单元门可视对讲机双向可视语音通话。

(2)智能情景控制

通过室内机,控制智能家居情景,如回家、离家、来宾等。

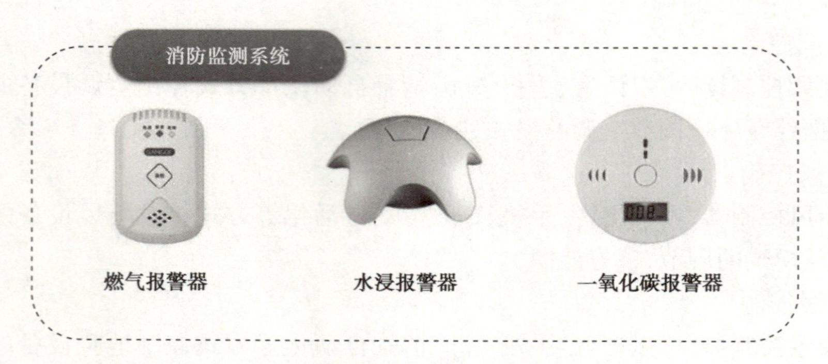

图 4.6　消防监测系统

(3)智能照明控制

控制全屋所有灯光的开启或关闭。

(4)智能窗帘控制

控制室内窗帘的开启或关闭。

(5)室内监控查看

可在室内机上查看小区重要公共区域的监控画面。

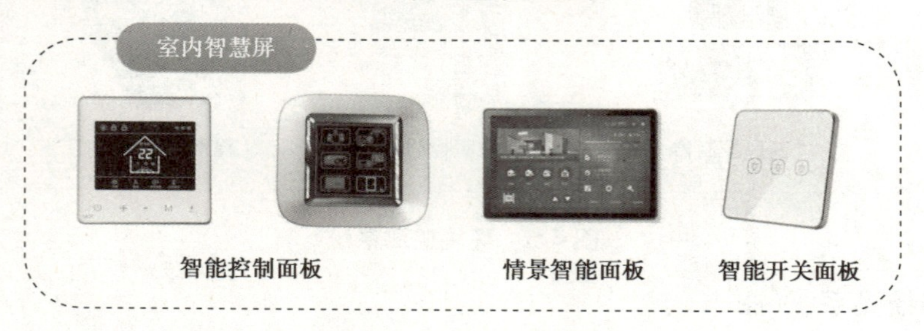

图 4.7　室内智慧屏

4.1.3　设计规范

1)智能家居电气设计规范及要求

(1)智能家居系统的电气设计规范

我国的行业标准《住宅建筑电气设计规范》(JGJ 242—2011)自 2012 年 4 月 1 日起实施。以下简要介绍有关条文,以供家庭照明系统设计时参考。

①住宅建筑电气照明的设计应符合国家现行标准《建筑照明设计标准》(GB 50034—2013)、《民用建筑电气设计规范》(JGJ 16—2024)的有关规定。

②住宅建筑常用设备电气装置的设计应符合现行行业标准《民用建筑电气设计规范》(JGJ 16—2024)的有关规定。

③住宅建筑电源布线系统的设计应符合国家现行有关标准的规定。住宅建筑配电线路的直敷布线、金属线槽布线、矿物绝缘电缆布线、电缆桥架布线、封闭式母线布线的设计应符合现行行业标准《民用建筑电气设计规范》(JGJ 16—2024)的有关规定。

④电源布线系统宜考虑电磁兼容性和对其他弱电系统的影响。

⑤住宅建筑应采用高效率、低耗能、性能先进、耐用可靠的电气装置,并应优先选择采用绿色环保材料制造的电气装置。

⑥每套住宅内同一面墙上的暗装电源插座和各类信息插座宜统一安装高度。

⑦住宅建筑的照明应选用节能光源、节能附件,灯具应选用绿色环保材料。

(2)智能家居电气设计的基本要求

智能家居照明设计的基本要求如下:

①集中控制和多点操作。在任何一个地方的终端均可以控制不同地方的灯,或者是在不同地方的终端可以控制同一盏灯。

②灯光明暗能调节。允许对灯光进行不同亮度的调节,保护视力。

③定时控制。通过对照明部件进行策略设置,可以对灯光实现定时开关。例如,每天早起时灯光缓缓开启到一个合适的亮度。

④情景设置。可以通过预设好的情景模式,实现一个按键控制一组灯光,或者实现灯光与其他家电的组合控制,具体的情景模式有回家模式、离家模式等。

⑤与安防联动。可以设定为当有外人闯入,或是烟雾探测器感应到火灾时,让家中的报警灯不停闪烁(可以将报警灯放置在阳台等比较醒目的地方)。

2)智能家居安防系统的设计规范

智能家居安防系统设计应遵循以下标准及规范:

①《智能建筑设计标准》(GB 50314—2015)。

②《住宅设计规范》(GB 50096—2011)。

③《建筑智能化系统工程设计标准》(DB32/191—1998)。

④《城市住宅建筑综合布线系统工程设计规范》(CECS/119—2000)。

⑤《民用建筑电气设计规范》(JGJ 16—2024)。

⑥《住宅建筑电气设计规范》(JGJ 242—2011)。

⑦《民用闭路监视电视系统工程技术规范》(GB/ 50198—2011)。

⑧《工业电视系统工程设计规范》(GB 50115—2019)。

⑨《火灾自动报警系统设计规范》(GB 50116—2013)。

⑩《建筑内部装修设计防火规范》(GB 50222—2017)。

⑪《综合布线系统工程设计规范》(GB 50311—2016)。

⑫《住宅小区安全防范系统通用技术要求》(GB/T 21714—2008)。

⑬《住宅小区智能安全技术防范系统要求》(DB31/T 294—2018)。

3)智能家居环境监控系统的设计规范

智能家居环境监控系统设计应遵循以下标准及规范:

①《民用建筑工程室内环境污染控制规范》(GB 50325—2013)。

②《室内空气质量标准》(GB/T 18883—2002)。

③《环境空气质量标准》(GB 3095—2012)。

④《住宅设计规范》(GB 50096—2011)。

其中,《民用建筑工程室内环境污染控制规范》的第六章规定民用建筑工程验收时,必须进行室内环境污染物浓度检测，其限量应符合表4.1的规定。

表4.1　民用建筑工程室内环境污染物浓度限量

污染物	Ⅰ类民用建筑工程	Ⅱ类民用建筑工程
氡(Bq/m^3)	≤200	≤400
甲醛(mg/m^3)	≤0.08	≤0.10
苯(mg/m^3)	≤0.09	≤0.09
氨(mg/m^3)	≤0.2	≤0.2
TVOC(mg/m^3)	≤0.5	≤0.6

注：表中的测量值，除氡外均指室内测量值扣除同测定的室外上风向空气测量后的量值。

《住宅设计规范》(GB 50096—2011)中规定住宅室内空气污染物的活度和浓度，符合表4.2的规定。

表4.2　住宅室内空气污染物限值

污染物名称	活度、浓度限值
氡	≤200(Bq/m^3)
游离甲醛	≤0.08(mg/m^3)
苯	≤0.09(mg/m^3)
氨	≤0.2(mg/m^3)
TVOC	≤0.5(mg/m^3)

根据PM2.5检测网的空气质量新标准，24 h平均值标准值分布见表4.3。

表4.3　24 h PM2.5平均值标准值分布

空气质量等级	24 h PM2.5平均值标准值(ug/m^3)
优	0~35
良	35~75
轻度污染	75~115
中度污染	115~150
重度污染	150~250
严重污染	大于250及以上

4.2 设备选型

在智能家居项目中使用到了各种各样的传感器,以及与传感器相关的装置,在本节中,将主要介绍与智能家居项目相关的传感器。

4.2.1 传感器

传感器是一种检测装置,能感受到被测量的信息,并能将感受到的信息,按一定规律变换成为电信号或其他所需形式的信息输出,以满足信息的传输、处理、存储、显示、记录和控制等要求,英文也称为 transducer 或 sensor,直译过来是感知者,通常由敏感元件和转换元件组成,智能家居中的传感器为居家生活提供基础保障的设施,用于感知获取房间环境、设备、能源等基本信息。

人们借助感觉器官从外界获取信息,从而在环境中友好共生,但在研究自然现象规律、推动科学进步发展上,若单靠人们自身的感觉器官是不够的。随着人类社会的不断发展,各类传感器不断出现,用于感知外界的信息。可以说,传感器是人类五官的延长,又称为电五官。

新技术革命的到来,世界开始进入信息时代。在利用信息的过程中,首先要解决的就是获取准确可靠的信息,而传感器是获取自然和生产领域中信息的主要途径与手段。

传感器在工业生产、宇宙开发、海洋探测、环境保护、资源调查、医学诊断、生物工程甚至文物保护等领域得到了极其广泛的应用。可以说,从茫茫的太空,到浩瀚的海洋,在各种复杂的工程系统中,在每一个现代化项目中,都有传感器的身影。

由此可知,传感器技术在发展经济、推动社会进步方面的重要作用是十分明显的。世界各国都十分重视这一领域的发展。相信不久的将来,传感器技术将会出现一个飞跃,达到与其重要地位相称的新水平。

1)传感器的组成

如图 4.8 所示,传感器一般由敏感元件、转换元件、变换电路和辅助电源 4 个部分组成。

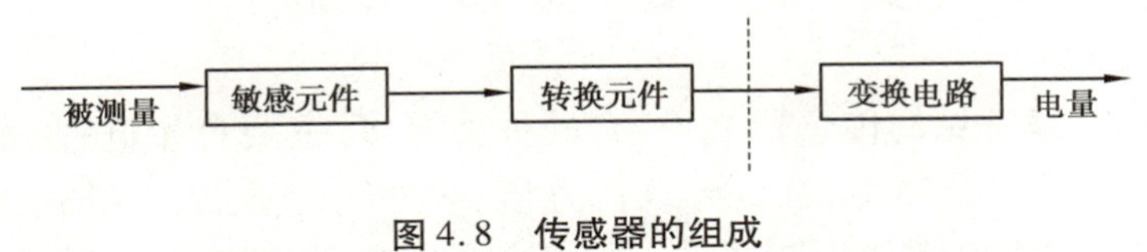

图 4.8 传感器的组成

(1)敏感元件

敏感元件是指能敏锐地感受某种物理、化学、生物的信息并将其转变为电信息的特种电子元件,如图 4.9 所示,是传感器的重要组成部分。

这种元件通常是利用材料的某种敏感效应制成的，如热敏电阻、光敏元件、压力敏元件、气敏元件、湿敏元件，电子设备中有了这些敏感元件感知外界信息，可以达到或超过人类感觉器官的功能。

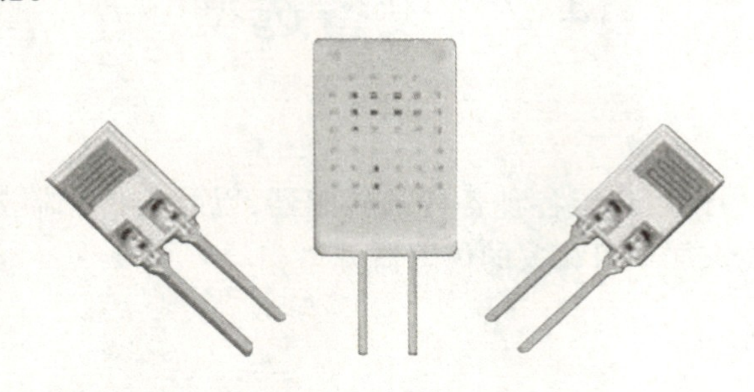

图 4.9　敏感元件

(2)转换元件

转化元件(Transduction element)是指传感器中将敏感元件的输出作为输入，把输入转换成电路参数的元件。

(3)变换电路

变换电路也称为转换电路，将敏感元件电路参数接入转换电路，可转换为电路信息输出，经由转换电路，这些电信号再次进行放大处理，最终反馈到系统中存储或处理；有些传感器的组成很简单，无变换电路，仅有敏感元件和转换元件两个部分。

(4)辅助电源

辅助电源负责传感器内部各个部件的供电，但不是每类传感器都具备辅助电源，在使用辅助电源的时候，传感器工作的速度可能会好一点。

2)常见传感器的种类

传感器通常据其基本感知功能可分为热敏元件、光敏元件、气敏元件、力敏元件、磁敏元件、湿敏元件、声敏元件、放射线敏感元件、色敏元件和味敏元件十大类。

(1)热敏传感器

热敏传感器是将温度转换成电信号的转换器件，可分为有源和无源两大类。前者的工作原理是热释电效应、热电效应、半导体结效应。后者的工作原理是电阻的热敏特性，约占热敏传感器的55%。在温度检测精度要求比较高的场合，这种传感器比较适用。较为广泛的热电阻材料为铂、铜、镍等，它们具有电阻温度系数大、线性好、性能稳定、使用温度范围宽、加工容易等特点。用于测量-200～500 ℃的温度。

(2)光敏传感器

光敏传感器是最常见的传感器之一，它的种类繁多，主要有光电管、光电倍增管、光敏电阻、光敏三极管、太阳能电池、红外线传感器、紫外线传感器、光纤式光电传感器、色彩传感器、CCD 和 CMOS 图像传感器等。国内主要厂商有 OTRON 品牌等。光传感器是产量最多、应用最广的传感器之一，它在自动控制和非电量电测技术中占有非常重要的地位。最简单的光敏传感器是光敏电阻，当光子冲击接合处就会产生电流。

(3)气敏传感器

气敏传感器是用来检测气体浓度和成分的传感器,它在环境保护和安全监督方面起着极重要的作用。气敏传感器是暴露在各种成分的气体中使用的,由于检测现场温度、湿度的变化很大,又存在大量粉尘和油雾等,所以其工作条件较恶劣,而且气体与传感元件的材料接触会产生化学反应物,附着在元件表面,往往会使其性能变差。因此,对气敏传感器有下列要求:能够检测报警气体的允许浓度和其他标准数值的气体浓度,能长期稳定工作,重复性好,响应速度快,共存物质所产生的影响小等。

(4)力敏传感器

力敏传感器是将应力、压力等力学量转换成电信号的转换器件。力敏传感器有电阻式、电容式、电感式、压电式和电流式等多种形式,它们各有优缺点。其广泛应用于各种工业自控环境,涉及水利水电、铁路交通、智能建筑、生产自控、航空航天、军工、石化、油井、电力、船舶、机床、管道等行业。

(5)磁敏传感器

霍尔传感器是根据霍尔效应制作的一种磁场传感器,广泛地应用于工业自动化技术、检测技术及信息处理等方面。

霍尔效应是研究半导体材料性能的基本方法。通过霍尔效应实验测定的霍尔系数,能够判断半导体材料的导电类型、载流子浓度及载流子迁移率等重要参数。霍尔效应传感器属于被动型传感器,它要有外加电源才能工作,这一特点使它能检测转速低的运转情况。

(6)湿敏传感器

湿敏传感器是能够感受外界湿度变化,并通过器件材料的物理或化学性质变化,将湿度转化成有用信号的器件。理想的湿敏传感器的特性要求是:适合于在宽温、湿范围内使用,测量精度要高;使用寿命长,稳定性好;响应速度快,湿滞回差小,重现性好;灵敏度高,线形好,温度系数小;制造工艺简单,易于批量生产,转换电路简单,成本低;抗腐蚀,耐低温和高温特性等。

(7)声敏传感器

声敏传感器是一种用于流量检测的传感器,该传感器接线时可带电设定,在高/低灵敏度的量程模式下操作。高灵敏度量程适用于在40 dB波动的高频信号。低灵敏度量程应用于28 dB到68 dB波动的高频信号。该传感器通过提供外部电源可独立于控制设备,独自进行操作。声敏传感器主要应用于固体流量探测。同时,该设备可用于水泵气蚀和液体泄漏的检测,然后产生足够的声音报警。

(8)放射线传感器

物质被放射线照射后,其某些特性(如折射率)发生变化的现象统称为放射线效应。例如,某些特殊成分制成的光纤(掺锗光纤)受到放射线作用后,其折射率发生变化,使接收的光强度变化,可制成光纤放射线传感器。放射线物质的作用是一切核辐射传感器的基础。

(9)视觉传感器

视觉传感器具有从一整幅图像捕获光线的数以千计的像素。图像的清晰和细腻程度通常用分辨率来衡量,以像素数量表示。视觉传感器的低成本和易用性已吸引机器设计师和工艺工程师将其集成入各类曾经依赖人工、多个光电传感器,或根本不检验的应用。视觉传感器的工业应用包括检验、计量、测量、定向、瑕疵检测和分拣。

(10)味敏传感器

味敏传感器也称电子舌,电子舌是模拟人的舌头对待测样品进行分析、识别和判断,用多元统计方法对得到的数据进行处理,快速地反映出样品整体的质量信息,实现对样品的识别和分类。它是一种利用多传感阵列为基础,感知样品的整体特征响应信号,对样品进行模拟识别和定量定性分析的一种检测技术。它主要由味觉传感器阵列、信号采集系统和模式识别系统3个部分组成。

4.2.2 智能家居系统中常用传感器及设备介绍

1)安防控制系统的相关产品

(1)人体热释电红外传感器

热释电红外线传感器是利用红外线来进行数据处理的一种传感器,如图4.10所示为人体热释电红外传感器实物图。热释电红外传感器内部由钽酸锂、铁钛酸铅汞陶瓷以及硫酸三甘铁等配合滤光镜片窗口组成,热电系数比较高。此外,该传感器的极化随着温度变化而变化。为了抑制自身温度升高而带来的干扰,在该传感器上加入了热电元反向串联或接成差动平衡电路,进而以非接触式检测出物体放出的红外线能量变化,并将这种能量转换为电信号输出,从而达到电子检测的目的。人体都有37 ℃左右的稳定体温,会发出红外线,波长为10 μm左右,被动式红外探头靠探测人体发射的10 μm左右的红外线进行工作。

热释电红外传感器具有以下几种特性:

①主要用来探测人体辐射,对人体辐射的红外线非常敏感,非常灵敏。

②装有特殊的菲涅耳滤光片,对环境的抗干扰能力较强。

此外,菲涅耳滤光片具有不同的感应距离,可以根据不同的场景和需求进行预设。

图4.10 人体热释电红外传感器

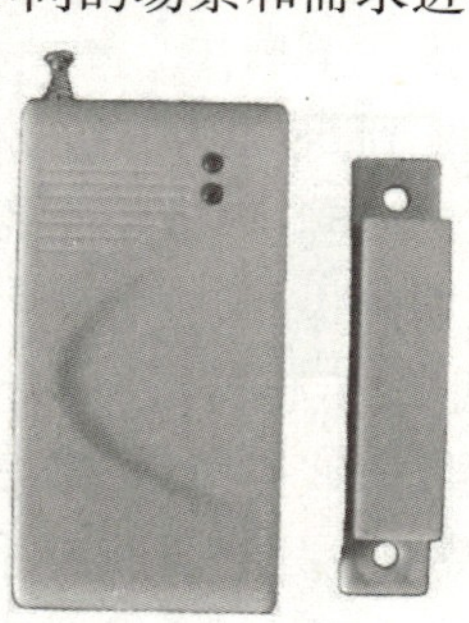

图4.11 门磁传感器

(2)门磁探测器

门磁探测器如图4.11所示,用来探测门、窗、抽屉等是否被非法打开或移动。它由无线发射器和磁块两个部分组成。

门磁探测器按传输方式分为有线和无线两种;按其安装方式分为内嵌和外装等,虽然外观不同,但其原理和作用相同。无线门磁传感器一般安装在门内侧的上方或边上,它由两部分组成:较小的部件为永磁体,内部有一块永久磁铁,用来产生恒定的磁场;较大的是无线门磁主体,它内部有一个常开型的干簧管。当永磁体和干簧管靠得很近时(小于5 mm),无线门磁传感器处于工作守候状态,当永磁体离开干簧管一定距离后,无线门磁传感器立即发射包含地址编码和自身识别码(也就是数据码)的315 MHz的高频无线电信号,接收板就是通过识别这个无线电信号的地址码来判断是否是同一个报警系统的,然后根据自身识别码(也就是数据码),确定是哪一个无线门磁报警。

(3)烟雾传感器

烟雾传感器属于气敏传感器,是气-电变换器,它将可燃性气体在空气中的含量(即浓度)转化成电压或者电流信号,通过A/D转换电路将模拟量转换成数字量后送到单片机,进而由单片机完成数据处理、浓度处理及报警控制等工作。

烟雾传感器根据检测原理可分为以下类别:

①利用物理化学性质的烟雾传感器:如半导体烟雾传感器、接触燃烧烟雾传感器等。

②利用物理性质的烟雾传感器:如热导烟雾传感器、光干涉烟雾传感器、红外传感器等。

③利用电化学性质的烟雾传感器:如电流型烟雾传感器、电势型气体传感器等。

烟雾的种类繁多,一种类型的烟雾传感器不可能检测所有的气体,通常只能检测某一种或两种特定性质的烟雾。例如:氧化物半导体烟雾传感器主要检测各种还原性烟雾,如CO、H_2、C_2H_5OH、CH_3OH等;固体电解质烟雾传感器主要用于检测无机烟雾,如O_2、CO_2、H_2、Cl_2、SO_2等,常见的烟雾传感器有半导体烟雾传感器、固体电解质烟雾传感器、接触燃烧式传感器、高分子烟雾传感器、电化学传感器、热传导传感器、红外传感器。如图4.12所示为常见的烟雾报警器。

图4.12 烟雾报警器

(4)智能门锁

如图4.13所示,智能锁是指区别于传统机械锁的基础上改进的,在用户识别、安全性、管理性方面更加智能化的锁具,涵盖指纹锁、电子密码锁、电子感应锁、联网锁、遥控锁等具体类型锁具产品。智能锁是门禁系统中锁门的执行部件。

智能锁有3个关键的要素:用户识别、安全性和管理性。与传统锁一样,智能锁需要两个主要部件:锁和钥匙。只是智能锁的钥匙不是物理钥匙,而是为此目的而明确配置的智能手机或特殊密钥卡,如通过指纹、虹膜、人脸来进行生物识别是目前比较常用的方式，它们以无线方式执行自动解锁门所需的身份验证，同时相较于机械锁更安全。它可以通过电路方式发起安全警报，如被暴力破坏的时候，触动安全警报，而机械锁只能是在锁芯的制作上进行加固。

智能锁可以通过移动应用程序远程授予或拒绝访问。某些智能锁包括内置的 Wi-Fi 连接，该连接可用于监视访问通知或摄像头等监视功能，以显示请求访问的人。一些智能锁与智能门铃配合使用，以使用户可以看到有人和何时有人在门前。

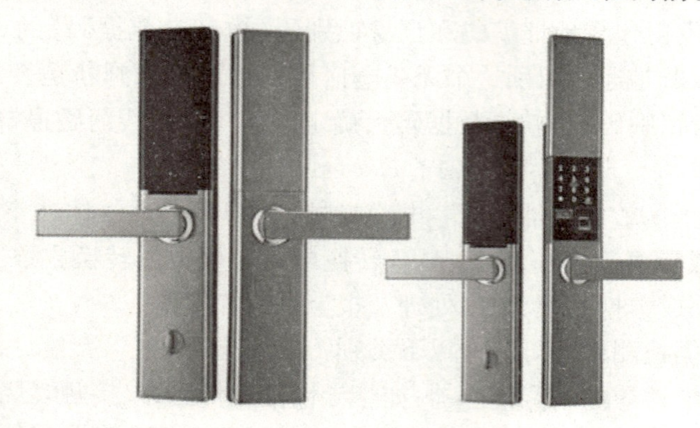

图 4.13 智能门锁

(5)网络摄像头

网络摄像头 WEBCAM，英文全称为 WEB CAMERA，是传统摄像机与网络视频技术相结合的新一代产品，除了具备一般传统摄像机所有的图像捕捉功能，还内置了数字化压缩控制器和基于 Web 的操作系统，使得视频数据经压缩加密后，通过局域网、Internet 或无线网络送至终端用户而远端用户可在 PC 上使用标准的网络浏览器根据网络摄像机的 IP 地址，对网络摄像机进行访问，实时监控目标现场的情况，并可对图像资料实时编辑和存储，同时可以控制摄像机的云台和镜头，全方位地进行监控。

图 4.14 摄像头

网络摄像头在智能家居中处于很重要的地位：一方面可以最大限度地保障家庭财产的安全，实现防火、防盗等功能，并且在发生意外时，能够及时收到警报；另一方面可以让用户在外随时了解家中情况，特别针对家中有老人、小孩需要看护的情况，网络摄像头可以实时动态地将家中的变化传递给用户(图 4.14)。

2)灯光控制系统相关产品

智能家居灯光控制系统包含众多产品，其范围涵盖了智能开关面板、调光面板、情景面板、RGB 控制盒(RGB 灯带)、智能插座等。虽然种类繁多，但是这些产品的工作原理都比较相近，多数都是基于 ZigBee 协议连接到智能家居网关上来实现用户控制的。

(1)光照传感器

照度是对光照强度的简称，表示物体表面的光通量与被照的面积之间的比值，通常也指物体的照明程度。光照度单位为勒克斯(lx)，在人们生活和工作中有着重要作用，足够的光线便于学习、生活及其他活动，光线过暗会带来很多负面影响，照度计能够用于检测照明的条件。

光照传感器可以感知光线明暗程度，在输出时可以转换为能用的电信号，是传感器中的一种类型。光照传感器采用光敏二极管来检测日光照射变化的状况，如图4.15所示为光敏二极管，光敏二极管对日照变化的反应具有高灵敏性，不受自身原本温度的影响，再通过光照强度转换为电流信号并传入控制单元，实行自动控制。

图4.15 光敏二极管

光照传感器的类型比较多，可按能量处理形式、光敏元件、工作方式等分类。按能量处理形式分，有能量控制和能量转换两种类型，能量控制型的光照传感器对光照度反应灵敏度要求不是很高，只需设置在某种场合所需要的光照度在哪个数值之上或之下即可，常见的有开关量的控制；而能量转换型的光照传感器是根据光照的程度以线性的形式输出，对光照度的感应灵敏度要求较高。按光敏元件分，有光敏电阻、光电二极管、光电三极管、雪崩光电二极管、光电倍增管及电荷耦合器件等，每一种光敏元件有其各自不同的特点，根据其特点在不同的应用中所选择的光敏元件各不相同。

光照传感器是基于光的原理发展的，可以对人工和太阳光照进行检测。光在本质上是一种电磁波，正常情况下，太阳光是可见光、紫外光、红外光及其他波长成分的复合光。光照传感器的工作原理是把不同角度的各种光线经过余弦修整器汇聚到感光的区域中，在这个区域，太阳光经过蓝色和黄色的进口滤光片把除可见光外的其余光线过滤掉，经过滤光片的可见光可以照射到进口的光敏元件，光敏元件按照光照程度转换成各种不同的电信号，电信号传入单片机系统中，单片机系统再通过温度来感应电路，把所采集到的相应的光电信号作温度补偿，最后把线性电信号精准地输出，如图4.16为光照传感器工作原理流程图。

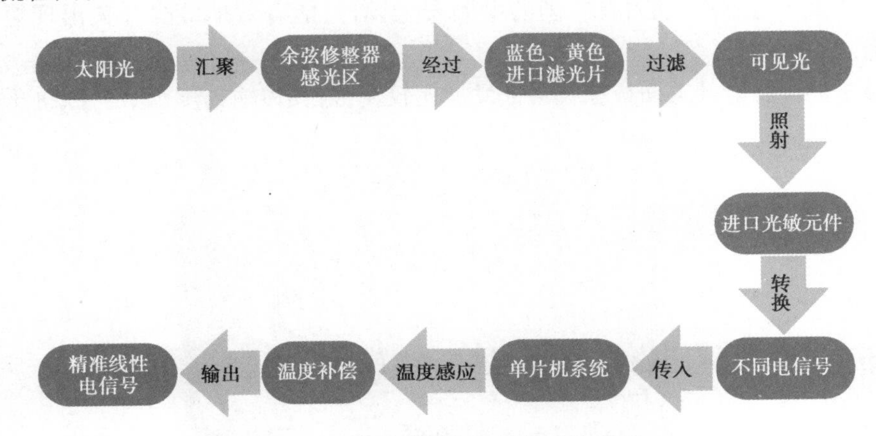

图4.16 光照传感器工作原理流程图

光照传感器根据环境所需的要求选用，在应用时需要考虑所要使用技术标准、测量的精度和范围，根据量程、光谱范围、输出信号、精确度、工作环境及工作电压等性能指标情况，再选择符合需求的光照传感器，在选择中要分析所选择的光照传感器性能指标。如图4.17所示为光照度传感器。

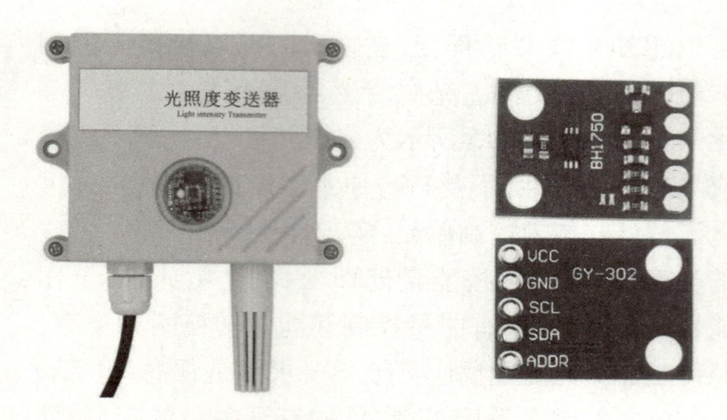

图 4.17 光照度传感器

(2)智能开关

智能开关是指利用控制板和电子元器件的组合及编程,以实现电路智能化通断的器件(图 4.18)。它和机械式墙壁开关相比,功能特色多、使用安全,而且式样美观,打破了传统墙壁开关的开与关的单一作用。

智能开关面板的特点主要如下:

①控制性。常规开关在控制周期内只有两个状态,要么接通,要么断开,控制量为零,而智能开关面板能做到一个面板多个控制,可以做到多点调控,是一种按一定的模式选择不同控制策略的开关控制。

②实用性。智能开关面板相较普通开关面板功能更齐全,操作更人性化,外表更美观,并且可以远程异地操作,操作界面方便、快捷,实用性较强。

③安全性。智能开关面板为弱电操作系统,操作时无火花产生,安全系数较高,即使老人和小孩操作也不用担心;有合理的电路安全设计,能有效地减少开关出现短路和烧毁等故障。

④稳定性。智能开关面板在技术上发展比较完善,其传输速度、稳定性、抗干扰能力等都比较出色。

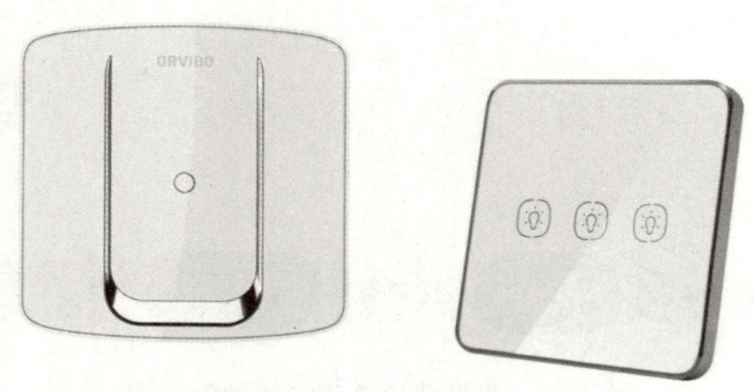

图 4.18 智能开关面板

3)电器控制系统相关产品

(1)智能面板

智能面板是智能家居控制系统的重要组成部分,对于智能家居来讲,智能控制面板的作用集成了照明、音响、窗帘、温控器、传感器等多个子系统的中控系统,可以用遥控、手机远程、本地计算机等多种智能控制方式实现对居住空间灯光、电动窗帘、温湿度等的智能控制管理,从而为人们提供智能、节能、环保、舒适、便捷的高品质生活。

总的来说,智能面板就是智能家居控制系统的中转站,能帮助智能家居控制系统将控制指令传达给各种智能家电,如图4.19所示为常见的智能面板。

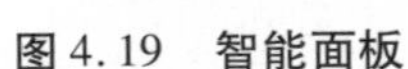

图4.19 智能面板

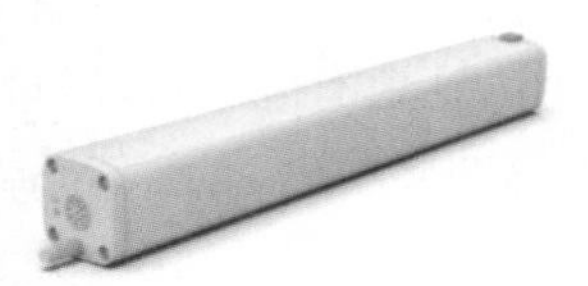

图4.20 窗帘电机

(2)窗帘电机

电动窗帘的主要工作原理是通过一个电机来带动窗帘沿着轨道来回运动,或者通过一套机械装置转动百叶窗,并控制电机的正反转。其中的核心就是电机(图4.20)。

窗帘电机用于控制窗帘的打开或关闭。窗帘控制盒向电机传递信号,实现电机的正转、反转或停止操作。窗帘电机一般有3根电源线,分别为正转相线、反转相线和零线。该部件属于通用电气部件,使用220 V交流电供电即可。现在市场上电机的品牌和种类很多,总的来说主要有两大类:交流电机和直流电机。

(3)多功能控制盒

多功能控制盒可以与普通窗帘电机、推窗器、车库门、电动卷闸门等连接,把控制信号通过网络连接到主机中,通过使用手机App轻松控制窗帘、窗户、车库门、闸门的开启和关闭,让普通窗帘、窗户、车库门等成为可通过软件或者遥控器控制的智能设备(图4.21)。另外,该产品也适用于控制大型电器的开关。

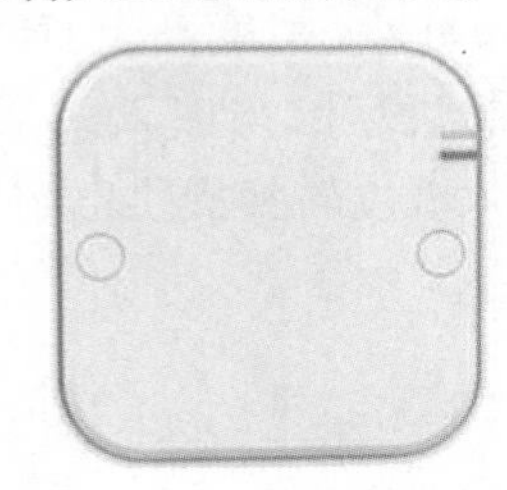

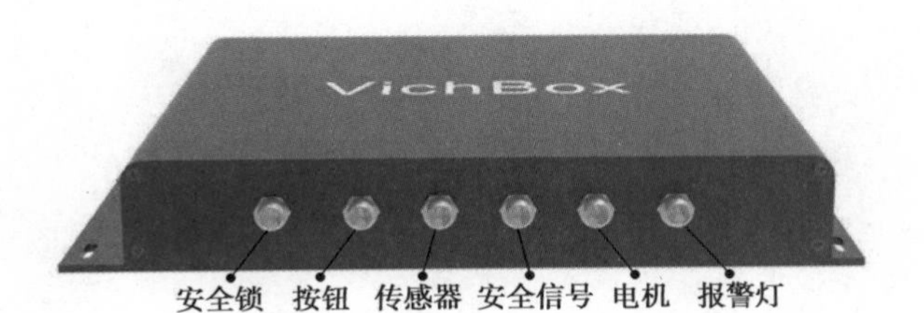

图4.21 多功能控制盒

4)环境监测系统相关产品

(1)温度传感器

温度传感器主要应用在智能家居中的浴室场景、安防场景和睡眠场景。在选择传感器时,需要遵循一定的规则来选择合适的器件。首先,温度传感器的测温范围、测温精度、工作条件要满足设计需求。不同的温度传感器的测温范围和精度有所不同,如将测温范围非常大的器件用在实际需求范围较小的产品上,会造成资源的浪费,同时会造成精度不准的问题。其次,温度传感器对系统的总线资源要求要合适,系统的资源非常宝贵,输入通道有限,应该尽量节约。最后,温度传感器的功耗与成本要尽量小,在需要多点测温的应用中,温度传感器需要被大量使用,控制其功耗和成本是把握产品成本的重要途径。

常用的数字温度传感器主要有:

①AD7418 是美国模拟器件公司推出的单片温度测量与控制的新型传感器,其内部包含带隙温度传感器与 10 位模数转换器,测温范围和精度处于正常环境温度范围区间,内部有寄存器,可以设置高/低温度阈值。

②LM74 是美国国家半导体公司推出的新型智能温度传感器,采用了高性能 A/D 转换器,SPI/MICROWIRE 兼容接口,测温范围与 AD7418 类似,但分辨率较高,线性度好,功耗可控。

③MAX6575L/H 是 MAXIN 公司生产的温度传感器,采用单线数字接口,适用于各种微处理器。它具有功耗低、线性度好、硬件结构较简单且编程容易以及占用单片机 I/O 口少、使用方便的特点。它的缺点是传输距离较短,最大传输距离只有 5 m,这一点限制了 MAX6575L/H 的使用。

④DS18B20 是美国 DallaS 半导体公司最新推出的一种改进型智能温度传感器,其测量范围为-55~125 ℃,如图 4.22 所示。在温度范围为-10~85 ℃时,分辨率为 0.062 5 ℃,温度测量精度为±0.5 ℃。它具有尺寸小、精度高、功耗低、高性能、较强的抗干扰能力、便于使用等优点。它采用了单总线式设计,与嵌入式微处理器的信息交换只需要一个 I/O 口,可以通过数据总线读取/写入温度转换提供电源,而不需要额外的电源。

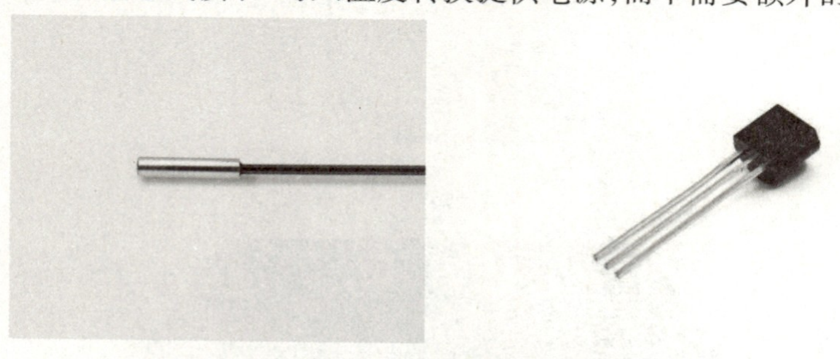

图 4.22　DS18B20 传感器

(2)湿度传感器

湿度传感器主要应用在智能家居中的客厅场景和睡眠场景,属于环境感知系统和家居智控系统。湿度被定义为气体中水蒸气的含量,是一个重要的环境参数,表 4.4 为湿度传感器的常用参数。

表4.4 湿度传感器的常用参数

参数	描述
相对湿度	空气中实际水汽含量(绝对湿度)与同温度下的饱和湿度(最大水汽含量)的百分比值
灵敏度	输出信号与输入信号之比
精度	相对参考信号的偏差
响应时间	湿度发生跃变时,输出达到稳定变化量的一定比例所需要的时间
漂移	测试条件不变的情况下,传感器输出随时间的变化
重复性	相同测试条件下,输入量作全量程多次测量,所得曲线间的一致性
温度依赖	一定湿度下,传感器输出随温度的变化
湿滞	传感器在正向和反向行程过程中,其输出与输入特性的不重合性

目前,湿度传感器品种繁多,分类方法多种多样。一般就其所使用的湿敏材料而言,主要有电解质和高分子化合物感湿材料、半导体陶瓷材料以及元素半导体和多孔金属氧化物半导体材料等。电解质湿度传感器具有测量范围窄、可重复性差、使用寿命短等缺点;高分子化合物湿度传感器具有感湿性能好、灵敏度高等优点,但在高温和高湿条件下性能变差、稳定性差、抗腐蚀和抗沾污能力差;半导体陶瓷材料湿度传感器具有感湿性能较好、生产简单、成本低、响应时间短、可加热清洗等优点,但精确度较低、高温下性能差、难以集成化;多孔氧化物湿度传感器具有响应速度快、化学稳定性较好、承受高温和低温能力强以及可集成化等优点。

以下详细介绍一些根据不同工作原理分类的湿度传感器以及它们的原理和应用范围。

①伸缩式湿度传感器。根据测定选材,可分为毛发型和尼龙丝型湿度传感器。毛发湿度传感器是利用脱脂毛发的线型尺寸随环境气体水汽含量而变的原理制成。尼龙丝湿度传感器是利用其线型尺寸的变化与气体中的湿度之间的关系来确定气体的湿度的。

②蒸发式湿度传感器。蒸发式湿度传感器即干湿球湿度计。它是利用干球和湿球温度计在相对湿度变化时两者温度变化的原理工作。干湿球湿度计价格低廉、精度较高,是一种使用广泛、较古老的湿度传感器。缺点是不能直接指示值,也不能连续记录。若用热敏电阻置换干湿球温度表并连接成电桥,组成电阻式干湿球湿度计,则可以直接指示值,并可连续记录与远距离自动测量。

③露点传感器。露点传感器是利用冷却方法使气体中的水汽达到饱和而结露,根据结露点温度来测量气体中的相对湿度。根据测定露点的不同方法,可分为光电式、水晶式等冷凝式露点传感器。前者能测定低湿度,在常温下精度高,配合铂电阻测温,准确度可达0.1 ℃,但结构复杂,须用肉眼判断露点和霜点的区别。后者能连续记录与远距离

控制，测量精度也比较高，但是必须定期清洗与涂敷氯化锂，而且在测量时不能有风，耐热性能较差。

④电子式湿度传感器。电子式湿度传感器是利用一些物质的电特性与周围气体湿度之间具有一定关系来确定气体湿度，可分为电阻、电容、电解式、电阻与电容组合式、热敏电阻式湿度传感器等。电子式湿度传感器近年来发展极为迅速，应用领域逐步拓宽。

电阻式湿度传感器是利用某些吸湿性能较好的物质吸附水汽后其电阻率变化的原理来测定湿度。一般在中湿度（40% ~90% RH）使用电阻型湿度传感器。电阻式湿度传感器根据所用的吸湿材料可分为固体电解质湿度传感器、高分子有机物湿度传感器、半导体陶瓷湿度传感器。

电容式湿度传感器是利用某些物质吸附水汽后，其电介质系数发生变化，从而引起电容量改变的原理工作。电容式湿度传感器用的电介质通常有两类高分子，即有机介质和陶瓷。近年来，等离子体复合膜和玻璃陶瓷作为介质的电容式湿度传感器得到较快发展。在低湿度（30% RH）以下使用电容型湿度传感器为宜。

以上所述的湿度传感器主要测定相对湿度。热敏电阻式用来测定绝对湿度。在湿度变化的空气中，使用检测绝对水分量的绝对湿度传感器精度较好。

⑤电磁波湿度传感器。电磁波湿度传感器是利用某些物质吸附水汽后，振荡频率、传播速度、整流特性等物理性能变化的原理来测定相对湿度。电磁波湿度传感器有晶振式、二极管型、微波式、声表面波传感器等。一般应用于比较特殊的领域。

⑥微波湿度传感器。微波湿度传感器的原理是利用分子摩擦产生热，被测元件的不同湿度将改变接收到的热能量。被测到的能量与被测湿度相关。

⑦吸收式、分压式、红外线等湿度传感器。吸收式湿度传感器是利用化学吸收剂或其他干燥剂，吸收湿气体中的水蒸气直到其完全干燥，然后测出水分质量即可直接求得气体的湿度，应用于湿度小于10% RH 的特殊环境中。分压式湿度传感器应用于湿度大于90% RH 的特殊环境中。红外线湿度传感器广泛应用于食品加工过程中，如图4.23所示为SHT10系列湿度传感器。

图4.23　SHT10 系列湿度传感器

5）消防监测系统相关产品

（1）智能水浸探测器

水浸探测器是利用液体导电原理，用电极探测是否有水存在，来检测环境内水浸状态的传感器。正常无水时两极探头被空气绝缘；在浸水状态下探头导通，传感器输出干

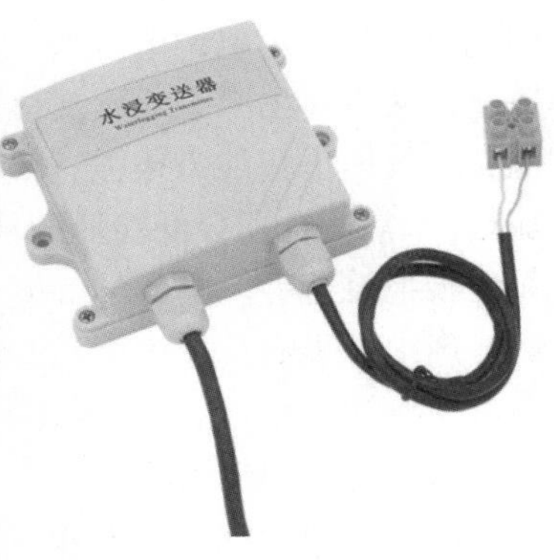

图4.24　水浸变送器

接点信号，当探头浸水高度超过预设的警戒值时，探测器主体通过无线发射模块将报警信号发送到智能家居主机。该探测器广泛用于地下室、机房、宾馆、水塔、水窖、水池、太阳能、厨房、卫生间等区域的漏水、溢水或水位的探测。

智能家居中，可以将水浸探测器放置在浴室中，当检测到浴室积水过多时可以提醒主人在进入该区域时注意避免滑倒。同时可以避免家中忘记关水龙头或者在无人的情况下水管爆裂后产生水浸的情况。还可将水浸探测器放在窗户边上，可以实时感应室外是否下雨、雨量大小情况等，如果雨量过大，可以联动开启推窗器，实现自动关窗。如图4.24所示为水浸变送器。

(2)一氧化碳探测器

一氧化碳(CO)气体是一种无色、无味、无刺激、无法用五官感知的有毒气体，能抑制血液的携氧能力。一氧化碳的毒性主要是影响氧气的供给与利用，当吸入一氧化碳气体后，一氧化碳进入肺部抢先与血红细胞结合，使血红细胞丧失运输氧气的能力，造成人体多个器官缺氧，导致组织受损甚至死亡。一般人在意外中毒时无法自我察觉，往往被发现时已进入昏迷状态，酿成重大伤害甚至死亡。

家中产生一氧化碳的主要原因有天然气、煤气、液化气、燃油、煤炭的不完全燃烧；热水器安装不当，废气回流；烟囱、排气管堵塞；密闭空间开着发动机、生火取暖，如在车库开着发动机、冬天紧闭门窗生炉子取暖等。通风良好时，一氧化碳会被排到屋外，很快散去，一旦设备发生故障、操作不当或通风不良，就会导致一氧化碳在家中聚集，产生无法预估的后果。

图4.25　一氧化碳探测器

一氧化碳探测器通过一氧化碳传感器将空气中感应到的一氧化碳气体的浓度转变成电信号，电信号的大小跟一氧化碳的浓度有关(图4.25)。一氧化碳探测器按所使用的传感器来分类，一般分为半导体一氧化碳报警器、电化学一氧化碳报警器、红外一氧化碳检测仪等，从测量灵敏度、精度、稳定性、抗交叉气体干扰来说，性能最好的是红外一氧化碳检测仪，但比较昂贵，适合实验室使用，民用的一般为半导体和电化学的一氧化碳报警器。

半导体一氧化碳报警器采用半导体型一氧化碳传感器作为敏感元件，要求其敏感元件恒温在200 ℃左右时能快速响应，要给其增加电热丝加热，要提供比较大的电流，当温度、湿度甚至风变化大时对其精确测量很不利，还有就是容易受到其他气体的交叉干扰，如酒精、氮氧化物、氢气、烷类等气体的干扰，容易误报，但其价廉，一般使用寿命可达5年。

电化学一氧化碳报警器采用零功耗电化学一氧化碳传感器作为敏感元件，大都采用电化学法中的定电位电解法原理，利用定电位电解法进行氧化还原电化学反应，检测扩散电流便可得出一氧化碳气体的浓度，并且有很好的线性测量范围以及很高的选择性，抗交叉气体干扰能力很强，价格相对比较贵。电化学一氧化碳传感器为零功耗型，无须加热，非常适合配合低功耗的检测电路，采用电池供电，做成一氧化碳浓度表、便携式一氧化碳报警器等。电化学一氧化碳传感器长期暴露在无氧气体样品、酒精、油漆等刺激性溶剂中会影响其灵敏度和寿命，甚至会失效。电化学一氧化碳传感器在空气中的使用寿命一般为 3 年，也有 5 年的，更长的可达 8 年以上。

(3)可燃气体探测器

可燃气体探测器是对单一或多种可燃气体浓度响应的探测器，如图 4.26 所示。可燃气体探测器有催化型、红外光学型两种类型。催化型可燃气体探测器是利用难熔金属铂丝加热后的电阻变化来测定可燃气体浓度。当可燃气体进入探测器时，在铂丝表面引起氧化反应(无焰燃烧)，其产生的热量使铂丝的温度升高，而铂丝的电阻率便发生变化。红外光学型是利用红外传感器通过红外线光源的吸收原理来检测现场环境的烷烃类可燃气体。

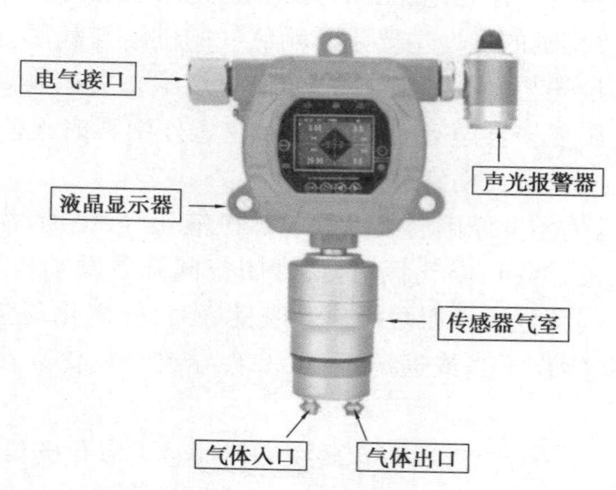

图 4.26　可燃气体探测器

在智能家居场景中，可燃气体探测器一般安装在厨房等有可能产生可燃气体泄漏的室内场所，当探测器探测到有可燃气体泄漏并达到报警设定的报警浓度时，报警器发出高分贝报警信号，并发射无线信号到主机上，提醒用户及时处理险情，避免不必要的损失。

安装布置可燃气体探测器时，要注意先确定所需检测报警的气体是比空气重，还是比空气轻。对于比空气重的气体(如液化石油气等)，安装于高出地面 0.3 ~2.0 m，距气源半径 1.5 m 内；对于比空气轻的气体(如天然气、人工煤气、沼气等)，应安装于低于天花板 0.3 ~1.0 m，距气源半径 1.5 m 内。

4.3 任务实施

项目先后衔接的各个阶段的全体被称为项目管理流程,项目的管理流程依次包括项目的启动、项目的开发、项目的实施、项目的验收几个阶段。在项目管理过程中,启动阶段是开始一个新项目的过程,项目实施阶段是占用大量资源的阶段。在项目管理的流程中,每个阶段都有对应的起止范围和本阶段需要输入的文件和需要输出的文件。同时,每个阶段都有本阶段的控制关口,即本阶段完成时将产生的重要文件,它是进入下一阶段的重要输入文件。每个阶段完成时一定要通过本阶段的控制关口,才能进入下一阶段的工作,如图4.27所示为项目管理流程图。

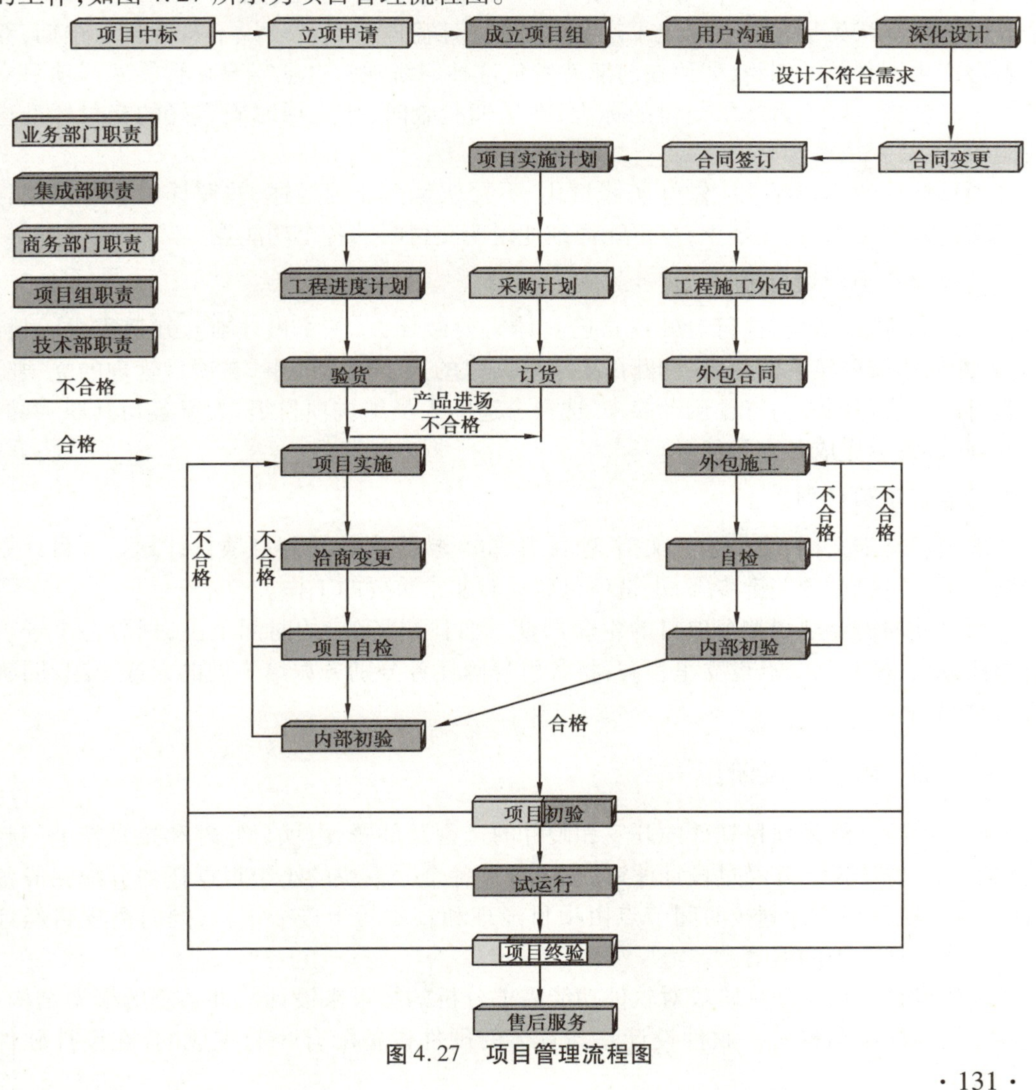

图4.27 项目管理流程图

4.3.1 项目启动阶段

一个好的开始是后期顺利进行的基石,项目管理流程中的第一步项目的启动是非常关键的,总的来说,在项目启动中,主要包括以下内容:

1)确定项目需求目标

在开始项目立项时,首先要商讨确定的是具体的智能家居项目需求的目标和范围,即做什么,做到何种程度。这里的需求目标是经过与客户的沟通,对客户所需求的智能家居产品评估过可行性后的产品,立项时的确定是为了让所有的项目参与者都清楚项目的目标方向,知道客户真正需要的是什么,知道向哪里前进。

2)确定项目交付成果标准

最终智能家居项目交付时对成果的判定是关系一个项目成功与否的关键。在智能家居项目的开发阶段,项目开发者们按与客户沟通好的功能设计说明书进行开发,在整个开发周期都认为是完美地完成了产品,但验收时客户很有可能说不符合自己预期,双方就会产生不必要的纠纷,如何在前期就避免这种纠纷呢?这就需要在智能家居项目立项开始时就确定好项目结果交付的标准,在后期验收时,按立项时确定好的交付标准进行验收。

项目结果的评判标准应做好实体量化,不要似是而非的描述,按照详细的评估报告形成交付标准文档,在文档中,尽可能详细地说明交付时的各个功能点。

3)明确成员职责范围

在启动阶段必须让执行者知道自己具体需要做什么,怎么做才对。知道需求、目标后,就能根据需要实现的内容,判断需要哪些岗位的人去做这些事,在项目管理的立项阶段就可以将公司的人力资源调动起来,选择合适的人员组成项目组,大家各司其职,共同按计划、按目标完成各自的任务。

4)制订项目计划

确定好需求文档、交付验收文档、项目组成员,接下来就是制订项目计划。项目计划的制订是项目执行的关键步骤,也是项目启动时非常重要的工作。

项目计划需要规划整个项目的生命周期,制订项目完成的时间范围,划分各个子项目的任务点,按时间节点设立里程碑;将各里程碑任务分别分派给不同的人或小组,明确验收时间和标准。

4.3.2 项目开发阶段

这一阶段主要是项目软件的开发和硬件的选型及部署,由项目经理和技术骨干一起完成项目的总体设计并经过设计评审后,由负责各个分模块的小组根据任务分配完成各自的模块,项目根据计划按时间节点由项目经理和技术骨干进行审核,同时由项目经理统一完成设计文档的编写。

软件设计要根据上一阶段对软件功能需求分析的结果来设计软件系统的框架结构、功能模块和网络结构等。软件设计是与具体的硬件设备配合一起完成的,在设计软件前，要完成硬件设备的选型和部署安排。

在智能家居项目中，在项目开发阶段，首先需完成系统的架构设计，如图 4.28 所示，以确定硬件选型和系统的功能。

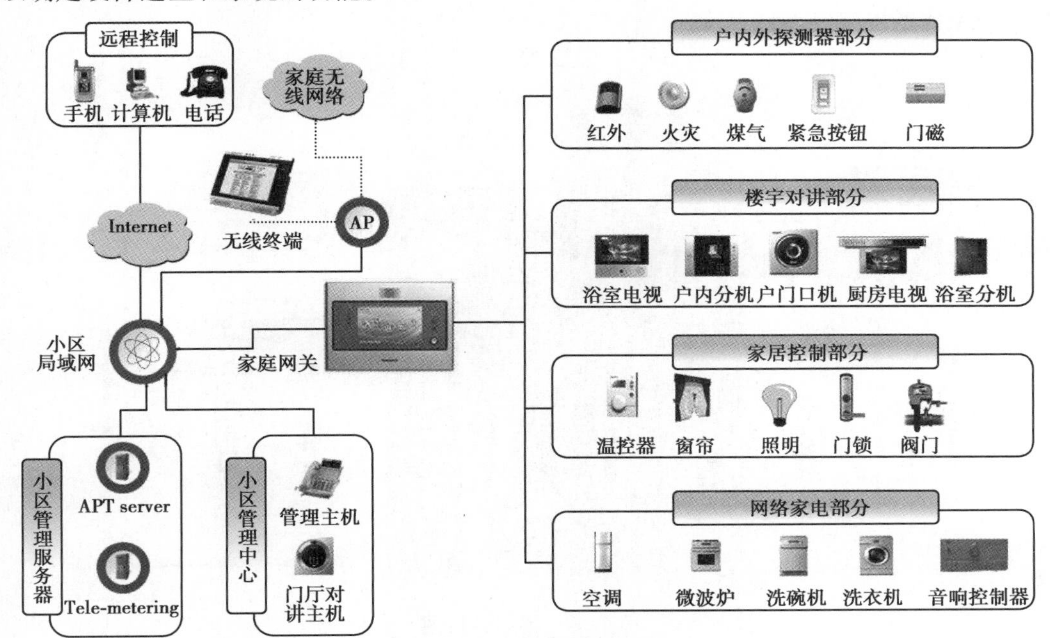

图 4.28 智能家居架构图

其次，在确定好系统的架构图之后，需要对各个功能部分对应的区域及硬件的部署进行设计，也就是智能家居系统室内配置图的设计，如图 4.29 所示为智能家居系统的室内配置图。

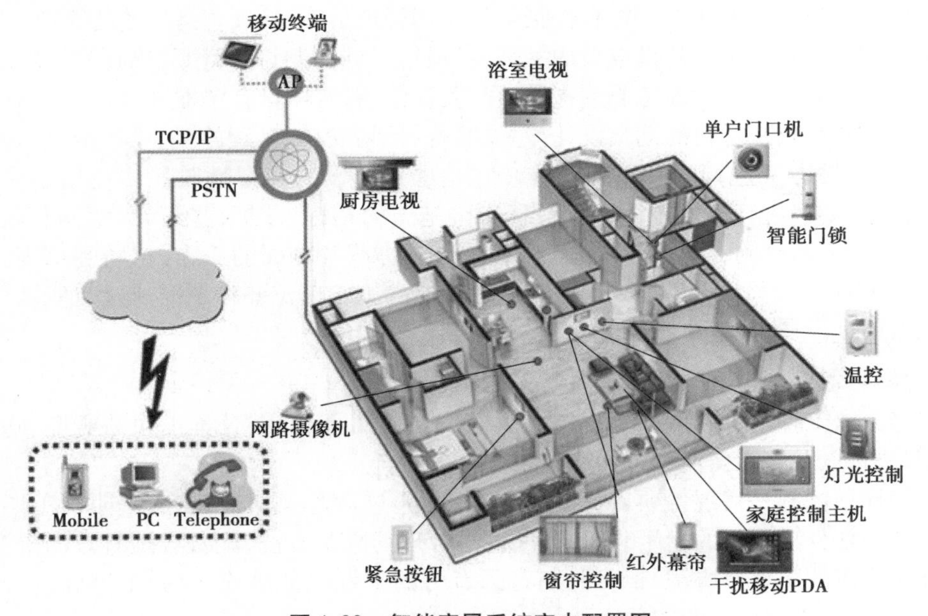

图 4.29 智能家居系统室内配置图

家庭网络是现代家庭生活中最重要的环节之一,尤其是现在各类智能设备不断增多,居家办公日益增多的情况下。打造一个高效、稳定的家庭网络,除了提升效率,还能提高家庭幸福指数。网络通信成了智能家居系统中基础而关键的环节,如图4.30所示为智能家居的网络结构图。

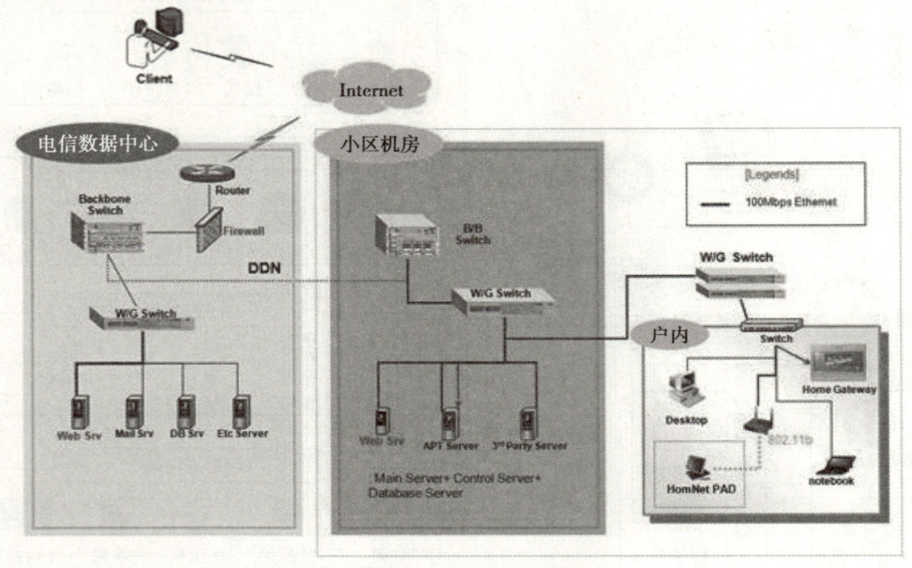

图4.30 网络结构图

系统架构图、室内配置图和网络结构图配置好后,剩下的工作便是根据硬件和功能模块的要求,选取合适的开发语言和技术实现系统的功能。

4.3.3 项目实施阶段

物联网项目的工程实施是综合性很强的协调管理工作,其核心是高效的管理。

工程实施是整个项目建设成败的关键,在项目实施前制订有计划、高标准、切实可行的施工方案对后续项目的施工起到指导性的关键作用,使项目有序推进。

项目实施是指从项目的勘察设计、建设准备、计划安排、工程施工、生产准备、竣工验收、项目建成投产所进行的一系列工作。它是项目建设的实质性阶段。在项目实施阶段,建设单位要组建管理机构,主持项目设计,施工的招标、评标,签订设计合同、施工合同、材料设备采购合同,制订项目实施计划,衔接、协调各方面的工作,招聘和培训工人,进行投产准备、试运转。设计单位要按期完成设计,施工单位要按期完成建筑安装任务,保证项目竣工投产。

1)施工进度计划

智能家居工程总进度计划是根据施工组织与施工部署,结合本工程的概况、施工方法、资源配置以及施工类似工程的经验制订出来的。

进度计划控制是实现各项目标的重要保证,通过对总工期进行分解,明确工期控制点以及各分部分项工程的起始时间,选择科学合理的施工方法,配备合理有效的资源,加强对分包队伍的总承包协调与管理,制订强有力的工期保证措施,对施工进度进行全过程监控,确保总进度计划的实现。

施工项目进度控制方法主要是规划、控制和协调。规划是指确定施工项目总进度控制目标和分进度控制目标，并编制其进度计划。控制是指在施工项目实施的全过程中，进行施工实际进度与施工计划进度的比较，若出现偏差应及时采取措施调整。协调是指协调与施工进度有关的单位、部门和工作队组之间的进度关系。所谓施工项目进度控制是指在既定的工期内，编制出最优的施工进度计划，在执行该计划的施工中，经常检查施工实际进度情况，并将其与计划进度相比较，若出现偏差，便分析产生的原因和对工期的影响程度，找出必要的调整措施，修改原计划，不断地如此循环，直至工程竣工验收。施工项目进度控制的总目标是确保施工项目的既定目标工期的实现，或者在保证施工质量和不增加施工实际成本的条件下，适当缩短施工工期。表4.5为施工进度计划表。

表4.5 施工进度计划表

序号	名称	施工分项	开始时间	结束时间	2月	3月	4月	5月	6月	7月	8月	9月	10月	11月	12月
1	施工前期智能家居系统	管理人员进驻工地	2月2日	2月9日	▬										
2		图纸深化设计、送审及定稿	2月10日	3月30日	▬	▬									
3		设计施工方案送审	2月15日	2月28日	▬										
4		系统图送审	3月1日	3月31日		▬									
5		各系统施工平面图送审	3月10日	3月31日		▬									
6		设备材料送审	3月1日	4月1日		▬									
7		主要设备订购	4月2日	6月30日			▬	▬	▬						
8		与供应厂家做技术确认	3月1日	4月30日		▬	▬								
9		管理敷设及测试	3月1日	6月30日		▬	▬	▬	▬						
10		设备安装	7月1日	8月30日						▬	▬				
11		配合厂家调试	9月1日	10月31日								▬	▬		
12		设备编号并保存	11月1日	12月31日										▬	▬

2）线路敷设

智能家居布线的时候，不管是强电还是弱电，前期规划十分重要，完善的规划，不但方便今后日常生活的使用，还能节约一部分布线费用。在进行智能家居的布线施工前，需要操作人员对家居布线规范以及施工要点有清楚的认识，根据线缆的标准敷设流程和布线规范进行布线，如图4.31所示为线缆敷设的流程图。

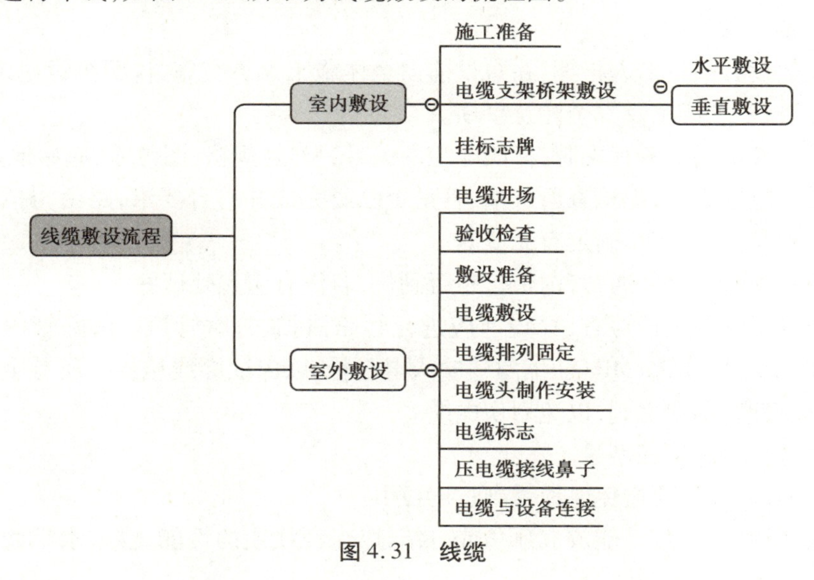

图4.31 线缆

(1)施工准备

①施工前应对电缆进行详细检查,规格、型号、截面、电压等级均须符合要求,外观无扭曲、损坏等现象。

②电缆敷设前进行绝缘测定。用 1 kV 摇表遥测线间及对地的绝缘电阻不低于 10 MΩ。智能家居设备工作电压多为 12 V,遥测完毕后,应将芯线对地放电。

③电缆测试完毕,电缆端部应用橡皮包布密封后再用黑胶布包好。

④电缆敷设机具的配备:采用机械放电缆时,应将机械安装在适当位置,并将钢丝绳和滑轮安装好。人力放电缆时将滚轮提前安装好。

(2)通信总线敷设

①水平敷设。电缆沿桥架或线槽敷设时,应单层敷设,排列整齐不得有交叉,拐弯处应以最大截面电缆允许弯曲半径为准。电缆严禁绞拧、护层断裂和表面严重划伤。电缆转弯和分支应有序叠放,排列整齐。

②垂直敷设。垂直敷设,有条件时最好自上而下敷设。敷设时,同截面电缆应先敷设底层,后敷设高层,应特别注意在电缆轴附近和部分楼层采用防滑措施。

自下而上敷设时,底层小截面电缆可用滑轮大绳人力牵引敷设,高层、大截面电缆宜用机械牵引敷设。沿桥架或线槽敷设时,每层至少加装两道卡固支架。敷设时应放一根,立即卡一根。电缆穿过楼板时,应装套管,敷设完后应将套管与楼板之间缝隙用防火材料堵死。

(3)挂标志牌

标志牌规格应一致,并有防腐功能,挂装应牢固。标志牌上应注明回路编号、规格、型号及电压等级和敷设日期。沿桥架敷设电缆在其两端、拐弯处、交叉处应挂标志牌,直线段应适当地设标志牌,每 2 m 挂一标志牌,施工完毕后做好成品保护。

(4)电缆的敷设注意事项

在智能化系统中,大多信号型号都是直流电压、电流信号或数字信号,电缆(线)的敷设工作应注意以下几点:

①电缆敷设必须设专人指挥,在敷设前向全体施工人员交底,说明敷设电缆的根数,始末端的编号,工艺要求及安全注意事项。

②敷设电缆前要准备标志牌,标明电缆的编号、型号、规格、图位号、起始地点。

③在敷设电缆之前,先检查所有槽、管是否已经完成并符合要求,路由与拟安装信息口的位置是否与设计相符,确定有无遗漏。

④检查预埋管是否畅通,管内带丝是否到位,若没有应先处理好。

⑤放线前对管路进行检查,穿线前应进行管路清扫、打磨管口。清除管内杂物及积水,有条件时应使用 0.25 MPa 压缩空气吹入滑石粉,以保证穿线质量。所有金属线槽盖板、护边均应打磨,不留毛刺,以免划伤电缆。

⑥核对电缆的规格和型号。

⑦在管内穿线时,要避免电缆受到过度拉引。

⑧布放线缆时,线缆不能放成死角或打结,以保证线缆的性能良好,水平线槽中敷设

电缆时，电缆应顺直，尽量避免交叉。

⑨做好放线保护，不能伤保护套和踩踏线缆。

⑩对有安装天花的区域，所有的水平线缆敷设工作必须在天花施工前完成；所有线缆不应外露。

⑪线缆与接线端子板、仪表、电气设备等连接时，应留有适当余量；楼层配线间、设备间端留线长度(从线槽到地面再返上)铜缆3 ~5 m，光缆7 ~9 m，信息出口端予留长度0.4 m。

⑫线缆敷设时，两端应做好标记，线缆标记要清楚，在一根线缆的两端必须有一致的标志，线标应清晰可读。标线号时要求用左手拿线头，线尾向右，便于以后线号的确认。

⑬垂直线缆的布放：穿线宜自上而下进行，在放线时线缆要求平行摆放，不能相互绞缠、交叉，不得使线缆放成死弯或打结。

⑭光缆应尽量避免重物挤压。

⑮绑扎：施工穿线时作好临时绑扎，避免垂直拉紧后再绑扎，以减少重力下垂对线缆性能的影响。主干线穿完后进行整体绑扎，要求绑扎间距≤1.5 m。光缆应进行单独绑扎。绑扎时如有弯曲应满足不小于10 cm的弯曲半径。

⑯安装在地下的同轴电缆须有屏蔽铝箔片以阻隔潮气。

⑰同轴电缆在安装时要进行必要的检查，不可有损伤屏蔽层。

⑱安装电缆时要注意确保各电缆的温度要高于5 ℃。

⑲填写好放线记录表；记录中主干铜缆或光纤给定的编号应明确楼层号、序号。

⑳线槽内线布放完毕后应盖好槽盖，满足防火、防潮、防鼠害之要求。

3)智能家居系统布线方法

(1)集中控制技术

采用集中控制方式的智能家居系统，主要是通过一个以单片[illegible]核心的系统主机来构建，中心处理单元(CPU)负责系统的信号处理，系统主[illegible]外围接口单元，包括安防报警、电话模块、控制回路输入/输出(I/O)模[illegible]

这类集中控制方式的系统主机板一般带8路[illegible]路报警信号输入，3—4路抄表信号接入等。由于系统容量的限制，[illegible]增加控制回路比较困难。

这类产品采用星形布线方式，所有安防报警探头、[illegible]电器控制回路必须接入主控箱，与传统室内布线相比增加了布线的长度，布线较复杂。

(2)现场总线技术

现场总线控制系统通过系统总线来实现家居灯光、电器及报警系统的联网以及信号传输，采用分散型现场控制技术，控制网络内各功能模块只需要就近接入总线即可，布线比较方便。

一般来说，现场总线类产品都支持任意拓扑结构的布线方式，即支持星形与环状结构走线方式。灯光回路、插座回路等强电的布线与传统的布线方式完全一致。“一灯多控”，在家庭应用比较普遍，以往一般采用“双联”“四联”开关来实现。走线复杂而且布线成本高。若通过总线方式控制，则完全不需要增加额外布线。这是一种全分布式智能控制网络技术，其产品模块具有双向通信能力，以及互操作性和互换性，其控制部件都可以编程。典型的总线技术采用双绞线总线结构，各网络节点可以从总线上获得供电(24 V/DC)，通过同一总线实现节点间无极性、无拓扑逻辑限制的互连和通信，信号传输速率和系统容量则分别为10 kbps和4 G。

4)智能家居系统布线技巧

(1)确定点位

①点位确定的依据：根据家庭布线设计图纸，结合墙上的点位示意图，用铅笔、直尺或墨斗将各点位处的暗盒位置标注出来。

②暗盒高度的确定：除特殊要求外，暗盒的高度与原强电插座一致，背景音乐调音开关的高度应与原强电开关的高度一致。若有多个暗盒在一起，则暗盒之间的距离至少为10 mm。

(2)管路开槽

①根据路线最短原则、不破坏原有强电原则、不破坏防水原则确定开槽路线。

②确定开槽宽度：根据信号线的多少确定PVC管的多少，进而确定槽的宽度。

③确定开槽深度：若选用16 mm的PVC管，则开槽深度为20 mm；若选用20 mm的PVC管，则开槽深度为25 mm。

④线槽外观要求：横平竖直，大小均匀。

⑤线槽的测量：暗盒、槽独立计算，所有线槽按开槽起点到线槽终点测量，线槽宽度如果放两根以上的管，应按两倍以上来计算长度。

5)综合布线

(1)确定线缆通畅

网线、电话线的测试，分别做水晶头，用网络测试仪测试通断；有线电视线、音视频线、音响线的测试，分别用万用表测试通断；其他线缆，用相应专业仪表测试通断。

(2)确定各点位用线长度

测量出配线箱槽到各点位端的长度，加上各点位及配线箱槽处的冗余线长度；各点位出口处线的长度为200～300 mm。

(3)确定标签

将各类线缆按一定长度剪断后在线的两端分别贴上标签，并注明弱电种类、房间、序号。

(4)确定管内线数

管内线的横截面积不得超过管横截面积的80%。

6)封槽抹灰

(1)固定暗盒

除厨房、卫生间暗盒要凸出墙面20 mm外，其他暗盒与墙面要求齐平。几个暗盒在一起时要求在同一水平线上。

(2)固定PVC管

地面PVC管要求每间隔1 m必须固定；槽PVC管要求每间隔2 m必须固定；墙槽

PVC 管要求每间隔 1 m 必须固定。

(3)封槽

封槽后的墙面、地面不得高于所在平面。

(4)清扫施工现场

封槽结束后,清运垃圾,打扫施工现场。

此外,为避免各种线路的弯曲回路,保证所有线路均为“活线”,布线施工工艺为地面直接布管方式(无特殊情况不得走踢脚线或者天花板内,否则线路无法做成“活线”)。

7)布线要点

①应根据用电设备位置,确定管线走向、标高及开关、插座的位置。按国际标准,电源插座间距不大于 3 m,距门道不超过 1.5 m,距地面 30 cm;所有插座距地高度 30 cm、开关安装距地 1.2 ~1.4 m,距门框 0.15 ~0.2 m。

②电源线配线时,所用导线截面积应满足用电设备的最大输出功率。

③暗盒接线头留长 30 cm,所有线路应贴上标签,并标明类型、规格、日期和工程负责人。

④穿线管与暗盒连接处,暗盒不许切割,须打开原有管孔,将穿线管穿出。穿线管在暗盒中保留 5 mm。

⑤暗线敷设必须配管。

⑥同一回路电线应穿入同一根管内,但管内总根数不应超过 4 根。

⑦电源线与通信线不得穿入同一根管内。

⑧电源线及插座与电视线、网络线、音视频线及插座的水平间距不应小于 500 mm。

⑨穿入配管导线的接头应设在接线盒内,接头搭接应牢固,绝缘带包缠应均匀紧密。

⑩连接开关、螺口灯具导线时,相线应先接开关,开关引出的相线应接在灯中心的端子上,零线应接在螺纹的端子上。

⑪厨房、卫生间应安装防溅插座,开关宜安装在门外开启侧的墙体上。

⑫线管均采取地面直接布管方式,如有特殊情况需要绕墙或走顶的话,必须事先在协议上注明不规范施工或填写《客户认可单》方可施工。

8)设备安装

(1)智能屋系统主机安装

安装智能屋系统主机需预留电源插座与网线,便于接入路由器。

(2)智能照明安装

所有安装智能开关处需预留零线和火线及所需控制的灯光火线,每个智能开关最多接 4 路负载,zigbee 智能开关最多接 3 路负载。

(3)家电控制安装

安装红外转发器位置需预留零火线,一般安装在离电视、空调 1 ~2 m 处效果较好,确保红外接收信号良好。

(4)视频监控(摄像头)安装

①短距离:安装摄像头处需预留电源线。

②远距离:安装摄像头需预留电源线、网线。

③如需视频监控录像需预留视频线。

(5)电动窗帘安装

安装电动窗帘的位置处需预留零火线,零火线与窗帘开关连接,窗帘开关与(单轨)窗帘电机采用1条五芯线连接,窗帘开关与(双轨)窗帘电机采用两条五芯线连接。

(6)安防报警系统产品安装

①烟雾报警器:9 V电池。

②燃气报警器:预留插座。

③人体红外探测器:9 V电池。

④门磁报警器:12 V、23 A电池。

(7)智能推窗系统

①风光雨传感器:预留插座。

②电动开窗器:预留零火线。

4.3.4 项目验收

项目验收,也称范围核实或移交(Cutover)。它是核查项目计划规定范围内各项工作或活动是否已经全部完成,可交付成果是否令人满意,并将核查结果记录在验收文件中的一系列活动。一般在项目进行施工时双方会签订工程合同,在项目施工结束后甲方会进行验收,如果验收不合格的可能就要拒收或者要求返工。

在智能家居系统中验收总体包含以下内容:

1)验收总体要求

供应商提供的产品必须具备相应的产品生产许可证、质量认证以及安全认证,对没有上述证书的产品将不予以采纳。系统调试安装方便容易,对甲方提出的合理的技术及集成要求必须给予积极配合。

家居控制中心可以联网,对内提供RS485等接口,产品具备良好的性价比,有比较详细的操作说明手册。产品必须具有简体中文操作界面。所提供的产品造型美观大方,适合高档家庭使用。

2)安防产品功能验收要求

(1)网络与设备配置

联网简单、可靠,采用LAN作为安防或控制信号传输通道。8个防区,可扩展至无限个控制点,设备可以分区布防并提供被动红外探测、门磁、窗磁、煤气探测、烟感、温感、紧急按钮等接口,其中紧急按钮、煤气、烟感、温感为24 h防区。各个防区之间具备逻辑判断功能,防区之间提供逻辑判断功能,有效地降低误报次数,要求可以根据实际的室内探测器的安装情况方便地进行配置。

(2)报警功能

报警产生后,可以联动相应的家电产生动作,如在发生报警时,除了提供警铃、警灯工作的信号,还必须提供继电器输出信号触发相关的家电产生动作,具体联动的设备可由用户配置。

(3)保护功能

安防报警主设备具有端口状态检测功能,当探测器或通信线路发生故障时,可以向家居控制中心提供断线报警,且具备记录查询功能,自动记录并保存报警记录,供住户查询。

提供多种布防和撤防方式,提供无线布防和撤防功能,提供远程通过网络和电话的布防和撤防功能,提供远程手机短消息撤、布防功能。

(4)远程通信

远程手机短消息报警和网络报警,并且能保存相关信息,提供远程手机短消息报警记录查询和本地报警记录查询,能产生报警声光响应。

(5)布防探测器检测及状态提示

布防时主机自动检测探测器状态并具备控制器状态提示功能。通过网络、电话、手机等远程布防时也必须提供图形、语音、短消息等形式的探测器状态提示功能。提供备用电源和欠压报警功能。

3)家电控制产品功能验收要求

(1)家电控制点

8 个控制点可扩展至无限个控制点。具体要控制的设备包括家里每个房间及客厅的空调,均能纳入智能控制,但只需控制其开关;客厅和卧室双轨电动窗帘纳入智能控制;控制厨房内的电源;控制客厅的吊灯(1 个开关点)。家电的控制提供多种形式:对同一个家电,提供远程控制、本地控制等多种方式。

(2)控制方式

①远程控制功能。远程控制包括电话、网络、手机短信控制等多种方式。远程通过网络浏览器控制。家庭主机内建 WEBSERVER 及 TCP/IP 模块,直接连接 TCP/IP 网络,全系统 10 M 高速运作,不需要网关或计算机。

②本地控制方式。本地可以提供通过开关、无线遥控等控制灯(继电器信号)、空调(红外信号)等家电。本地控制支持无线 PAD,但是不必建立外部网络。

红外端口数量要满足 6 个红外设备(包括 4 台空调,两个电动窗帘)的基本需求,即至少要有 12 条红外指令,并且系统支持红外学习功能,操作简单。

③具备设备分组控制功能。提供设备分组功能,对同一个组里的设备可以通过一个动作完成对所有设备的操作。分组必须简单、灵活。可以通过预编程设置家电的工作模式,如白天/黑夜模式等,家电根据编程情况工作。提供声音或文字操作提示功能。

4)可视对讲产品功能验收要求

(1)可视对讲功能

①来访者与住户通话。

②来访者与管理员通话。

③管理员与住户通话。

④住户与管理员通话。

⑤来访者、住户、管理员三方通话，均双向保密。

⑥户内可以安装多台分机，分机之间可以实现对讲。

(2)可视功能

①户内机可监视门口情况。

②管理中心可以观测每个门口情况。一次监视一个门口，当门口机呼叫管理中心时，管理中心显示门口机的图像。

(3)遥控开锁功能

①住户确认来访者后，通过室内机按键遥控开锁。

②提供 IC 卡开门、密码开门、住户遥控开门等多种开门形式。

③提供备用电源和欠压报警功能。

④提供的电控锁必须可靠，当门未关闭好或长时间(时间长短可以设置)未关闭时，要能通过门口机给管理中心提供报警信号。管理中心要能查看每个门的开关情况。

⑤对可视对讲子系统，特别是彩色 LCD 显示屏的寿命，必须提供至少 15 年的质量保证。

5)远程抄送功能验收要求

①可通过网络和家庭控制器查看表具读数及上月的读数和费用记录。

②通过家庭控制器、PDA、互联网等查看表具读数。

③必须具备表具的防剪切报警或故障报警功能。

④已取得有关公用事业部门的认证(包括系统对表具的读数等的认可)。

⑤提供备用电源和欠压报警功能。系统对表具读数的精度要求：误差$<1\%$。

6)住户信息功能验收要求

①具备信息发布功能。

管理中心可以向用户发布短信息，并在信息到达后向住户提供声光或图形提示。住户通过互连网，远程发送留言至家中智能控制面板显示。住户通过手机短消息，远程发送留言至家中智能控制面板显示。通过键盘中文输入，发送短信息至监控中心。

②通过键盘中文输入，发送短信息至手机。

③住户可以通过网络远程读取家庭主机的信息。

④信息可以是语音或文字显示的方式。

7)产品性能验收要求

①操作简单，适合老人、小孩使用。操作界面友好，显示清晰。

②安防产品必须可靠，误报警率小于 1‰，对因非人为因素产生的误报警，必须要有过滤措施。家电控制产品必须安全。

8)手机短消息功能验收要求

①可使用手机短消息接收报警和查询报警记录信息。

②远程手机短消息撤布防及紧急求助报警。

③通过手机短消息远程发送留言至家中智能控制面板显示。通过键盘中文输入发

送短信息至手机。

9）智能布线箱

智能布线箱采用入墙式安装（墙立面暗装），使用金属材料或阻燃材料，箱门带锁销机构；箱内带有网络集线器、电话小总机、理线器、有线电视分线器；箱内器材需按模块形式分布，并有明确的标志措施。

10）实现集成方面的验收要求

提供集成软件数据接口。必须满足集成商提出的集成方面的接口要求，或根据集成商的要求提供数据库接口或接口函数等。有责任协助集成商完成家居智能化系统的集成。

通过管理中心的管理软件要能实现报警确认，并实现报警信息的自动复位。当住户报警信息到达管理中心后，由值班保安人员确认，计算机自动记录确认数据，然后报警自动复位，但仍保持报警识别，直至保安人员解决问题后手动解除报警识别。

11）设计图纸及竣工图纸的移交

设计方案应由设计人员（乙方）根据业主（甲方）要求设计编制，经甲乙双方共同讨论修改签字确认，作为施工和验收的依据。施工过程中，住户提出新的要求或修改意见，或作业现场出现障碍难以实现原定方案的特殊情况时，应由甲乙双方及时协商修改设计方案和设计图纸。

12）产品说明书及使用手册的移交

产品说明书及使用手册是家庭智能化系统的技术资料，不同厂家的产品、同一家不同型号的产品都可能会在工作原理、机械结构、电气联络和使用功能上存在差异。

产品说明书及使用手册的基本内容有产品组成和接线、操作使用方法、主要故障现象及排除。

【任务小结】

智能家居是一个以住宅为平台，兼备建筑、网络通信、信息家电、设备自动化，集系统、结构、服务、管理为一体的高效、舒适、安全、便利、环保的居住环境。智能家居通过物联网技术将家中的各种设备，如窗帘、空调、网络家电、音视频设备、照明系统、安防系统、数字影院系统等连接到一起，提供家电控制、照明控制、窗帘控制、安防监控、情景模式、远程控制、遥控控制以及可编程定时控制等多种功能和手段。

智能家居是一个集成性的系统体系环境，而不是单独一个或一类智能设备的简单组合。简单地说，智能家居就是通过智能主机将家里的灯光、音响、电视、空调、电风扇、电动门窗、安防监控设备等所有的声、光、电设备连在一起，并根据用户的生活习惯和实际需求设置成相应的情景模式，无论任务时间、地点，都可以通过电话、手机、平板或者个人PC来操控或者了解家里的一切状况。

本项目主要介绍了智能家居系统的设计与实施要点，在智能家居项目设计之前，要根据客户需求，作可行性分析和需求分析，确定设计目标、性能参数，根据需求分析对系统的功能进行划分和确认,配套硬件进行选型,最终形成详细的设计文档,有了这些前期的设计工作以后,接下来就是系统的开发和实施,按照事先约定的开发文档和施工计划文档,依次进行设计,按整个项目的时间节点,设计施工完成后,由甲方统一进行验收,验收完成,该项目结束。

整个过程总结为如图4.32所示的思维导图。

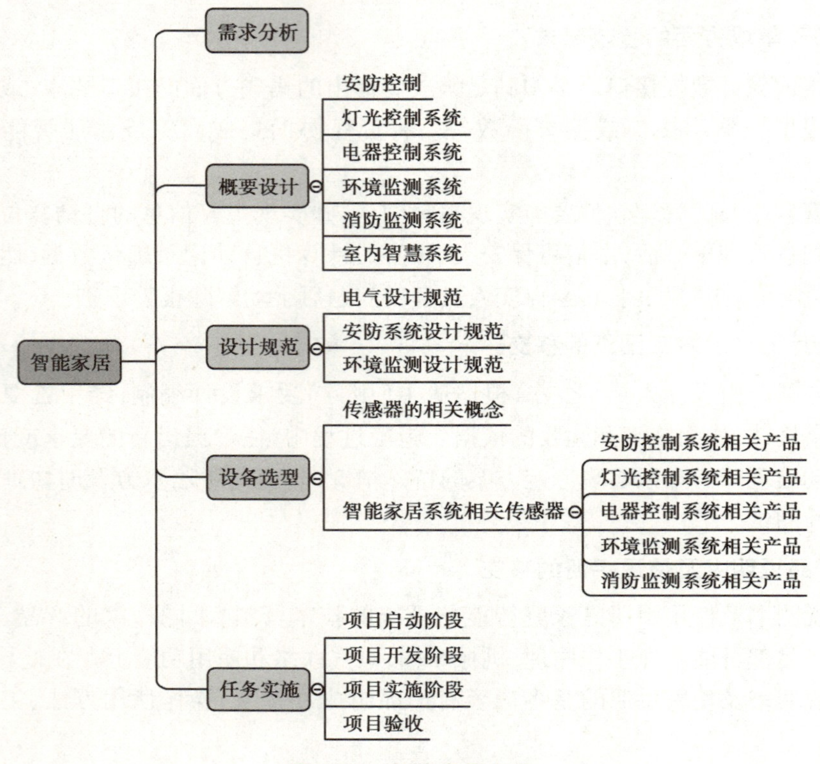

图4.32　智能家居小结

【任务拓展】

通过本项目内容的学习,结合智能家居需求分析和概要设计内容以及项目验收的要求,请设计一份详细的项目验收文档。

【任务工单】

项目4:智慧家居工程项目实施案例	
本次任务关键知识引导: 1. Smart Home 的中文是(　　　　　　)。 2. 视频监控系统是由摄像、传输、(　　　　　　)几大部分组成。 3. 环境监控系统中常用的传感器有(　　　　　　)、(　　　　　　)、(　　　　　　)等。 4. 红外转发器的功能是(　　　　　　　　　　　　　)。 5. 可以用来进行入侵探测的传感器是(　　　　　　　　　　)。	

续表

6. 最安全便利的锁是(　　　　　　　)。
7. 门禁卡的工作能源来自(　　　　　　)。
8. 智能家居安防系统中应用的生物识别技术有(　　　　　)、(　　　　　)、(　　　　　)、(　　　　　)。
9. 市面上常见的开关主要有(　　　　　　)、(　　　　　　)、(　　　　　　)3 种。
10. 传感器网络实现了数据的(　　　　　　)、(　　　　　　)和(　　　　　　)3 种功能。
11. 智能家居是以提升家居的生活质量为目的,以设备互操作为条件,以(　　　　　　)为基础。
12. 根据功能和应用场景的不同,把智能家居系统分为以下 5 个子系统:智能中控系统、电器影音系统、(　　　　　　)、(　　　　　　)和(　　　　　　)。
13. 智能家居有 3 种常用无线通信技术,Wi-Fi 的优势是(　　　　　　　　　　),ZigBee 的优势是(　　　　　　　　　),蓝牙的优势是(　　　　　　　　　　)。3 种技术各有优缺点,一种技术满足不了智能家居的全部要求。
14. 智能音箱的智能语音交互系统是实现其智能化的关键技术,智能语音交互系统需要具备远场识别、(　　　　　　)、语音识别和语义理解。
15. 智能开关在结构上一般包括电源转换电路、主控单元、输入检测电路、继电器控制单元和负载单元,其中(　　　　　　　　)用于检测电路,用于检测开关的状态。
16. 无线门磁传感器用来探测门、窗、抽屉等是否被(　　　　　　)或者(　　　　　　)。
17. (　　　　　　)适用于空调、电视机、DVD 碟机、蓝光播放器、功放、音响、机顶盒等任何红外线遥控产品。
18. 智能插座具有(　　　　　　　)功能,当智能插座的童锁开关开启后,插座上开关按键和智能家居 App 中对应此设备的开关功能失效。
19. 智能安防报警系统与家庭的各种传感器、(　　　　　　)及执行器共同构成家庭的安防系统。
20. 红外遥控器是一种无线(　　　　　　)和(　　　　　　)装置,能解码多种遥控器红外信号,能够控制大多数品牌电视、空调等家电。

【评价反馈】

<table>
<tr><td colspan="3">班级:</td><td colspan="4">姓名:</td><td colspan="4">学号:</td><td colspan="4">评价时间:</td></tr>
<tr><td rowspan="7">评价内容</td><td colspan="2" rowspan="2">项目</td><td colspan="4">自我评价</td><td colspan="4">同学评价</td><td colspan="4">教师评价</td></tr>
<tr><td>A</td><td>B</td><td>C</td><td>D</td><td>A</td><td>B</td><td>C</td><td>D</td><td>A</td><td>B</td><td>C</td><td>D</td></tr>
<tr><td rowspan="2">课前准备</td><td>课前预习</td><td></td><td></td><td></td><td></td><td></td><td></td><td></td><td></td><td></td><td></td><td></td><td></td></tr>
<tr><td>信息收集</td><td></td><td></td><td></td><td></td><td></td><td></td><td></td><td></td><td></td><td></td><td></td><td></td></tr>
<tr><td rowspan="3">课中表现</td><td>考勤情况</td><td></td><td></td><td></td><td></td><td></td><td></td><td></td><td></td><td></td><td></td><td></td><td></td></tr>
<tr><td>课堂纪律</td><td></td><td></td><td></td><td></td><td></td><td></td><td></td><td></td><td></td><td></td><td></td><td></td></tr>
<tr><td>学习态度</td><td></td><td></td><td></td><td></td><td></td><td></td><td></td><td></td><td></td><td></td><td></td><td></td></tr>
</table>

续表

<table>
<tr><td colspan="3" rowspan="2">项目</td><td colspan="4">自我评价</td><td colspan="4">同学评价</td><td colspan="4">教师评价</td></tr>
<tr><td>A</td><td>B</td><td>C</td><td>D</td><td>A</td><td>B</td><td>C</td><td>D</td><td>A</td><td>B</td><td>C</td><td>D</td></tr>
<tr><td rowspan="6">评价内容</td><td rowspan="4">任务完成</td><td>方案设计</td><td></td><td></td><td></td><td></td><td></td><td></td><td></td><td></td><td></td><td></td><td></td><td></td></tr>
<tr><td>任务实施</td><td></td><td></td><td></td><td></td><td></td><td></td><td></td><td></td><td></td><td></td><td></td><td></td></tr>
<tr><td>资料归档</td><td></td><td></td><td></td><td></td><td></td><td></td><td></td><td></td><td></td><td></td><td></td><td></td></tr>
<tr><td>知识总结</td><td></td><td></td><td></td><td></td><td></td><td></td><td></td><td></td><td></td><td></td><td></td><td></td></tr>
<tr><td rowspan="2">课后拓展</td><td>任务巩固</td><td></td><td></td><td></td><td></td><td></td><td></td><td></td><td></td><td></td><td></td><td></td><td></td></tr>
<tr><td>自我总结</td><td></td><td></td><td></td><td></td><td></td><td></td><td></td><td></td><td></td><td></td><td></td><td></td></tr>
<tr><td colspan="15">学生自我总结：</td></tr>
</table>

【拓展阅读】

智能家居行业市场动态

智能家居是通过智能网关结合一系列的传感器与联动装置，实现家庭的智能化的，其未来发展前景非常广阔，市场空间很大，随着5G、物联网、人工智能等相关技术的发展，整个行业将继续获得新的发展机会。目前，智能家居还处于行业发展的初期，创业机会相对较多。

远程控制、智能管家、智能社区等，都是智能家居的未来发展方向，智能家居制造商在努力探索未来，对智能家居的未来，曾经有以下发展预测：

预测1：

智能家居增长势能向碎片化设备倾斜。智能家居各品类目前落地并不均衡，如智能锁、智能照明等产品市场较为成熟，未来仍将呈此趋势。照明、大小家电等传统家居品类加速智能化转型与落地。2023年，智能照明增长速度超过90%，智能家电增长速度超过30%。

预测2：

智能家居生态平台将逐渐从底层系统进行统一。随着行业联盟的成立，以及各企业、品牌为互联互通实现的努力，不同的智能家居平台、设备与设备会协同更方便，云-云对接、设备-云对接逐渐实现，预计在未来的3年，85%的设备可以接入互联平台，15%的设备搭载物联网操作系统。

预测3：

视觉和传感交互成为新兴增长点。2021年，已有厂家提出多模态交互，2022年跟进的品牌更多，智能家居设备向多模态交互进一步发展。继语音之后，机器视觉和传感成为新的交互方式。2022年，30%的智能家居设备将搭载视觉或传感交互功能。

预测4：

家庭交互中心逐渐向大屏化发展。家庭带屏控制面板、智能音箱以及智能电视有望重新占领用户客厅，大屏终端在交互控制上依然有其优势。2022年，智能电视65寸及以上占比达到33%，语音助手搭载率达到68%；智能音箱8寸及以上屏幕占带屏音箱市场的40%。

预测5：

家庭交互中心的发展对计算力的提升将有更高要求。边缘计算、云计算等技术将使得家庭交互中心变成家庭物联网中的分布式设备之一，其计算力将越来越多地借助手机、云端及智能音箱等新兴设备进行提升。

智能家居行业的新设备

智能互联家庭是房屋发展的下一步，也是人们与房屋互动的下一步。随着技术的进步，人们家里的各种系统也在发展，就像照明从蜡烛到煤气再到电一样。智能家庭正在迅速扩张。虽然所有这些新的智能家居技术一开始看起来都很吓人和困难，但人工智能助理和语音控制的引入使其更容易被接受。介绍几种基本的智能家居设备。

1. 顶级智能家居技术 Google Nest Wi-Fi

合作伙伴：谷歌

如果想拥有一个智能家居，甚至想在家里的每个房间都使用智能手机，网状Wi-Fi路由器将使事情变得更容易。网状Wi-Fi路由器由一个或多个“集线器”组成，您可以在房子周围插入这些“集线器”，以消除死区，并在家中均匀传输Wi-Fi信号，而不必考虑厚墙或笨拙的布局。谷歌的Nest Wi-Fi是任何智能家居的绝佳补充。您可以使用谷歌的Home应用程序从智能手机控制一切，还有内置的家长控制功能，让您只需一句话就可以关闭孩子对小玩意的访问，这对于让每个人都准时到餐桌上来说都是非常棒的。这是最好的智能家居设备之一。它适用于智能家居技术，如人工智能。

2. Abode Smart Security Kit

合作伙伴：与Alexa、Google Home、HomeKit合作

最好的智能家居设备之一是Adobe智能安全工具包。Abode是一个可靠的DIY家居安全系统，具有无限的智能家居功能。它可以与Alexa、Google Assistant和HomeKit一起使用，也可以作为Z-Wave和Zigbee设备的中心，这是一对无线家庭自动化协议，极大地扩展了各种小工具。

3. Arlo Video Doorbell

合作伙伴：与Alexa合作

另一款智能家居设备是爱洛视频门铃。智能门铃通过摄像头、扬声器、麦克风、运动

传感器和互联网连接检测访客和门口的活动。您可以通过智能手机观看和收听现场视频,并与在场的任何人交谈,或者让摄像头为您录制信息。这就像是你前门的语音信箱。爱洛视频门铃是一个极好的选择,它提供了许多高端功能。它能以低廉的价格区分人、动物、汽车和包裹。

4. Nest Protect Smoke & CO

合作伙伴:与谷歌助手合作

智能烟雾报警器是最基本但最有效的家庭自动化设备之一。这不是最有趣的设备,但它是最关键的设备之一,它可以拯救您的房子。Nest Protect 智能烟雾和一氧化碳报警器是最好的设备,它装有传感器和智能设备。在真正紧急的情况下,它可以无线连接到其他警报,触发所有警报以确保您醒来。它还提供语音警报,指示危险所在的房间,用红色 LED(更容易透过烟雾看到)照亮您的道路,并向您的手机发送警报。这适用于智能家居技术,如人工智能。

5. Philips Hue,Lutron Caseta

合作伙伴:与 Alexa、Google Home、HomeKit 合作

作为智能家居的典范,智能照明简单、有趣且有益。Lutron Caseta 的产品系列价格合理,几乎可以与任何布线设置配合使用,并且与 Alexa、Google 和 HomeKit 兼容。它使用 Lutron 专有的无线协议(通过集线器),而不是依赖家庭 Wi-Fi。飞利浦顺化的智能灯泡系列不仅是最智能、最可靠的替代品,也是最便宜的。这一卓越的、可扩展的智能照明系统包含适用于各种情况的灯泡和灯具,以及用于在需要时进行物理控制的无线开关,以及根据一天中的时间自动改变照明的出色运动传感器。这属于另一个智能家居设备。

6. TP Link Kasa Mini,Eve Energy

合作伙伴:Alexa,谷歌助手

这一卓越的、可扩展的智能照明系统包含适用于各种情况的灯泡和灯具,以及用于在需要时进行物理控制的无线开关,以及根据一天中的时间自动改变照明的出色运动传感器。如果您不想使用单独的智能家居系统来管理它们,TP Link Kasa 系列智能插头是一个不错的选择,它们使用简单,与 Google 和 Alexa 集成,并且有一个漂亮的应用程序。如果您正在寻找一个坚固的家庭套件智能插头,Eve Energy 是一个很好的选择,虽然成本稍高,但它可以监控能源使用情况。

7. Sonos One

合作伙伴:Alexa,谷歌助手,苹果 AirPlay 2

Sonos One 是最好的智能扬声器之一,它与亚马逊的 Alexa 和谷歌的谷歌助手一起工作,允许您在两个语音助手之间进行选择。它有很好的声音和连接到索诺斯的无线音乐的大世界。它还与苹果的 AirPlay 系统配合使用,该系统允许您直接从 iPhone 或 iPad 播放音乐,并与其他兼容 AirPlay 2 的扬声器组合。这被认为是另一种智能家居设备。

8. Google Nest Hub Max

合作伙伴:与谷歌助手合作

Nest Hub Max 是一款智能显示屏,它在10 英寸的屏幕上塞满了很多功能。它可以识

别谁在使用它,并提供定制的信息,而无须您说什么,这得益于一个内置的摄像头,也可以作为一个安全摄像头使智能扬声器到一个新的水平。这也使用了智能家居技术,如人工智能。

9. Nest Learning Thermostat

合作伙伴:Alexa,谷歌助手

Nest Learning 恒温器现在可以调节您的热水,包括一个连接到您的锅炉并与恒温器通信的热链接,以打开和关闭、调节热量,并为您的锅炉建立智能计划,就像它为您的热量所做的那样。这种学习功能使鸟巢在竞争中脱颖而出;它利用人工智能来识别您的习惯,基于您的改变、状态和其他数据,制订和修改一个既让您舒适又节省能源的时间表。

10. Roomba i3+

合作伙伴:与 Alexa 合作,谷歌主页

Roomba i3+是一款价格合理的真空吸尘器,具有自动清空功能。当车载垃圾箱装满时,它会返回外部垃圾箱,吸出所有垃圾。这意味着,与不清空机器人一样,您只需要每3个月清空一次,而不是一周两次。i7+机型也是一个不错的选择。i7+比 i7 更昂贵,它可以做一些聪明的事情,如只清洁厨房,或者只使用智能手机控制的智能地图吸尘客厅。使用 Alexa 或 Google,您可以指示机器人清理、暂停或回家。这也是最好的智能家居设备之一。

智能家居行业的新技术

随着科技的不断发展,智能家居已经成为现代家庭的一个重要组成部分。智能家居是指通过各种智能技术和设备,将家庭的各种设施和设备联网,实现智能化控制和管理的一种家居系统。智能家居的出现,不仅让生活更加便利和舒适,而且提高了家庭的安全性和节能性。

1. 语音控制技术

语音控制技术是智能家居的一项重要技术。通过语音控制,用户可以通过简单的口令,控制家庭的各种设施和设备。目前市面上的智能音箱,如小度音箱、天猫精灵等,都可以通过语音控制家电、灯光、窗帘等设备。未来,随着语音识别技术的不断发展,语音控制技术将会越来越智能化和人性化。

2. 智能家电技术

智能家电技术是智能家居的另一个重要技术。智能家电可以通过智能化的控制系统,实现自动化的控制和管理。目前市面上的智能家电,如智能冰箱、智能洗衣机、智能烤箱等,都可以通过手机 APP 或语音控制实现远程操作和控制。未来,智能家电将会更加智能化,如智能冰箱可以通过摄像头识别食材,智能烤箱可以通过人工智能控制烤制时间和温度等。

3. 智能安防技术

智能安防技术是智能家居的一个重要组成部分。智能安防系统可以通过智能化的监控设备,实现对家庭安全的实时监控和报警。目前市面上的智能安防系统,如智能门锁、智能摄像头、智能报警器等,都可以通过手机 APP 实现远程监控和报警。未来,随着

人工智能技术的不断发展,智能安防系统将会更加智能化和自主化,如可以通过人脸识别技术实现进出家门的自动识别和控制。

4. 智能家居互联技术

智能家居互联技术是智能家居的一个重要技术。通过智能家居互联技术,不同的智能设备和系统可以互相连接和交互,实现更加智能化和高效的控制和管理。目前市面上的智能家居互联技术,如 ZigBee、Z-Wave、Wi-Fi 等,都可以实现智能设备之间的互联和通信。未来,智能家居互联技术将会更加智能化和高效化,如可以通过区块链技术实现智能设备之间的安全交互和数据共享。

总之,智能家居的新技术不断涌现,让人们的生活变得更加智能化和便利化。随着技术的不断发展,智能家居将会越来越智能化和人性化,为人们的生活带来更多的便利和舒适。

项目 5
智慧工厂工程项目实施案例

【引导案例】

智慧工厂是现代工厂信息化发展的新阶段。它是在数字化工厂的基础上,利用物联网的技术和设备监控技术加强信息管理和服务;清楚掌握产销流程,提高生产过程的可控性,减少生产线上人工的干预,即时正确地采集生产线数据,以及合理地编排生产计划与生产进度,并集绿色智能的手段和智能系统等新兴技术于一体,构建一个高效节能的、绿色环保的、环境舒适的人性化工厂(图 5.1)。

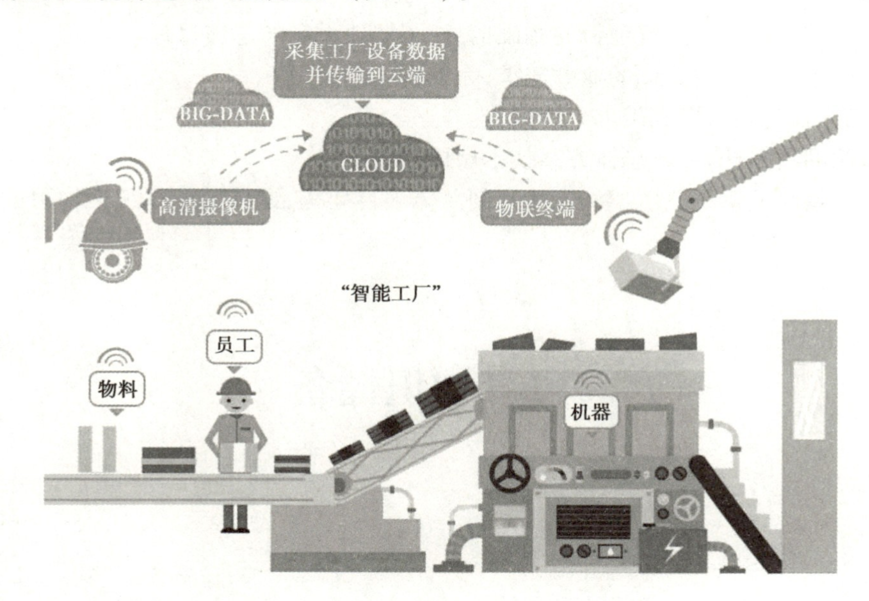

图 5.1　智慧工厂框图

【职业能力目标】

- 能根据与客户沟通的结果,使用办公软件,完成客户需求调查表(建设内容、业务范围、使用人员、功能描述、性能要求等)的制作。
- 能根据系统需求,完成现场勘查,使用相关的软件完成平面图的绘制。
- 能根据客户需求或者项目方案,使用办公软件,完成项目方案演示稿(如 PPT 文档)和演讲。
- 能根据系统功能和项目特性来设计项目的总体架构图。
- 能应用物联网的相关知识进行系统模块的划分。

• 掌握物联网系统集成项目总体设计的依据以及要点。

【任务分析】

任务描述：

本项目搭建了一个智慧工厂，该项目是一个物联网系统集成项目，现需要进行项目前的需求分析。公司员工小张要想全面了解整个项目的需求情况，他必须要对需求方进行访谈、实际现场勘察等工作，并根据这些工作填写对应的记录。

小张对项目进行了细致的调研与分析后，形成了一套较为完善的项目需求说明书。在项目需求说明书的基础上，小张对整个项目做了一个总体的规划设计，根据项目需求说明书的内容进行总体项目架构层面的技术设计。使用 viso 进行总体设计的绘制，根据物联网层级划分的要求，进行感知层、网络层、应用层的模块设计，输出总体项目模块结构图。

任务要求：

• 从项目管理部门了解项目的基础信息，了解建设者的总体目标。

• 从业务部门了解具体的业务需求，完成现场勘查。

• 整理需求信息，形成需求分析报告。

• 绘制网络拓扑，形成总体方案技术层面规划。

• 运用物联网系统三层架构方式绘制总体项目架构，设计形成系统架构下的模块需求表。

5.1 知识储备

5.1.1 智慧工厂概述

1）智慧工厂的背景

智能工厂是在数字化工厂的基础上，利用物联网的技术和设备监控技术加强信息管理和服务；清楚掌握产销流程，提高生产过程的可控性，减少生产线上人工的干预，即时正确地采集生产线数据以及合理地编排生产计划与生产进度，并集绿色智能的手段和智能系统等新兴技术于一体，构建一个高效节能的、绿色环保的、环境舒适的人性化工厂。

人口结构老龄化加速，国内人口红利消退，年轻劳动力日益匮乏，传统制造业在招募人才和用工成本增加上遭遇了前所未有的挑战，全球化趋势促使制造业转型发展。过去，数字化转型面临传输、储存、计算成本高昂难题，数字能力有限。根据观研报告网发布的《中国智能工厂行业运营现状分析与发展战略评估报告（2022—2029 年）》显示，如今，我国在人工智能、机器学习等领域取得重大成果以及云制造、人机交互、数字孪生突飞猛进，制造业逐渐实现数字化。信息技术的进步为智能工厂的发展打下了基础。

2)智慧工厂的定义与特点

智慧工厂是现代工厂信息化发展的新阶段，是在数字化工厂的基础上，利用物联网的技术和设备监控技术加强信息管理和服务；清楚掌握产销流程，提高生产过程的可控性，减少生产线上人工的干预，即时正确地采集生产线数据，以及合理地编排生产计划与生产进度。在现代企业中，客户为王，所有行业都是如此。系统设计师负责设计，生产和交付物联网系统，以提供无缝的用户体验。在探索 IoT 设备的内部之前，区分设备和系统非常重要。设备就像个人成员，而系统就像是涉及个人的团队。如图 5.2 所示为智慧工厂物联网系统总体架构图。

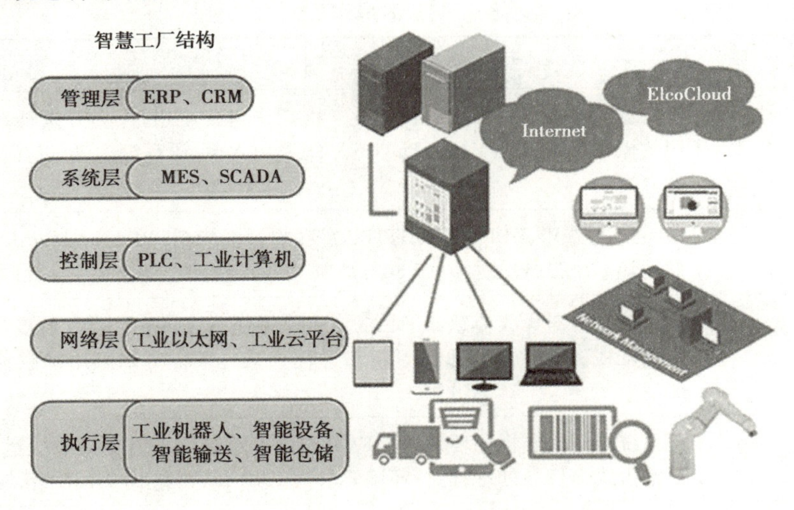

图 5.2 智慧工厂物联网系统总体架构图

(1)系统与设备

物联网生态系统从物联网数据架构四要求（硬件、软件、通信、应用）扩展开来，涵盖了物联网生态系统从产生数据、传输数据、管理数据到数据转换为价值，整个流程所涉及的参与者类型有：处于上游的芯片厂商、通信模块厂商、终端设备厂商、通信运营商；连接中上游的软件技术供应商、整合上述 3 种能力的应用平台、产业服务机构、物联网系统集成商；下游的各个垂直行业用户。

①硬件。

当前市面上主流的物联网开发板包括 Arduino、BeagleBoard、Pinocchio、Raspberry Pi 和 CubieBoard 等。这些开发板主要用于搭建物联网解决方案的原型系统。开发板中包含可以用作设备大脑的微控制器（MCU）、内存，还有很多用于数字信号和模拟信号传输的 GPIO（General Purpose Input/Output，通用输入/输出）引脚。同时开发板可以与其他模块化板卡堆叠使用，进而实现通信功能，或者构建新的传感器、执行器，最终构建一套完整的物联网设备。

ARM、Intel、Broadcom、Atmel、Texas Instruments（TI）、Freescale 和 Microchip Technology 等公司的 MCU 产品都可以用于物联网开发。MCU 其实就是一块集成电路（Integrated

Circuit,IC),其中包含处理器、只读存储器(Read Only Memory,ROM)和随机访问存储器(Random Access Memory,RAM)。在这些设备中内存资源经常是受限的。通常,通过为MCU添加完整的网络协议栈、接口以及无线或蜂窝移动通信信号收发器,制造商就可以将传统设备改造为物联网设备。所有这些工作最终构成了片上系统和小型子板(单片机)。

②实时操作系统。

物联网设备通常采用实时操作系统(Real Time Operating System,RTOS)进行进程和内存管理,并为消息传输等通信服务提供支撑。对实时操作系统的选型应从产品所需的性能、安全和功能性等方面进行考虑,见表5.1。

表5.1 实时操作系统

名称	描述
TinyOS	针对低功耗嵌入式系统进行优化。框架中包含了组件,为开发适用于特定应用的操作系统提供支撑。TinyOS系统采用NesC语言编写,可以支持事件驱动的并发
Contiki	该系统支持IP、UDP、TCP、HTTP协议,同时支持6loWPAN与CoAP协议,专为低功耗系统设计,支持基于802.15.4协议的链路层加密
Mantis	该系统是针对无线传感器平台的嵌入式操作系统,包括内核、调度程序和网络协议堆栈。同时支持远程更新和远程登录。系统可以采用睡眠模式来节约能耗
Nano-RK	该系统专门为监视和环境监测应用进行了定制。系统支持节能运行模式,以及抢占式多任务处理,运行环境要求为2 kB RAM和18 kB ROM
Lite-OS	该系统提供了了通过无线访问的shell以及远程调试功能,体积只有10 KB
FreeRTOS	该系统为通用RTOS系统。支持TCP协议组网和安全通信(TLS)。用户可以使用加密库,如FreeRTOS中的WolfSSL库
SapphireOS	该系统支持MESH组网并具备设备发现功能。系统中包含Python工具集,以及采用RESTful API接口设计的服务器
BrilloOS	该系统运行需要32~64 MB RAM,并针对消费级物联网设备与家用物联网设备进行了优化
uCLinux	该系统是一款嵌入式Linux操作系统,支持多种应用、库和工具
ARM Mbed OS	该系统中包含安全监督内核(uVisor),可以在带有内存保护单元(Memory Protection Unit,MPU)的ARM Cortex M3、M4和M7等MCU中创建隔离安全域
RIOT OS	该系统在8位、16位和32位平台上均可运行,支持TCP/IP协议栈,以及6LoWPAN、IPv6、UDP和CoAP协议。系统支持多线程,运行环境要求为1.5 kB RAM和5 kB ROM

续表

名称	描述
VxWorks	该系统包含两个版本(VxWorks 和 VxWorks+)。通过可选的安全配置选项,系统可以实现安全分区、安全引导、运行时安全保护、程序加载器和高级用户管理。系统支持加密容器和安全组网
LynxOS	该系统支持 TCP/IP、IPv6 协议和蜂窝通信。同时支持 802.11 Wi-Fi、ZigBee 和蓝牙协议。系统还提供加密、访问控制、审计和账户管理等功能
Zephyr	该系统是专门为资源受限系统设计的开源操作系统。该开源项目聚焦于安全开发实践。系统中实现了超微内核和微内核。支持蓝牙、低功耗蓝牙和基于 802.15.4 的 6LoWPAN 协议
Windows 10 IoT	该系统支持 Bitlocker 加密和安全引导。系统包含 DeviceGuard 和 CredentialGuard 功能。支持 WSUS(Windows Server Update Service)自动更新服务
QNX(Neutrino)	该系统通常用在车载信息娱乐系统中,提供沙盒和细粒度访问控制等安全功能
Ubuntu Core	该系统是只读的根文件系统,应用均在安全沙盒中运行,同时将应用更新(独立)同操作系统相隔离。在系统中,可将应用分为可信应用与不可信应用。系统支持 UEFI(Unified Extensible Fireware Interface)方式的安全引导
OpenWRT	该系统是一款流行的开源操作系统,常用于无线路由器
GreeHills IntegrityOS	该系统是一款符合高可信要求的操作系统

虽然许多物联网设备尺寸在不断缩小,但是借助强大功能的 SoC 单元可以运行多种能够实现安全引导的操作系统,同时具有严格的访问控制、进程隔离、可信执行环境、内核分离、信息流控制等功能,另外,可以同安全加密架构相集成。功能安全攸关的物联网设备还需要采用符合行业标准的 RTOS。常用的行业标准规范包括:

a. DO-178B:机载系统和设备合格审定中的软件考量。

b. IEC 61508:工业控制系统的功能安全。

c. ISO 62304:医疗器械软件。

d. SIL3/SIL4:交通运输和核系统的功能安全完整性等级。

③网关。

边缘设备和 Web 服务之间的端到端(end-to-end)连接主要通过一系列实体网关和云网关设备来实现,每台网关都会汇聚大量数据。Dell、Intel 等公司都在市场上推出了物联网网关设备。Systech 等公司还推出了多协议网关,采用多组天线和接收器,多协议网关可以将不同类型的物联网设备连接在一起。同时,各大厂商推出了面向普通用户的消费级网关,也称为 Hub,用来为智能家居通信提供支持。三星公司推出的 SmartThings Hub 就是一个例子。

④物联网集成平台与解决方案。

Xively、Thingspeak 等公司均提出了灵活的开发解决方案，用来将新兴的物联网设备集成到企业架构中。同时，这些平台为物联网设备开发人员提供了 API 接口，开发人员可以利用 API 接口开发新的功能和服务。物联网开发人员已经越来越多地应用这些 API 接口，利用它们可以方便地将物联网设备集成到企业的 IT 环境当中。例如，如果要实现基于 HTTP 协议的通信，那么物联网设备就可以采用 ThingsPeak API。之后，机构可以通过调用 API 从传感器中捕获数据、分析数据，继而对数据进行操作，随着物联网的不断成熟，不同的物联网组件、协议和 API 会不断地"黏合"在一起，进而共同构建起功能强大的企业级物联网系统。

(2)传输协议与通信技术

物联网的互联互通已经比较成熟，有很多通信和消息传输标准都可以被物联网系统采用。

①传输层协议。

无论是 TCP 协议(Transmission Control Protocol，传输控制协议)还是 UDP 协议(User Datagram Protocol，用户数据报协议)，在物联网系统中都有用武之地。例如，REST 就是基于 TCP 协议的，而且 MQTT 协议在设计之初是用来与 TCP 协议配合使用的。但是，由于需要对时延、带宽受限的网络和设备提供支持，所以可以从 TCP 协议转向采用 UDP 协议。例如，MQTT-SN 就是 MQTT 的定制版本，其采用 UDP 协议进行通信。其他如 CoAP 等协议也被设计为能够基于 UDP 协议工作。如果传输层严重依赖 UDP 协议，那么可以采用 DTLS 协议(Datagram Transport Layer Security，数据报传输层安全协议)等替换 TLS 协议(Transport Layer Security，传输层安全协议)，从而确保 UDP 通信的安全。

②网络层协议。

无论是 IPv4 协议还是 IPv6 协议，在众多物联网系统中均占有一席之地。由于很多物联网设备运行在网络受限的环境当中，因此需要对协议栈进行定制。例如，物联网设备可以采用 LoWPAN 协议(IPv6 over Low Power Wireless Personal Area Network，基于低功耗无线个域网的 IPv6 协议)，进而在网络受限的环境中使用 IPv6 协议。受各种因素所限，物联网设备无线连接到互联网的传输速率较低，而 LoWPAN 协议的设计初衷包括为数据传输速率较低的无线互联网连接提供支持，从而可以满足此类设备的需求。

除此之外，LoWPAN 可以基于 802.15.4 协议实现，即 LRWPAN 协议(Low Rate Wireless Personal Area Network，低速无线个域网络)，作用是创建适配层为 IPv6 协议提供支持。在适配层可以对 IPv6 与 UDP 协议首部进行压缩，还可以实现数据分片，从而为不同用途的传感器提供支持，其中就包括用于楼宇自动化与安全保障的传感器。利用 LoWPAN 协议，设计者既可以采用 IEEE 802.15.4 协议实现链路层加密，也可以采用 DTLS 等协议实现传输层加密。

③数据链路层和物理层协议。

低功耗蓝牙(Bluetooth Low Energy，BLE)、ZWave 和 ZigBee 等射频(Radio Frequency，RF)协议可以用于物联网设备之间、物联网设备与网关之间的通信，然后这些设备再使用

LTE 或以太网等协议与云端通信。在能源行业中，主要采用 Wireless HART 标准和 Insteon 等电力线通信(Power Line Communication,PLC)技术进行设备间的通信。电力线通信报文直接通过已有的电力线进行路由转发，从而实现对接电设备的控制与监控。无论是家用场景还是行业用例，都可以采用电力线通信技术。IEEE 802.15.4 协议相对于 ZigBee、6LoWPAN、Wireless HART 以及 Thread 等物联网通信协议，IEEE 802.15.4 作为物理层和数据链路层协议其作用非常重要。IEEE 802.15.4 协议的设计初衷是用来实现点对点(point-to-point)或星形拓扑网络的通信，适用于低功耗或低速网络环境。采用 IEEE 802.15.4 协议的设备工作频率范围为 915 MHz ~ 2.4 GHz，数据传输速率最高可达 250 kb/s，通信距离约为 10 m。该协议物理层可以管理射频网络访问，MAC 层可以管理数据链路中数据帧的收发。

④ZWave 协议。

ZWave 协议支持网络中 3 种数据帧的传输，分别是单播、多播和广播。其中，单播通信(即直接通信)需要接收方予以确认，而多播和广播均不需要确认。采用 ZWave 协议的网络由控制端(controller)和被控端(slave)组成。当然，实际应用中也存在变化。例如，有些用例中就同时采用了主控制端和二级控制端。其中，主控制端主要负责网络中节点的添加/移除。ZWave 协议可以在 908.42 MHz(北美)与 868.42 MHz(欧洲)频率上运行，传输速度为 100 kb/s，传输距离约为 30 m。

⑤低功耗蓝牙。

蓝牙/智能蓝牙(Bluetooth Smart)也称为低功耗蓝牙，是蓝牙协议的改进版本，目的是延长电池寿命。智能蓝牙默认进入休眠模式，只在需要时才被唤醒，以实现省电的目的。两种协议的工作频率均为 2.4 GHz。智能蓝牙采用了高速跳频技术，并且支持采用 AES 加密技术对通信内容进行加密。

⑥蜂窝移动通信。

LTE 通常指的是 4G 蜂窝移动通信技术，也是物联网设备常用的通信方式。在典型的 LTE 网络中，如智能手机(也可以是物联网设备)之类的用户设备(User Equipment, UE)内置 USIM 卡，通过 USIM 卡实现认证信息的安全存储。而利用存储在 USIM 卡中的认证信息，可以向运营商的鉴权中心(Authentication Center, AuC)进行身份认证。使用时，需要向 USIM 卡(制造时)和鉴权中心(订阅时)分发对称预共享密钥，然后使用该对称密钥生成接入安全管理实体(Access Security Management Entity, ASME)。利用 ASME 再生成其他密钥，用于信令和用户通信的加密。由于 5G 通信具有更高的吞吐量可以支持的连接数更多，因此在未来 5G 通信的应用场景下，物联网系统的部署方式会更加多样。物联网设备可以与云端直接建立连接，同时可以加入集中控制器功能，来对部分基础设施中的地理位置分散的大量传感器/执行器提供支持。未来，随着功能更加强大的蜂窝移动通信的推广应用，云端将成为传感器数据、Web 服务交互以及大量企业应用接口的汇聚点。

除了之前讨论的通信协议，物联网设备还用到其他诸多通信协议。表 5.2 是对这些协议的简单介绍。

表5.2 通信协议的介绍

通信协议	介绍
GPRS	所有的数据和信号均采用GPRS加密算法(GPRS Encryption Algorithm,GEA)加密,SIM卡主要用于存储身份信息和密钥
GSM	基于时分多址(Time Division Multiple Access,TDMA)的蜂窝移动通信技术,SIM卡用于存储身份信息和密钥
UMTS	信令和用户数据采用128位长度的密钥和KASUMI算法加密
CDMA	基于码分多址(Code Division Multiple Access,CDMA)的蜂窝移动通信技术,不使用SIM卡
LoRaWAN	Long Range Wide Area Network远距离广域网。支持的数据传输速率范围为0.3~50 kb/s。LoRaWAN网络在传输过程中用到了3种密钥,分别为唯一的网络会话密钥、负责保证端到端安全的唯一应用会话密钥和针对具体设备的设备访问密钥
802.11	即Wi-Fi,可用于多种场景的标准无线技术
LoWPAN	低功耗无线个人局域网(Personal Area Network,PAN),设计初衷是使用LoWPAN引导服务器向6LoPAN设备分发引导信息,以实现设备的自动入网。LoWPAN网络中包括认证服务器、支持可扩展认证协议(Extensible Authentication Protocol,EAP)等认证机制。用户可以为引导服务器配置设备黑名单
ZigBee	ZigBee在物理和MAC层采用802.15.4协议。ZigBee网络可采用星形、树形和MESH等拓扑结构,ZigBee协议可以提供密钥建立、密钥传输、数据帧保护和设备管理等安全服务
Thread	该协议在物理层和MAC层采用802.15.4协议。Thread网络可支持多大250台设备的连接。协议采用AES加密算法保护网络传输。协议中还会用到口令认证密钥交换协议(Password Authentication Key Exchange,PAKE)。新加入的节点使用Commissioner设备和DTLS协议创建密钥对,该密钥可用于网络参数的加密
SigFox	该协议采用超窄带(Ultra Narrow Band,UNB)通信技术,运行频率分别为915 MHz(美国)和868 MHz(欧洲)。设备采用私钥对消息进行签名。每台设备可以发送140条消息,SigFox可以采用抗重放保护机制
NFC	近场通信(Near Field Communication,NFC)协议提供的安全保护机制较为有限,通常与其他协议结合使用。该协议主要用于短距离通信
Wave 1609	在网联汽车通信中普遍应用。该协议依赖IEEE 1609.2证书,借助证书实现属性标记

(3)消息传输

MQTT协议(Message Queuing Telemetry Transport,消息队列遥测传输协议)、CoAP协议(Constrained Application Protocol,受限应用协议)、DDS协议(Data Distribution Service,

数据分发协议)、AMQP 协议(Advanced Message Queuing Protocol,高级消息队列协议)以及 XMPP 协议(Extensible Messaging and Presence Protocol,可扩展消息处理现场协议)都运行于底层通信协议之上,用于客户端和服务器端协商数据交换格式。很多物联网系统采用 REST 架构实现高效通信。在本书撰写时,REST 架构和 MQTT 协议均是物联网系统的主流选择。

①MQTT。

MQTT 协议基于发布/订阅模型,其中客户端负责主题订阅,以及维护与消息代理(message broker)之间不间断的 TCP 连接。当新的消息发送给消息代理时,会在消息中包含主题,消息代理可以据此判断哪个客户端应当接收该消息。消息通过不间断的连接推送到客户端,如图 5.3 所示。

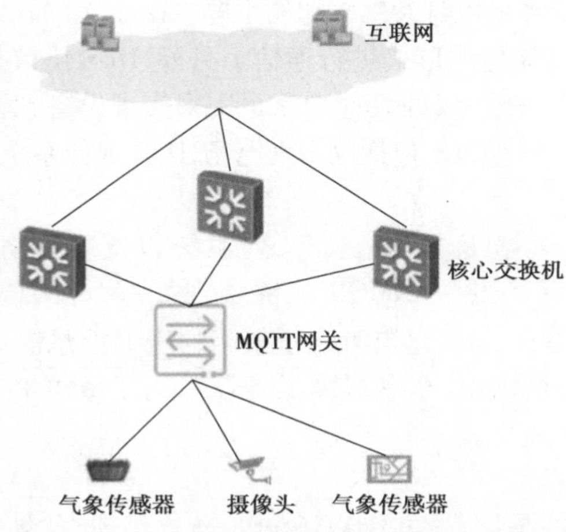

图 5.3 基于 MQTT 协议的物联网架构示意图

②CoAP。

CoAP 是一种物联网消息传输协议,其基于 UDP 协议,主要针对资源受限联网设备(如无线传感器网络节点)的应用场景而设计。CoAP 协议采用 DTLS 协议提供安全保护。CoAP 协议共有 4 种消息类型,很容易与 HTTP 的请求方式对应起来,这 4 种消息类型分别为 GET、POST、PUT 和 DELETE,如图 5.4 所示。

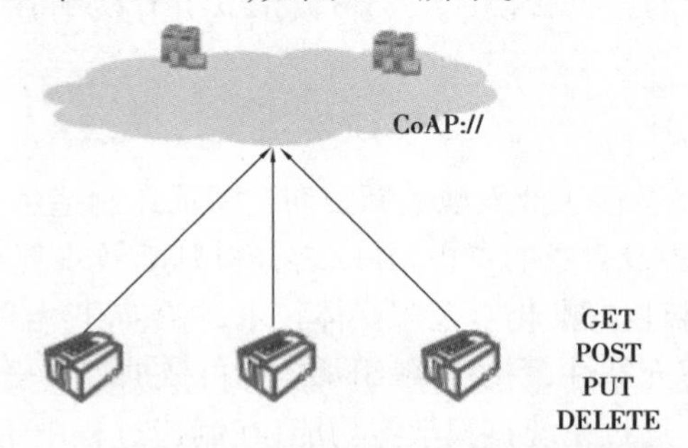

图 5.4 基于 CoAP 协议的传感器网络架构示意图

③XMPP。

XMPP 协议是一个基于可扩展标记语言(Extensible Markup Language,XML)的开放

式协议,主要用于实时通信。它由 Jabber 即时通信(IM)协议演化而来。XMPP 支持基于 TCP 协议的 XML 消息传输。采用该协议,物联网开发人员可以高效地实现服务发现和动态实体发现等功能。XMPP-IoT 协议是 XMPP 的一个改进版本。类似于人与人交流的场景,XMPP-IoT 协议通信过程从“添加好友”请求开始。一旦“添加好友”请求通过,那么两台物联网设备就可以进行通信了,而无须考虑双方是否处于同一个域。基于 XMPP-IoT 协议的设备之间存在父子关系。XMPP-IoT 协议中的父节点可以制订信任策略,指示可以与哪些设备建立连接。而如果两台物联网设备之间的“添加好友”请求未得到通过,那么双方无法继续进行通信。

④DDS。

DDS 协议是数据分发协议,主要用于智能设备的集成。类似于 MQTT 协议,DDS 协议也基于发布/订阅模型,读者可以订阅感兴趣的主题。由于无须在终端之间建立联系,因此 DDS 协议能够以匿名和自动化的形式进行通信。另外,DDS 协议提供了服务质量(Quality of Service,QoS)保障机制。该协议的设计初衷是用来实现设备到设备(device-to-device)的通信,当前已在多个场景进行部署,包括风力发电场、医学成像系统和资产追踪系统。

⑤AMQP。

AMQP 协议的设计初衷是提供一个队列系统以支持服务器到服务器(server-to-server)的通信。在物联网场景中,AMQP 能够实现发布/订阅模型以及点对点的通信。采用 AMQP 协议的物联网终端可以监听到每条队列中的消息。如今,AMQP 已经在多个领域有所应用,如在交通运输中,车辆遥测设备就采用了 AMQP 协议向分析系统提交数据,从而实现了准实时处理。

(4)数据处理

进行数据处理输出的是信息,并能以不同的形式呈现,如纯文本文件、图表、电子表格或图像。数据处理过程通常遵循一个由 3 个基本阶段组成的循环:输入、处理和输出。

①输入:输入是数据处理周期的第一阶段,这是一个将收集到的数据转换成机器可读形式以便计算机处理的阶段。

②处理:在处理阶段,计算机将原始数据转换成信息。转换是通过使用不同的数据操作技术来执行的。

③输出:这是处理后的数据转换成人类可读形式并作为有用信息呈现给最终用户的阶段。

3)模块功能层次划分

“智慧工厂”的发展是智能工业发展的新方向。特征在制造生产上体现为:系统具有自主能力,可采集与理解外界及自身的资讯,并以之分析判断及规划自身行为;整体可视技术的实践,结合信号处理、推理预测、仿真及多媒体技术,将实境扩增展示现实生活中的设计与制造过程;协调、重组及扩充特性,系统中各组承担为可依据工作任务,自行组成最佳系统结构;自我学习及维护能力,透过系统自我学习功能,在制造过程中落实资料库补充、更新,以及自动执行故障诊断,并具备对故障排除与维护,或通知对的系统执行的能力;人机共存的系统,人机之间具备互相协调的合作关系,各自在不同层次之间相辅相成。

物联网的体系架构自下而上分为 4 个层次:感知层、网络层、平台层、应用层。根据这4个层次,物联网的产业链又大致可分为八大环节:芯片提供商、传感器供应商、无线模组(含天线)厂商、网络运营商(含SIM卡商)、平台服务商、系统及软件开发商、智能硬件厂商、系统集成及应用服务提供商。

(1)物联网芯片供应商

芯片是物联网的"大脑",低功耗、高可靠性的半导体芯片是物联网几乎所有环节都必不可少的关键部件之一。依据芯片功能的不同,物联网产业中所需芯片既包括集成在传感器、无线模组中,实现特定功能的芯片,也包括嵌入在终端设备中,提供"大脑"功能的系统芯片——嵌入式微处理器,一般是MCU/SoC形式。

目前在物联网领域中,芯片厂商数量众多,芯片种类繁多,个性化差异明显。然而,芯片领域依然为高通、TI、ARM等国际巨头所主导,国内芯片企业数量虽多,但关键技术大多引进自国外,这就直接导致了众多芯片企业的盈利能力不足,难以占领市场份额。

(2)传感器供应商

传感器是物联网的"五官",本质是一种检测装置,是用于采集各类信息并转换为特定信号的器件,可以采集身份标志、运动状态、地理位置、姿态、压力、温度、湿度、光线、声音、气味等信息。广义的传感器包括传统意义上的敏感元器件、RFID、条形、条形码、二维码、雷达、摄像头、读卡器、红外感应元件等。

传感器行业由来已久,目前主要由美国、日本、德国的几家龙头公司主导。我国传感器市场中约70%左右的份额被外资企业占据,我国本土企业市场份额较小。

(3)无线模组厂商

无线模组是物联网接入网络和定位的关键设备。无线模组可以分为通信模组和定位模组两大类。常见的局域网技术有Wi-Fi、蓝牙、ZigBee等,常见的广域网技术主要有工作于授权频段的2/3/4G、NB-IoT和非授权频段的LoRa、SigFox、等技术,不同的通信对应不同的通信模组。NB-IoT、LoRa、SigFox属于低功耗广域网(LPWA)技术,具有覆盖广、成本低、功耗小等特点,是专门针对物联网的应用场景开发的。

此外,广义来看,与无线模组相关的还有智能终端天线,包括移动终端天线、GNSS定位天线等。目前,在无线模组方面,国外企业仍占据主导地位。国内厂商比较成熟,能够提供完整的产品及解决方案。

(4)网络运营商

网络是物联的通道,也是目前物联网产业链中最成熟的环节。广义上来讲,物联网的网络是指各种通信网与互联网形成的融合网络,包括蜂窝网、局域自组网、专网等,涉及通信设备、通信网络(接入网、核心网业务)、SIM制造等。

物联网很大程度上可以复用现有的电信运营商网络(有线宽带网、2G/3G/4G移动网络等),国内基础电信运营商具有垄断特征,是目前国内物联网发展的最重要推动者。

(5)平台服务商

平台是实现物联网有效管理的基础。物联网平台作为设备汇聚、应用服务、数据分析的重要环节,既要向下实现对终端的"管、控、营",还要向上为应用开发、服务提供及系统集成提供paas服务。据平台功能的不同,可分为以下3种类型:

①设备管理平台:主要用于对物联网终端设备进行远程监管、系统升级、软件升级、故障排查、生命周期管理等功能,所有设备的数据均可以存储在云端。

②连接管理平台:用于保障终端联网通道的稳定、网络资源用量的管理、资费管理、账单管理、套餐变更、号码/地址资源管理。

③应用开发平台:主要为 IoT 开发者提供应用开发工具、后台技术支持服务,中间件、业务逻辑引擎、AP 接口、交互界面等,此外还提供高扩展的数据库、实时数据处理、智能预测离线数据分析、数据可视化展示应用等,让开发者无须考虑底层的细节问题将可以快速进行开发、部署和管理,从而缩短时间、降低成本。就平台层企业而言,国外厂商有 Jasper、Wylessy 等。国内的物联网平台企业主要存在三类厂商:一是三大电信运营商,其主要从搭建管理平台方面入手;二是 BAT、京东等互联网巨头,其利用各自的传统优势,主要搭建设备管理和应用开发平台;三是在各自细分领域的平台厂商,如宜通世纪、和而泰、上海庆科。

(6)系统及软件开发商

系统及软件可以让物联网设备有效运行,物联网的系统及软件一般包括操作系统、应用软件等。其中,操作系统(OperatingSystem,OS)是管理和控制物联网硬件和软件资源的程序,类似智能手机的 IOS、Android,是直接运行在“裸机”上的最基本的系统软件,其他应用软件都在操作系统的支持下才能正常运行。

目前,发布物联网操作系统的主要是一些 IT 巨头,如谷歌、微软、苹果、阿里等。物联网目前仍处于起步阶段,应用软件开发主要集中在车联网、智能家居、终端安全等通用性较强的领域。

(7)智能硬件厂商

智能硬件是物联网的承载终端,是指集成了传感器件和通信功能,可接入物联网并实现特定功能或服务的设备。

(8)系统集成及应用服务提供商

AIOT 产业图谱如图 5.5 所示。

图 5.5 AIOT 产业图谱

5.1.2　需求调研分析

需求分析是获得和确定支持物联网工程和用户有效工作的系统需求的过程，需求描述了物联网系统的具体行为、特征、属性等，是物联网工程设计、实现的约束条件，物联网系统集成项目的可行性分析是在需求分析的基础上，对项目的设计、目标、功能、范围、需求以及实施方案要点等内容进行论证，得出可行的重要依据。

1）需求调研与分析概述

物联网系统集成项目的需求分析是获得和确定支持物联网工程和用户有效工作的重要过程。物联网工程项目的需求分析是用来获取物联网系统需求并对其进行归纳整理的过程。需求分析的过程是物联网实施的基础，是物联网工程项目实施过程中的关键阶段。

2）需求调研与分析的目标

需求调研与分析的基本目标：全面了解用户的需求，包括应用背景、业务需求、安全性要求、通信量及其分布情况、物联网环境、信息处理能力、管理需求、可扩展性需求等；编制可行性研究报告，为项目立项、审批及设计提供基础性素材；编制用户需求分析报告，为设计提供总体依据。

另外，需求调研与分析的目标还包括：

①确定项目任务，包括项目建设内容、范围、工期、资金等。

②掌握用户需求，包括业务需求、应用场景需求、安全需求、管理需求等内容。

③编制需求分析说明文档。

④提供方案编制基础性素材。

3）需求调研与分析的内容

需求调研的主要内容有：

①项目建设目标、总体业务需求、总体工期要求、投资预算等信息。

②用户行业情况、行业业务模式、内部组织结构、外部交互方式等信息。

③具体的用户需求、业务需求、应用需求、场景需求、使用方式等信息。

④具体的环境状况、设备需求、网络需求、安全需求、管理需求、维护需求等信息。

需求分析的主要内容有：

①物联网技术需求：项目可应用的物联网技术趋势和发展方向等。

②系统业务需求：用户业务类型、信息获取方式、应用系统功能、信息服务方式等。

③设备需求：设备的分布情况、通信方式、通信数据量、环境条件等。

④系统性能需求：物联网系统信息处理能力的要求。

⑤管理需求：物联网系统管理、维护的要求。

⑥安全性需求：物联网系统的设备安全、网络安全等要求。

⑦可靠性需求：物联网系统故障率的要求。

⑧扩展性需求：未来物联网系统扩展的要求。

5.1.3 需求调研与分析的步骤

1)调研准备

调研准备工作充分程度,将很大程度地影响调研资料收集的完整性。调研准备工作主要包括以下几个内容:

①前期项目信息、用户信息的收集分析。从销售人员、网络、用户历史项目获取项目及用户信息,并加以分析。

②项目所属行业动态、物联网新技术应用资料的收集、学习。

③根据已有信息,明确调研目标、调研内容、调研方式和步骤,并编制调研用表。

2)调研实施

调研实施是需求信息收集的过程。需求信息收集主要方法有:

①用户访谈。访谈前需要制订访谈计划、准备访谈内容。通过与用户交谈,了解用户对本项目的理解及他们的想法或愿望,并详细记录交谈内容,同时收集项目相关的资料。

②现场勘察。现场勘察能够直观、准确地掌握物联网系统搭建的物理环境,是物联网系统集成项目设计必要的步骤和手段。现场勘察需要明确勘察内容、制订勘察计划、准备勘察工具等。

③问卷调查。通过调研准备阶段编制的调查问卷,可以快速收集用户的业务需求、应用场景需求等信息。调查问卷应尽可能简洁,以选择题为主。

3)需求分析

需求分析就是把用户需求转变为功能需求和非功能需求的过程。需求分析的一般流程如下:

①岗位职责分析,即分析用户单位岗位、人数及相关职责信息。

②系统用户分析,即通过岗位和职责的描述,分析物联网系统用户群体,整理出物联网系统用户的业务需求。

③用户场景分析,即通过物联网系统用户的业务需求,分析物联网系统用户使用系统的场景,并详细描述。

④用户用例分析,即进一步将每个用户场景细分成用户用例,描述用户前后置条件和用户流程。

⑤功能需求分析,即根据分析得到的物联网系统用户群体,描述物联网系统用户的工作内容和对应的需要实现的系统功能点。

⑥非功能需求分析,即描述物联网系统性能需求(如信息处理能力、通信能力等)、安全需求(如网络安全、设备安全等)、管理需求、架构需求、环境需求、可靠性需求、扩展性需求等。

⑦编制需求说明书,即根据以上分析结果,结合现场勘查结果及其他收集的资料,梳理形成一份内容翔实的需求说明书。

5.1.4 现场勘察注意事项

现场勘察是物联网系统集成项目能够获得需求方认可的重要前提条件。良好的勘察设计方案,其价值体现在:实现物联网最大化契合用户业务需求、提高设备配比效率,保障需求方的回报、以最优化的理念指导布置,降低物联网后期维护投入。

综合布线是一项细致并且项目繁多的工程,其布线规则环环相扣,如果其中有短截,那么将会影响整个综合布线工程。综合布线系统工程设计或提交预算前,对施工现场勘察是十分必要的,特别是对最终用户不能提供相关图纸时。现场勘察目的必须明确,就是要全面了解客户需求,提供合理的布线设计和预算。

1)现场勘查前用户的准备工作

①确定覆盖区域,明确覆盖要求(可考虑采用座谈、电话以及问卷调查表等形式进行)。

②提供覆盖区域的平面图,协助进行平面图的布局分析。

③提供设备可安装的位置范围,以及环境、美观、灵敏度等需求。

④提供现场环境结构和使用状况。

⑤负责协调现场情况,需要物业、安防以及业务人员授权支持。

⑥提供现场工程实施的具体要求,如供电方式、走线、接地线要求、防盗、防雷、温湿度等要求。

2)现场勘查前勘查人员的准备工作

①用户实际业务中确定会使用到的一些物联网终端设备。

②数码照相机、测距仪、增益天线、后备电源、笔记本计算机、标签纸等。

③超长测距仪对应的模拟软件系统、信号增益识别软件等。

3)现场勘查的要素

①覆盖区域平面格局情况,包括覆盖区域形状、距离和面积等。

②覆盖区域空间格局情况,包括室内、室外、楼层间、空间大小等。

③覆盖区域障碍物的分布情况、材质以及深浅厚度等情况。

④区域内需要物联网终端接入的大致数量情况。

⑤物联网网关设备可以安装的位置区域和采用的安装方式。

⑥物联网 AP、物联网网关及接入交换机等设备的接线、取电等方式。

⑦客户特定的要求,如温湿度、节能情况、光照情况、环境适应情况、美观等。

⑧覆盖区域内无线环境,有无其他物联网设备、同频段设备、大电流启动设备等干扰源。

⑨客户现有的网络组网情况,如有线宽带、接入端口数量、带宽多少、出口资源等。

4)现场勘查的决策事项

①确定物联网应用,决定设备选型,确认准确且可安装的位置。

②核准覆盖所需设备总数量,并附加 10% 左右的余量。

③确认对应的天线类型,如内置、外置天线等。

④确定采用的设备供电方式,如 POB、POE+、本地供电等。

⑤核算接入交换机端口数,根据数据情况和供电方式进行数量配比。

⑥勘查现场存在的无线干扰源,选择合适的方式规避或整改。

⑦测算接入端口带宽、出口宽带是否匹配,交换机所在的安装环境是否符合有线网络安装环境指标要求,是否需要作出必要的整改。

5.1.5 智慧工厂总体设计

1) 用户需求说明书

智慧工厂项目的需求调研与分析是项目方案编制前的必经之路，经过各种方式的调研、勘测等行为，获得相关物联网系统集成项目的用户需求，并经过可行性的分析和论证后，完成《物联网系统集成项目用户需求说明书》，作为后期物联网系统集成项目设计的基础。一个用户需求说明书包括以下内容：

(1) 产品的目标

①该项目工作的用户问题或背景。

描述研发开发任务的工作和情况，同时应描述用户希望用将要交付的软件来完成的工作，为该项目提供合法的理由。应该考虑用户的问题是否严重，是否应该解决和为什么应该解决。

②产品的目标。

用一句话或很少的几句话来说明"我们希望该产品做什么？"换言之，即开发该产品的真正原因。项目如果没有一个表述清晰、易于理解的目标，就会迷失在产品开发的沙漠中。产品必须带来某种优势。典型的优势是产品会增加组织在市场上的价值，减少运作成本，或提供更好的客户服务。这个优势应该是可度量的，这样才能够确定交付的产品是否达到目标。

(2) 客户、顾客和其他风险承担者

①客户是为开发付费的人，并将成为所交付产品的拥有者。

这一项必须给出客户的姓名，3 个以内是合理的。客户最终将接受该产品，必须对交付的产品满意。如果无法找到一个客户的姓名，那么就不应该构建该产品。

②顾客是花钱购买该产品的人，也给出姓名和相关的信息。

③其他风险承担者。

其他的一些人或组织的名称，他们或者受到产品的影响，或影响产品，如图 5.6 所示。

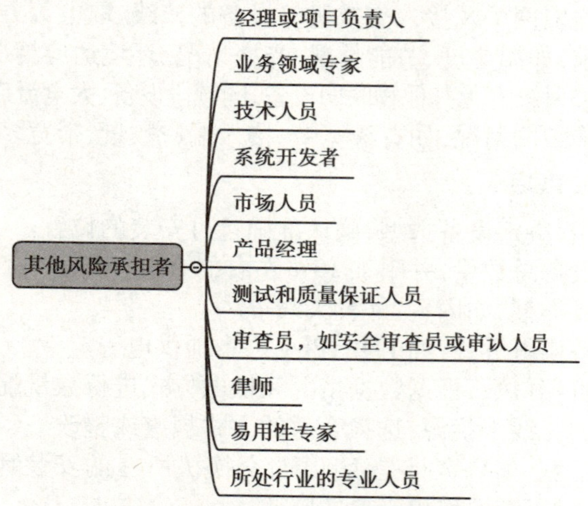

图 5.6 用户需求说明书其他风险承担者

(3)用户

①产品的用户。

产品的潜在用户或操作员的列表。针对每种类型的用户,提供以下信息,如图5.7所示。用户是为了完成工作而与产品交互的人,越了解用户,就越可能提交适合用户工作方式的产品。

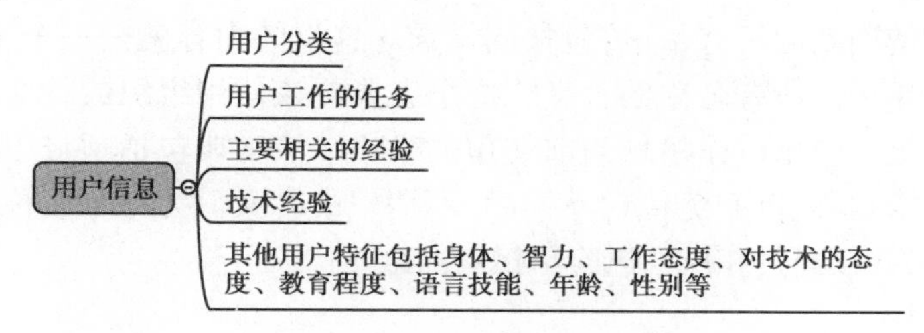

图5.7 用户需求说明书用户信息

②对用户设计的优先级。

在每类用户后面附上一个优先级,这区别了用户的重要性和优先地位。如果认为某些用户对产品或组织更重要,那么应该写明,因为它会影响设计产品的方式,如图5.8所示。

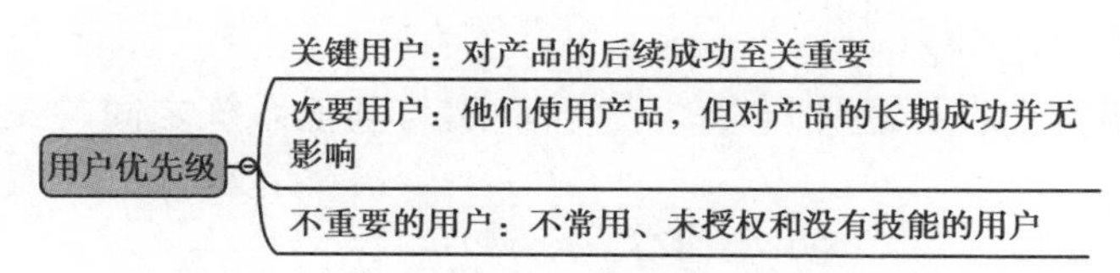

图5.8 用户需求说明书用户优先级

(4)需求限制条件

①解决方案限制条件。

此处明确了限制条件,它们规定了解决问题必须采取的方式。可以认为它们是指令式的解决方案。仔细描述该解决方案,以及测试是否符合的度量标准。如果可能,应该解释使用该解决方案的原因。换句话说,就是要求软件解决方案满足哪些限制条件!

②实现环境。

此处描述产品将被实施的技术环境和物理环境。该环境将成为设计解决方案时的限制条件之一。

③伙伴应用。

此处描述那些不属于产品的一部分,但产品却又必须与其协作的应用程序。

④COTS。

此处描述实现产品需求所必须使用的COTS(商业组件)。

⑤预期的工作场地环境。

此处描述用户工作和使用该产品的工作场地。此处应该描述任何可能对产品设计产生影响的工作场地特征。

⑥开发者构建该产品需要多少时间。

任何已知的最后期限,或商业机会的时限,应在此处说明。

⑦该产品的财务预算是多少。

该产品的预算,以金钱的形式或可得资源的形式说明。

(5)命名标准和定义

定义项目中使用到的所有术语,包括同义词。这里的内容就是一个字典,包括在需求规格说明书中使用的所有名称的含义。这个字典应该使用组织或行业使用的标准名称。这些名称应该反映出工作领域当前使用的术语。该字典包括项目中用到的所有名称。请仔细地选择名称,以避免传达不同的、不期望的含义。为每个名称写下简明扼要的定义,这些定义必须经过相应的风险承担者同意。

(6)相关事实

可能对产品产生影响的外部因素,但不是命令式的需求限制条件。

(7)假定

列出开发者所做的假设。将所做的假设列在此目的是让每一个项目成员都意识到这个假设。

(8)产品的范围

①工作的上下文范围。

上下文范围图用来表示将要开发的系统、产品与其他系统之间的关系,以确定系统边界。

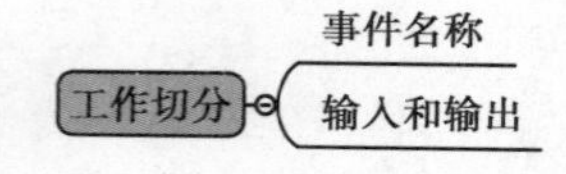

图5.9　用户需求说明书工作切分

②工作切分。

一个事件清单,确定系统要响应的所有业务事件。清单如图5.9所示。

③产品边界。

使用例图(use-case)来确定用户与产品之间的边界。

(9)功能性需求与数据需求

①功能性需求。

对产品必须执行的动作的描述。每个功能性需求必须有一个验收标准。

②数据需求。

与产品/系统有密切关系的主题域相关的业务对象、实体、类的说明书。进行问题域建模,生成相应的类图。

(10)观感需求

一些与产品的用户界面相关的需求描述。

(11)易用性需求

①易于使用。

描述如何构建符合最终用户期望的产品。

②学习的容易程度。

学习使用该产品的容易程度,通常是用学习时间来衡量。

(12)性能要求

①速度需求。

明确完成特定任务需要的时间,这常常指响应时间。

②安全性的需求。

对可能造成人身伤害、财产损失和环境破坏所考虑的风险进行量化描述。

③精度需求。

对产品产生的结果期望的精度进行量化描述。

④可靠性和可用性需求。

量化产品所需的可靠性。这常常表述为允许的两次失败之间无故障运行时间,或允许的总失败率。

⑤容量需求。

明确处理的吞吐量和产品存储数据的容量。

(13)操作需求

①预期的物理环境。

明确产品将操作的物理环境,以及这种环境引起的任何特殊需求。

②预期的技术环境。

硬件和其他组成新产品操作环境的设备的规范。

③伙伴应用程序。

对产品必须与之交互的其他应用程序的描述。

(14)可维护性和可移植性需求

①维护该产品的难易度。

对产品作特定修改所需时间的量化描述。

②是否存在一些特殊情况适用于该产品的维护。

关于预期的产品发布周期和发布将采取的形式的规定。

③可移植性需求。

对产品必须支持的其他平台或环境的描述。

(15)安全性需求

①该产品是保密的吗?

关于该被授权使用该产品,以及在什么样的情况下授权等的描述。

②文件完整性需求。

关于需要的数据库和其他文件完整性方面的说明。

③审计需求。

关于需要的审计检查方面的说明。

(16)文件和政策需求

文件和政策需求包括针对社会和政策的因素的规格说明,这些因素会影响产品的可接受性。如果开发的产品是针对外国市场的,可能要特别注意这些需求。问一下是否产品的目标是你所不熟悉的文化环境,是否其他国家的人或其他类型的组织的人会使用该产品。人们是否有与你的文化不同的习惯、节日、迷信、文化上的社会行为规范。

(17)法律需求

①该产品是否受到某些法律的管制。

明确该产品的法律需求的描述。

②是否有一些必须符合的标准。

明确适用的标准和参考的详细标准的描述。

(18)Opend 问题

对未确定但可能对产品产生重要影响的因素的问题描述。按照需求分析的术语,就是 TBD(To Be Define)的问题。

(19)COTS 解决方案

①是否有一些制造好的产品可以购买。

应该调查现存产品清单,这些产品可以作为潜在的解决方案。

②该产品是否可使用制造好的组件。

描述可能用于该产品的候选组件,包括采购的和公司自己的产品。列出来源。

③是否有一些可以复制的东西。

其他相似产品的清单。

(20)新问题

①新产品会在当前环境中带来什么问题。

关于新产品将怎样影响当前的实现环境的描述。

②新的开发是否将影响某些已实施的系统。

关于新产品将怎样与现存系统协同工作的描述。

③是否现有的用户会受到新开发的敌对性影响。

关于现有用户可能产生的敌对性反应的细节。

④预期的实现环境会存在什么限制新产品的因素。

关于新的自动化技术、新的组织结构方式的任何潜在问题的描述。

⑤是否新产品会带来其他问题。

确定可能不能处理的情况。

(21)任务

为提交该产品已经做了哪些事？用来开发产品的生命周期和方法的细节。画一个高层的过程图展示各项任务和它们之间的接口,这可能是沟通这方面信息的最好办法。

(22)开发阶段

关于每个开发阶段和操作环境中的组件的规格说明。

(23)风险

①开发该产品时,要面对什么风险。

②制订了怎样的偶然紧急情况计划。

(24)费用

需求的其他费用是必须投入产品构建中去的钱或工作量。当需求规格说明书完成时,可以使用一种估算方法来评估费用,然后以构建所需的资金或时间的形式表述出来。

(25)用户文档

用户文档的清单,这些文档将作为产品的一部分交付。

(26)后续版本的需求

这里记录下一些希望今后版本中实现的需求。

2)项目总体方案设计的4个部分

物联网系统集成项目的总体设计有以下3个要点:

①用户需求说明书和总体设计说明书的界限是比较模糊的,用户需求说明书的概念模糊,留给设计和开发更多的想象空间。

②项目总体设计应该有实质性内容,以描述和量化用户需求说明书。

③项目总体设计的基本目标是确定的、可供选择的,在满足用户需求的系统配置基础上,推荐适当的配置,并在系统说明书中加以描述。

物联网系统集成项目技术方案是指为解决各类技术问题,有针对性、系统性地提出方案法、应对措施及相关对策,包括项目建议书、项目解决方案、项目可行性研究方案、项目初步设计方案、项目实施方案、施工组织设计方案、招标文件中的技术文件等。项目设计的主要任务是在可行性论证和用户需求分析的基础上,对整个物联网系统进行划分子系统、配备设备、存储数据和规划整个系统等,进而确定系统总体架构,规划网络拓扑结构。在一个系统集成项目中以下4个部分要作划分:

①系统集成部分。系统集成部分贯穿于设计的始终,是使各个子系统相互融合的重要阶段。系统集成的理念和设计思路体现在项目的每一个环节,起到综合并优化系统性能的作用。

②通信方式的选择。物联网系统集成项目的设备存在无线、有线两种通信方式。无线通信方式具有便捷性、移动性和扩展性好等特性,适合在不同项目复杂状态下的使用,能够灵活高效地组网。有线通信方式相对无线来说,具有稳定性高、抗干扰能力强等特点。

③子系统的规划。根据用户需求来确定子系统,包括通信网络系统、安全防护系统、功能展示系统等。

④系统控制方式。系统的控制方式有按钮式控制、非接触式控制、场景控制、影像识别控制、信号转换控制等。

3)项目技术方案设计的原则

物联网系统集成项目技术方案的设计应在项目政策、预算、时间、技术的约束条件下进行设计,遵循以下基本原则:

①项目技术方案设计符合有关国家和行业的通用标准、协议和规范,保证系统运行稳定可靠、数据安全。

②在采用的技术方面,项目技术方案设计应体现先进、实用的特点,优先采用先进技术产品和设备,确保本项目建设结束后相当一段时间内技术不落后。

③项目技术方案设计应具有开放性、可扩展性和安全性,具备开放的结构(通信协

议、数据结构开放)和标准的接口,便于与其他系统组网,实现系统的扩展、集成与资源共享。

④能够实现最优的系统性能价格比,充分利用有限的资金实现完善的系统功能。

项目技术方案设计的主要内容如下:

①需求分析。需求分析是项目决策者和技术负责人关注的内容,是方案符合用户需求的关键。

②系统总体设计。系统总体设计主要阐述系统模式、系统架构、系统组成、系统功能、系统特点和重点问题的解决方式。

③系统详细设计。系统详细设计描述每个组成部分的详细设计。系统详细设计要详细、明确、分层次、分子系统地进行阐述和介绍。系统详细设计要列出系统所需的设备清单,包括设备名称、数量、规格等内容。

项目技术方案若用于方案比选、洽谈技术协议和合同之前的技术交底,应列出典型的用户案例,进一步证明物联网系统集成商提供的技术方案是先进的、实用的、可操作的。

5.2 设备选型

5.2.1 智慧工厂采集设备端

智能制造水平对我国工业生产升级发展具有重要意义,而智能工厂是智能制造的核心内容,政府出台多项政策,在明确具体量化目标的同时,扶持产业链基础设施建设,保障行业发展。根据工业 4.0 承担的业务不同,所需要的传感器类型也迥异。目前,比较常用的 6 种传感器分别是位置传感器、压力传感器、接近传感器、陀螺仪、振动传感器和温度传感器。

1)符合 AEC-Q100 标准的轴上磁性位置传感器

位置传感器主要用于检测产品和设备的具体位置,根据实现原理的不同,可以分为自动平衡式位置传感器、超声波位置传感器、电容式位置传感器、压力式位置传感器、电磁式位置传感器等。在工业制造场景中,除了开篇提到的工业产线流程控制案例,位置传感器还可以用于工业电机、太阳能跟踪器、风机涡轮机等大型设备的位置控制。

图 5.10　AS5116-HSOM

AS5116-HSOM 符合 AEC-Q100 标准,在高速电机和其他要求严苛的汽车应用中提供准确的角度测量。它采用非接触式测量方式,AS5116-HSOM 的高精度不会受到污物、灰尘、油脂、水分或其他污染物等环境因素影响,如图 5.10 所示。AS5116-HSOM 可用于电换向电机转子角度检测、电动助力转向系统、电动泵、传输系统中的执行器、起动机/发电机系统以及其他 360°测量解决方案。

2) 采用 IsoSensor 技术的数字压力传感器

压力传感器是指将系统中的压力信号转换为可输出信号的装置，根据测试压力类型的不同，可以分为压阻式压力传感器、电容式压力传感器和压电式压力传感器等。压力传感器的应用范围极为广泛，如产线注塑、冲模、压缩、增压等程序都需要压力传感器。此外，航空安全系统、矿山测试系统以及医疗检测系统等也会用到压力传感器。

Amphenol Advanced Sensors 公司的 NPI-19 数字 I^2C 压力传感器采用先进的 IsoSensor 技术，在产品设计上，将压阻式传感器芯片封装在满液式圆柱形腔体内，通过不锈钢阀体和膜片与被测介质隔开。通过将隔离式传感技术和 I^2C 接口协议融合在一起，具有理想的性能和成本优势。在数据输出端，NPI-19 数字 I^2C 压力传感器采用 SenStable 加工技术，提供优异的输出稳定性，如图 5.11 所示。

在产品应用方面，得益于 NPI-19 数字 I^2C 压力传感器的模块化设计，允许各种压力传感器端口模块密封焊接到传感器头部，可以灵活用于工业过程控制、腐蚀性液体和气体测量、液压系统和阀门、储罐液位测量、气压测量、船舶和海洋系统、飞机和航空电子系统、医疗设备等领域。

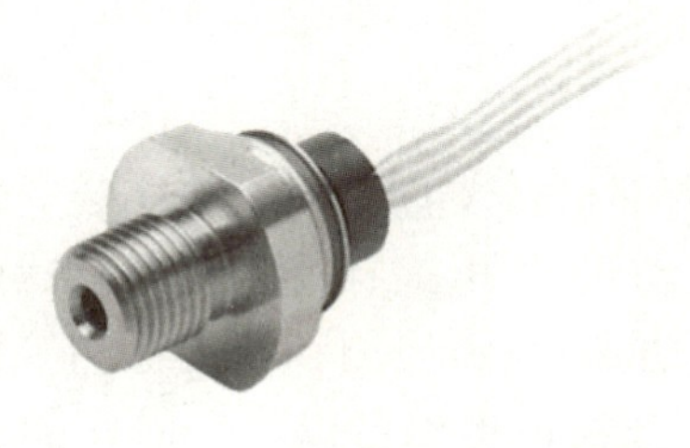

图 5.11 NPI-19J-002G2

图 5.12 120253-0181

3) 适用于空间受限应用的接近传感器

接近传感器能够检测被检测物的移动信息和存在信息，与位置传感器相比，一般接近传感器的响应更灵敏，根据实现原理不同，可分为电容式、电感式和光电式。接近传感器在工农业、航天和医疗领域都有广泛的应用，典型的应用包括防误触、避撞、唤醒等。

Molex Contrinex 电感式和光电式传感器是集成 IO-Link 的一体式传感器，采用紧凑封装。虽然体型小巧，但性能卓越、坚固耐用，能够提供较大的检测范围，其中电感式传感器具有 1 ~ 40 mm 的检测距离范围，而光电式传感器则具有 1 ~ 50 000 mm 的检测距离范围。Molex Contrinex 电感式和光电式传感器采用多种专用设计保证产品的稳定输出。例如，光电式传感器具有良好的色彩和对比度识别功能，包括带背景抑制功能的漫射传感器，并采用用于透明物体检测的紫外线技术；电感式传感器采用一体式 factor-1 钢制和铝制外壳，具有良好的抗振动和抗冲击能力。

4) 高精度的可编程数字陀螺仪

陀螺仪是测量被检测物角度、角速度和角加速度的传感器设备。陀螺仪的种类很多，仅电子式就有压电陀螺仪、MEMS 微机械陀螺仪、光纤陀螺仪和激光陀螺仪等类型。

陀螺仪最典型的应用就是提供方位基准，帮助矿山、交通、航天、生物医学、环境监控等领域的精密仪器实现定位和姿态控制。

ADIS16260BCCZ 作为一款可编程低功耗陀螺仪，在单个紧凑型封装内集成了业界领先的 MEMS 和信号处理技术，用于在复杂和恶劣工作条件下检测和测量物体角速率。ADIS16260BCCZ 提供数种可编程系统内优化功能，包括传感器带宽开关（50 Hz 和 330 Hz）、Bartlett 窗口 FIR 滤波器长度和采样速率设置，帮助用户优化噪声和带宽，并且数字输入/输出线路提供数据就绪信号，以便主机处理器高效管理数据的一致性，如图 5.13 所示。

图 5.13　ADIS16260BCCZ 芯片

图 5.14　D7S-A0001

5）高精度、低功耗的振动传感器

振动传感器是指将系统中的机械量通过内部机械装置和机电转换装置转化为电信号的传感器。根据机电转换装置的不同，有电动式、压电式、电涡流式、电感式、电容式、电阻式、光电式等丰富的类型。振动传感器在防盗、故障检测和精度检测等领域应用广泛，尤其是后两者，随着工业设备精密度提升，振动传感器可以第一时间捕捉到异常震动，防止紧固件松动等原因造成的系统故障。

D7S-A0001 是高精度新一代振动传感器，用于减轻地震引起的次生灾害，如图 5.14 所示。该器件具备高精度、低功耗的产品特性，通过 3 轴加速传感器+独特 SI 值计算算法的创新设计，使其能够提供卓越性能。在预防地震次生灾害方面，D7S-A0001 的 SI 值设计可实现更接近地震烈度的高精度判定，配备与传统钢珠式地震计动作类似的阻断输出端子（INT 1），确保与钢珠式地震计兼容，并可以通过关闭和停止危险器件来防止二次损坏。器件上的 I2C 接口使其能够与外部通信，提供传感器获取到的地震信息。

6）类型丰富的工业温度传感器

温度传感器是指能感受温度并转换成可用输出信号的传感器。主要的分类包括热敏电阻、热电偶、电阻温度检测器、模拟温度计和数字温度计等。温度传感器广泛应用于医疗、重型机械、水处理、风电、轨道交通等行业，流量、辐射、气体压力、热化学反应等环境参数都可以被温度传感器转化为电信号。

E52-P35C-ND3.2 是 Omron E52 系列温度传感器里的新一代产品，适用于温度控制器的热输入装置，如图 5.15 所示。Omron E52 系列拥有丰富的产品类型可供选择，包括通用型、低成本型、专用型三大类，适配于各种温度、位置和环境，以及终端的类型和形状。

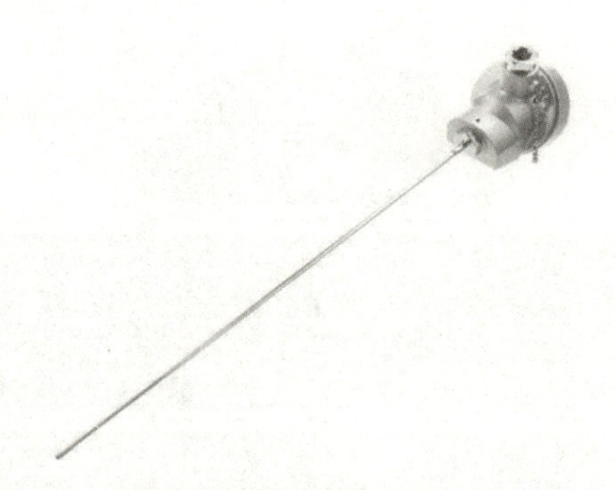

图 5.15 E52-P35C-ND3.2

5.2.2 智慧工厂软硬件平台

1)自动化设备

智慧工厂的自动化设备包含堆垛机、输输线、AGV 小车、穿梭车、立体库、机械手等设备,它们各自完成不同工作。如图 5.16 所示为智慧工厂模型图,按照功能模块可以划分为以下几个部分:

①智能仓储:自动备料,自动上料。

②智能车间:自动生产,组装,包装。

③智能品质管控:自动品质管控。

④集成其他系统:与 ERP、MES 系统集成。

⑤追溯管理:对材料、生产环节、品质管控等各个环节的追溯。

图 5.16 智慧工厂模型图

2)管理系统

管理系统包含 ERP 系统、WMS 仓库管理系统、MES 生产系统、WCS 设备控制系统、PLM 周期管控系统、BI 大屏看板、监控系统、质量管理系统等,如图 5.17 所示。

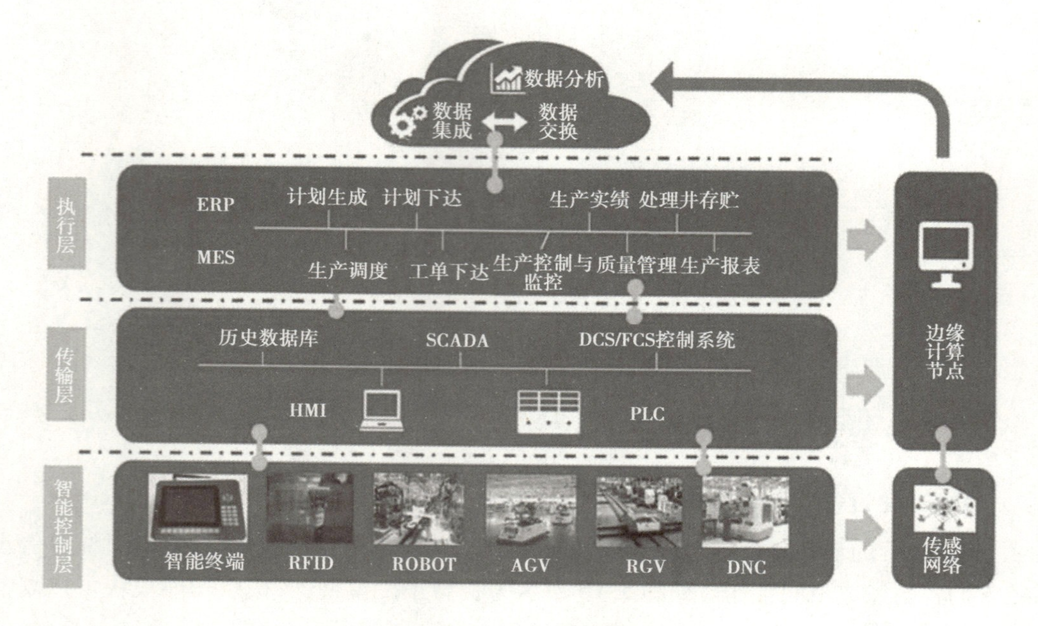

图 5.17 智慧工厂管理系统结构图

5.2.3 智慧工厂服务对接

在未来时代,智慧工厂是现代工厂信息化发展的新阶段,是在数字化工厂的基础上,利用物联网的技术和设备监控技术加强信息管理;清楚掌握产销流程、提高生产过程的可控性、减少生产线上人工的干预、即时正确地采集生产线数据,以及合理地编排生产计划与生产进度。

生产车间是工厂的核心,无论是纺织行业,还是机械制造行业,企业想要提高自身的生产效率就必须在生产车间上投入更多的时间、金钱和技术。以往传统车间以半封闭式管理为主,监管的过程、生产过程的展示不够透明、智能和可视,这些因素极大地影响了生产效能的提升。而智慧工厂的逐渐完善,为企业的数字化、信息化、智能化提供了新视角,如图 5.18 所示。

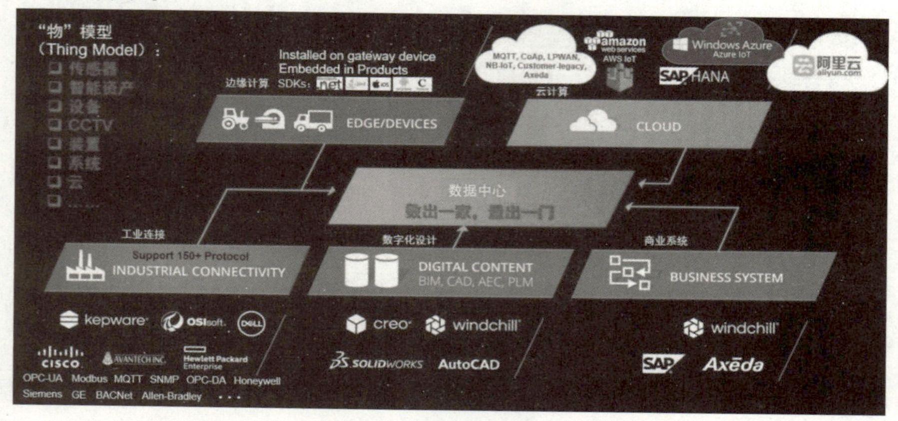

图 5.18 智慧工程“物”模型

1）开放云大数据服务

大数据平台是基于数据分析而产生的，通过数据分析可以帮助企业作出最好的抉择，改善企业的业务现状，以求获得更多的利益回报，并且可以分析出竞争对手的策略，有针对性地提供领先竞争对手的对策。

大数据平台是指以处理海量数据存储、计算及不间断流数据实时计算等场景为主的一套基础设施。典型的包括 Hadoop 系列、Spark、Storm、Flink 等集群。既可以采用开源平台，也可以采用华为、星环等商业级解决方案；既可以部署在私有云上，也可以部署在公有云上。

容纳海量数据，利用计算机群集的存储和计算能力，不仅在性能上有所扩展，而且其处理传入的大量数据流的能力也相应提高。其速度快，结合列式数据库架构可以实现更低且更透明的定价机制。其兼容传统工具，确保平台已经过认证。利用 Hadoop，Hadoop 已成为大数据领域中的主要平台。利用 Hadoop 作为用于持久性和轻量型数据管理的高效益平台。为数据科学家提供支持，数据科学家在企业 IT 中拥有更高的影响力和重要性，快速、高效、易于使用和广泛部署的大数据平台可以帮助拉近商业人士和技术专家之间的距离。

2）SaaS 服务

SaaS 是一个平台，是一种软件布局模型，其应用专为网络交付而设计，便于用户通过互联网托管、部署及接入。

SaaS 应用软件的价格通常为“全包”费用，囊括了通常的应用软件许可证费、软件维护费以及技术支持费，将其统一为每个用户的月度租用费。

对于广大中小型企业来说，SaaS 是采用先进技术实施信息化的最好途径。但 SaaS 绝不只适用于中小型企业，所有规模的企业都可以从 SaaS 中获利。

SaaS 服务提供商为中小企业搭建信息化所需要的所有网络基础设施及软件、硬件运作平台，并负责所有前期的实施、后期的维护等一系列服务，企业无须购买软硬件、建设机房、招聘 IT 人员，只需前期支付一次性的项目实施费和定期的软件租赁服务费，即可通过互联网享用信息系统。服务提供商通过有效的技术措施，可以保证每家企业数据的安全性和保密性。企业采用 SaaS 服务模式在效果上与企业自建信息系统基本没有区别，但节省了大量用于购买 IT 产品、技术和维护运行的资金，且像打开自来水龙头就能用水一样，方便地利用信息化系统，从而大幅度降低了中小企业信息化的门槛与风险。

5.3　任务实施

5.3.1　现场勘察

①收集××智慧工厂项目的基础信息，填写基础信息表（表 5.3）。

表 5.3　基础信息表

项目名称	××智慧工厂项目				备注
项目预算	×××万元				
项目周期	建设周期分为____个周期(预期)				
项目决策链	姓名	职务	角色	联系方式	
历史合作项目					
项目阶段					

②访谈需求方,填写××智慧工厂项目用户访谈记录表(表 5.4)。

表 5.4　用户访谈记录表

项目名称	××智慧工厂项目			
访谈日期		访谈方式		记录整理人
用户被访谈人员	姓名	部门	职务	联系方式
我方访谈参与人员	姓名		联系电话	
××智慧工厂构想	工业园区能够实现人性化的互动,充分考虑智慧、人文、实用的理念,让园区洋溢着科技感,让人流连忘返			
××智慧工厂细节呈现	(具体实施技术细节)			
××智慧工厂资料收集	通过现场访谈,收集物联网系统工程的设计元素、实现方式、技术手段、环境需求、供电方式、资源配置……			
××智慧工厂物联网集成系统方案	输出方案论证			

③勘察智慧工厂项目的现场后,填写现场勘察记录表(表 5.5)。

表 5.5 现场勘察记录表

<table>
<tr><td>项目名称</td><td colspan="5">××智慧工厂项目</td></tr>
<tr><td>勘察日期</td><td colspan="2"></td><td colspan="2">记录整理人</td><td></td></tr>
<tr><td rowspan="3">用户参与人员</td><td>序号</td><td>姓名</td><td>部门</td><td>职务</td><td>联系方式</td></tr>
<tr><td></td><td></td><td></td><td></td><td></td></tr>
<tr><td></td><td></td><td></td><td></td><td></td></tr>
<tr><td rowspan="3">我方参与人员</td><td>序号</td><td>姓名</td><td>部门</td><td>职务</td><td>联系方式</td></tr>
<tr><td></td><td></td><td></td><td></td><td></td></tr>
<tr><td></td><td></td><td></td><td></td><td></td></tr>
<tr><td>勘察内容
情况说明</td><td colspan="5">设备供电条件:
通信信号情况:
综合布线情况:
防雷接地情况:
已有设备情况:</td></tr>
<tr><td>平面草图</td><td colspan="5"></td></tr>
<tr><td>现场照片</td><td colspan="5"></td></tr>
<tr><td>项目收集资料</td><td colspan="5"></td></tr>
</table>

5.3.2 需求调研

①制订××智慧工厂项目需求调研表(表5.6)。

表 5.6 ××智慧工厂项目需求调研表

<table>
<tr><td>项目名称</td><td colspan="5">××智慧工厂项目</td></tr>
<tr><td>勘察日期</td><td colspan="5">记录整理人</td></tr>
<tr><td rowspan="3">用户参与人员</td><td>序号</td><td>姓名</td><td>部门</td><td>职务</td><td>联系方式</td></tr>
<tr><td>1</td><td></td><td></td><td></td><td></td></tr>
<tr><td>……</td><td></td><td></td><td></td><td></td></tr>
<tr><td rowspan="3">我方参与人员</td><td>序号</td><td>姓名</td><td>部门</td><td>职务</td><td>联系方式</td></tr>
<tr><td>1</td><td></td><td></td><td></td><td></td></tr>
<tr><td>……</td><td></td><td></td><td></td><td></td></tr>
</table>

续表

××智慧工厂通信频段	低频(LF):适用于门禁控制、标签 高频(HF):智能卡、图书馆读卡等 超高频(UHF):室内定位、传感器数据采集等 超高频(UHF):800 MHz 以上、物资识别、人流统计等
××智慧工厂设备、系统集成框架	监控:前端摄像、热红外、成像、人体感知 门禁:电子巡更、门锁、读卡、考勤 停车:车牌识别、车辆管理、立体车库、出入管理 消防:灾情监控、报警系统、灭火联动 安防:防盗报警系统 身份识别:身份管理系统、出入管理系统、访客系统 园区广播:公共广播系统、区域广播系统
园区中心控制	
现场照片	
项目收集资料	

②制订××智慧工厂的模块需求表,见表5.7。

表5.7　智慧工厂模块需求

<table>
<tr><th>层级</th><th>子区域</th><th>内容</th><th>范围</th><th>设备</th><th>平台</th></tr>
<tr><td rowspan="3">应用层</td><td>监控中心</td><td>负责工厂的实时监控</td><td>自动对比、实时监控</td><td rowspan="3">大屏幕、PC、手持终端、服务器……</td><td></td></tr>
<tr><td>运营管理中心</td><td>负责工厂的总体运营,管理各个区域</td><td>管理人员进出、车辆、物资、设施、环境、建筑、消防……</td><td></td></tr>
<tr><td>会展中心</td><td>负责展示、体验</td><td>进行视频展示、设备功能展示……</td><td></td></tr>
<tr><td>网络层</td><td>监控中心、运营管理中心、会展中心、办公大楼、物资储备中心</td><td>负责数据接入、传输</td><td>接入 Internet、视频监控网络、基础网络、物联网网络</td><td>交换机、路由器、集线器、串口服务器、物联网网关……</td><td></td></tr>
<tr><td>感知层</td><td>涉及园区的各个范围</td><td>负责不同的范围感知以及相关执行</td><td>监控、巡更、探测、报警、摄像、网络监测……</td><td>摄像头、热成像仪、探测器、传感设备……</td><td></td></tr>
</table>

5.3.3 方案设计

1) 总体方案框图

如图 5.19 所示为××智慧工厂项目总体方案框图。

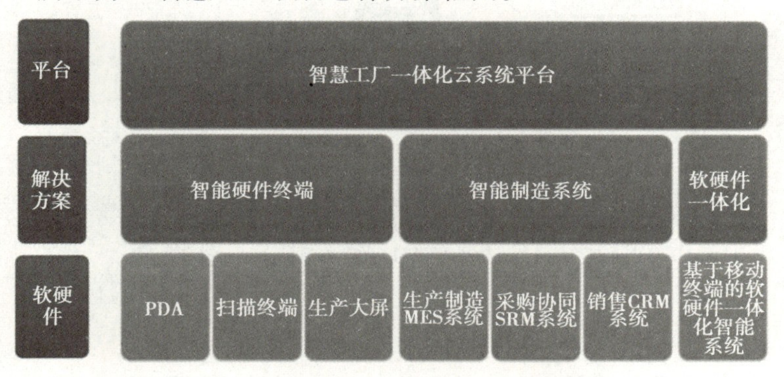

图 5.19 ××智慧工厂项目总体方案框图

2) 绘制××智慧工厂网络拓扑图

网络结构拓扑图即网络拓扑图,是指由计算机、交换机、路由器、打印机、服务器等网络节点设备和通信介质构成的网络结构图。它可以直观地呈现出网络服务器、工作站等网络设备配置之间的连接(配置)关系,如图 5.20 和图 5.21 所示。

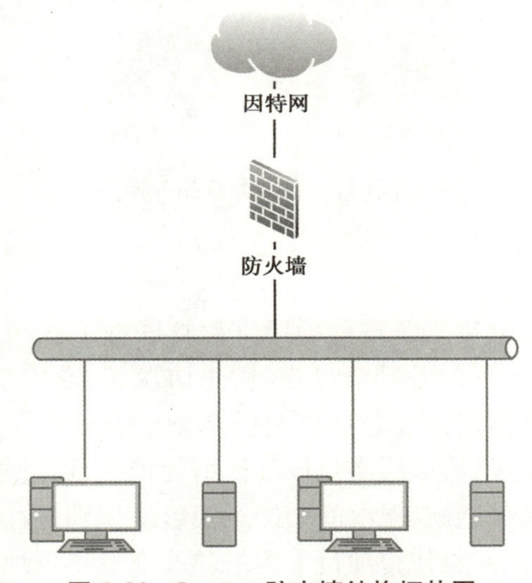

图 5.20 Internet 防火墙结构拓扑图

3) 绘制××智慧工厂总体设计图

根据物联网层级划分要求,进行感知层、网络层、应用层的模块设计,明确模块与模块之间的关系,层级与层级之间的数据走向。

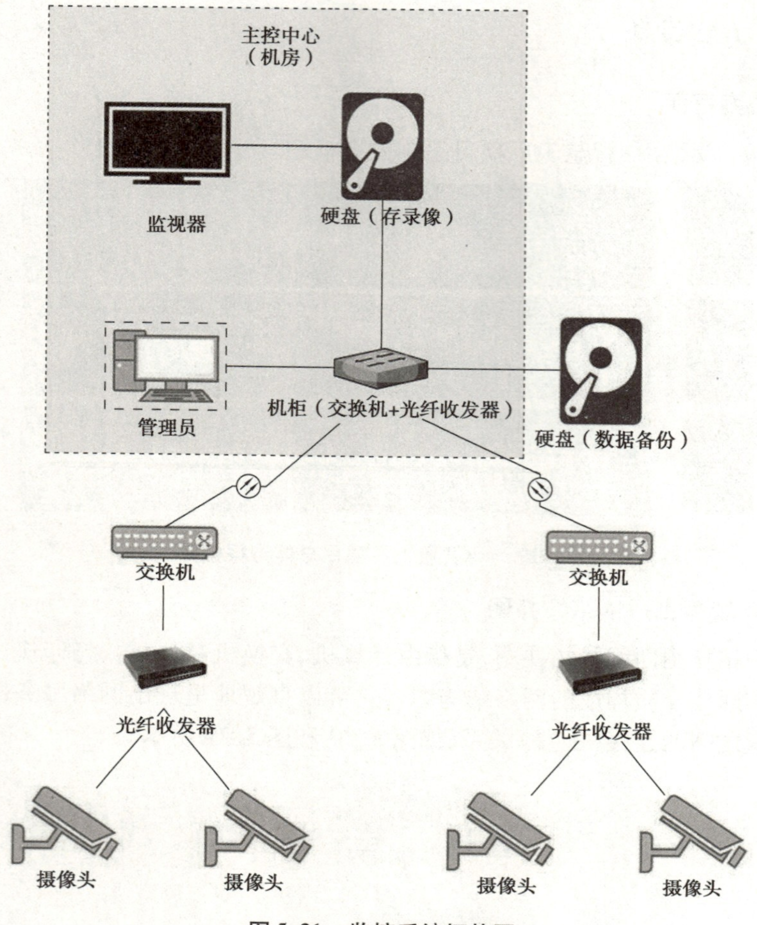

图 5.21　监控系统拓扑图

【任务小结】

智慧工厂项目的需求分析是获得和确定支持物联网工程和用户有效工作的重要过程。在这个过程中，通过项目的基础信息表、用户访谈表、现场勘察表以及需求调研表，充分地了解需求方的具体需求并在这些资料的基础上有针对性地做可行性研究。物联网系统集成项目总体方案设计，以层次化设计模型为依托，通过不同层次的模块化，使得每个设计元素简单化并易于理解，层次间交接点很容易识别，故障隔离程度得到提高，保证网络的稳定性和可靠性，并且使得项目中网络的改变变得更加容易。当网络中的一个网元需要改变时，升级的成本限制在整个网络中很小的一个子集中。

通过对“智慧工厂”项目总体方案设计的学习，理解整个项目设计的思路和理念。在技术方案设计中，通过绘制项目总体方案设计图，体会模块化设计的优势，加深对物联网系统、集成项目总体方案设计的把控，如图 5.22 所示。

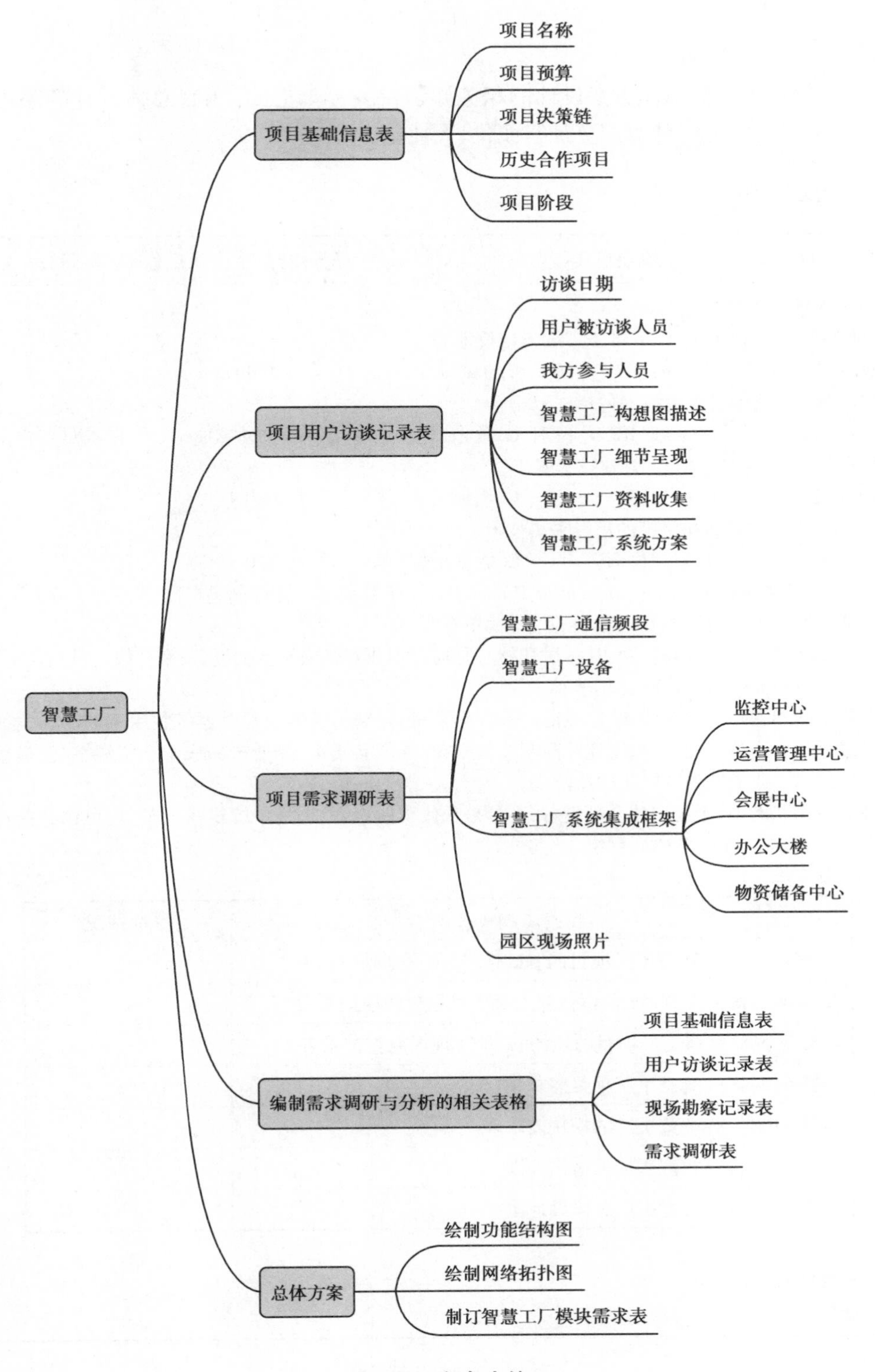

智慧工厂
项目基础信息表
项目名称
项目预算
项目决策链
历史合作项目
项目阶段
项目用户访谈记录表
访谈日期
用户被访谈人员
我方参与人员
智慧工厂构想图描述
智慧工厂细节呈现
智慧工厂资料收集
智慧工厂系统方案
项目需求调研表
智慧工厂通信频段
智慧工厂设备
智慧工厂系统集成框架
监控中心
运营管理中心
会展中心
办公大楼
物资储备中心
园区现场照片
编制需求调研与分析的相关表格
项目基础信息表
用户访谈记录表
现场勘察记录表
需求调研表
总体方案
绘制功能结构图
绘制网络拓扑图
制订智慧工厂模块需求表

图 5.22 任务小结

【任务拓展】

结合物联网项目总体方案设计的相关知识，在××智慧工厂项目总体设计的基础上，加上更多的特色，使智慧工厂更加智能化、人性化。

【任务工单】

项目5：智慧工厂工程项目实施案例	任务：智慧工厂项目总体方案设计

（一）本次任务关键知识引导

1. 在物联网连接技术中，以下属于广域连接技术的是（　　）。

A. Wi-Fi　　B. NB-IoT　　C. Bluetooth　　D. ZigBee

2. 物联网连接物理对象的技术包括（　　）。

A. 二维码识读　　B. 射频（RFID）识别　　C. 激光扫描　　D. 红外感应　　E. 云计算定位

3. 在物联网的架构中，RFID射频技术属于（　　）技术。

A. 网络层　　B. 感知层　　C. 物理层　　D. 应用层

4.（　　）是物联网感知层中的信息采集技术。

A. 通信技术　　B. 射频技术　　C. 数据挖掘　　D. 解析技术

5. 关于工业物联网（Industrial Internet of Things，IIoT），下列叙述不正确的是（　　）。

A. 工业物联网就是物联网在企业中的一种简单称呼

B. 工业物联网就是工业互联网，其本质和核心是通过工业互联网平台把设备、生产线、工厂、供应商、产品和客户紧密地连接融合起来

C. 工业物联网就是将具有感知、监控能力的各类采集、控制传感器或控制器等技术不断融入工业生产过程各个环节，从而大幅度地提高制造效率，改善产品质量，降低产品成本和资源消耗，最终实现将传统工业提升到智能化的新阶段

D. 在工业物联网中，企业中的全部设备，不管是现代智能设备，还是传统机械设备，均可以直接连接在一起，形成一个工业物联网络

（二）任务实施完成情况

实施步骤	完成情况
步骤1：收集××智慧工厂项目的基础信息，填写基础信息表	
步骤2：访谈需求方，填写××智慧工厂项目用户访谈记录表	
步骤3：勘察智慧工厂项目的现场后，填写现场勘查记录表	
步骤4：制订××智慧工厂项目需求调研表	
步骤5：制订××智慧工厂的模块需求表	
步骤6：绘制××智慧工厂网络拓扑图	
步骤7：绘制××智慧工厂总体设计图	

（三）任务检查与评价

（四）任务自我总结

【评价反馈】

任务:××智慧工厂项目总体方案设计				
专业能力				
序号	任务要求	评分标准	分数	得分
1	应用层模块层次清晰明了	层次设计合理,关系清晰,逻辑准确	20	
2	网络层模块层次清晰明了	层次设计合理,关系清晰,逻辑准确	20	
3	感知层模块层次清晰明了	层次设计合理,关系清晰,逻辑准确	20	
4	项目总体设计	各个模块之间的设计合理,层次关系明晰,模块之间衔接准确,整体架构符合要求	30	
专业能力小计			90	
职业素养				
1	智慧工厂总体设计图绘制	正确使用 Visio,设计标注准确,模块布局整齐,字体大小规范	5	
2	遵守课堂纪律	遵守课堂纪律,保持工位区域内整齐	5	
职业素养小计			10	
实操总计			100	

【拓展阅读】

工业智能传感器塑造了工业 4.0 的“感知系统”。所谓的工业 4.0 就是以工业自动化技术为基础,实现生产系统和底层设备的深度融合,包括智慧工厂和智慧产品两大核心主题。工业传感器存在寡头市场特征,欧美日厂商手握大部分市场份额,其代表厂商包括通用电气、爱默生、西门子、博世、意法半导体、霍尼韦尔、ABB、日本横河、欧姆龙等。美国等制造强国已于 2015 年前提出并实施制造业转型,出台相关政策推进智能工厂发展。相比之下,我国智能工厂起步较晚,但增速较快,2020 年我国已经成为全球工业机器人年装机量最大的国家,工业机器人年装机量达 16.8 万台,增速为 20%,远高于全球的 0.5%。

项目 6 智慧消防工程项目实施案例

【引导案例】

“智慧消防”是利用物联网、人工智能、虚拟现实、移动互联网+等最新技术，配合大数据云计算平台、火警智能研判等专业应用，实现城市消防的智能化，提高信息传递的效率、保障消防设施的完好率、改善执法及管理效果、增强救援能力、降低火灾发生及损失。

近年来，我国城市发展迅速，产业园区数量持续攀升，且呈大型化、多功能化发展态势。建筑楼层高、功能复杂、设备繁多，部分建筑存在违规采用易燃可燃外保温材料、消防设施不足、消防安全管理责任不落实等问题，一旦发生火灾，极易造成重大人员伤亡和财产损失。楼宇消防是智慧消防工程中比较典型的案例，如图 6.1 所示。通过本案例的学习，读者可以学习到项目的需求分析、概要设计、详细设计、设备选型、工程预算等物联网工程设计与实施相关内容。

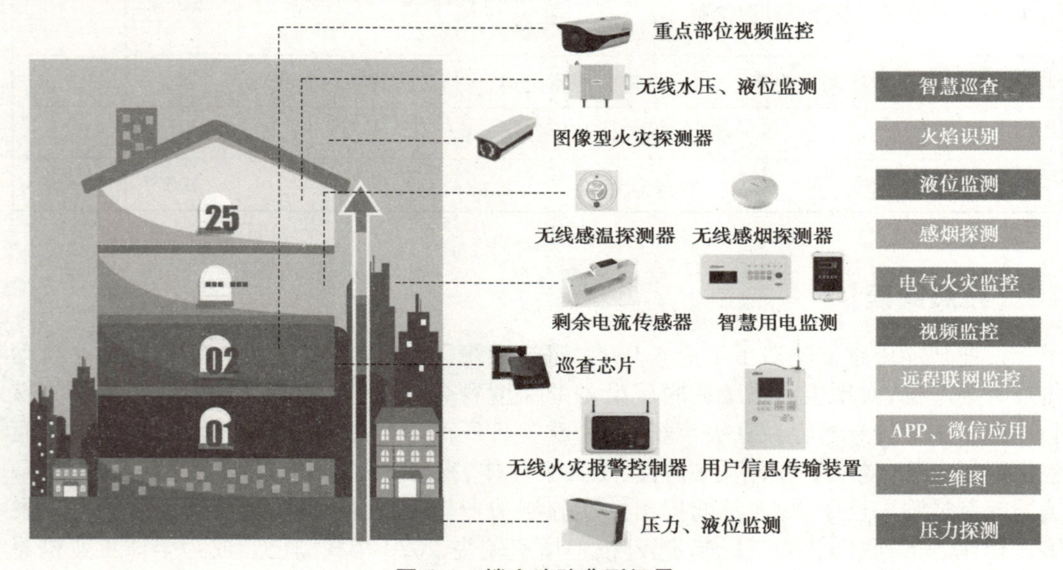

图 6.1 楼宇消防典型场景

【职业能力目标】

- 能够根据智慧消防工程项目的要求编写设计方案。
- 能够进行物联网工程项目的设计流程。
- 能够根据项目需求，查找国内外技术知名厂商设备。
- 会查阅智慧消防工程中的各类物联网设备的参数并理解其含义。
- 能够进行项目概预算定额，并能够根据定额中的变化，作出准确的竣工决策。

【任务分析】

任务描述：

现需要对智慧消防工程项目进行设计与实施，且该项目前期完成了需求调研。现在需要根据项目的实际情况，结合前期需求调研的相关资料，对客户的需求进行分析，并形成相应的需求分析说明书文档、整体方案设计文档。通过方案设计文档，对该项目所需的硬件设备进行选型，并作出工程预算。同时，需要根据项目的具体情况对其加以创新改进。其中，填写的内容必须清晰明了，符合填写规范。

任务要求：

- 通过熟悉调研资料，明晰项目内容、项目需求分析和整体方案设计。
- 根据整体方案设计文档，完成《项目设备选型表》。
- 根据项目设备选型表，编制完善合理的《智慧消防工程项目工程预算表》。

6.1 知识储备

6.1.1 需求分析

1）智慧消防项目发展背景

消防工作是经济社会发展的基础保障。随着国家对消防工作的日益重视，我国城市消防装备及消防信息化建设取得了快速的发展。但随着经济社会的发展，高层建筑、城市综合体等不断增加，区域性火灾隐患日趋突出，加之城市综合体“多产权化”，建筑消防设施处于管理“真空”，消防安全管理处于困难的“瓶颈”阶段。

2013 年，国家住建部先后两批公布了 193 个国家“智慧城市”试点，全面吹响“智慧城市”建设的号角。另外，在中央实施“互联网+”行动计划战略的指引下，物联网、云计算、移动互联网为代表的新一代信息技术对政府部门的行政管理和公共服务、对企业的经营管理和商业模式，对人们的生活都产生了深刻的影响。城市建设和管理的信息化正逐步从数字化、网络化向自动化、智能化方向发展，构建“智慧城市”已经成为大势所趋。

“智慧消防”是隶属于“智慧城市”公共安全板块中重要的子模块，科技馆的消防更是“智慧城市”建设中智慧公共安全应用领域的重要组成部分，是“智慧城市”在城市消防领域的具体应用。

近年来，我国电气火灾多发，造成重大人员伤亡和财产损失。据统计，2011—2016 年，我国共发生电气火灾 52.4 万起，造成 3 261 人死亡、2 063 人受伤，直接经济损失 92 亿余元，均占全国火灾总量及伤亡损失的 30% 以上。其中，重特大电气火灾 17 起，占重特大火灾总数的 70% 。为有效地遏制电气火灾高发势头，确保人民群众生命财产安全，经国务院同意，国务院安委会决定在全国范围内组织开展为期 3 年的电气火灾综合治理工作。

2017 年 4 月，国务院安全生产委员会下发《关于开展电气火灾综合治理工作的通知》（安委〔2017〕4 号），要求在全国范围内组织开展为期 3 年的电气火灾综合治理工作，实现电气产品质量明显提升，建设工程电气设计、施工质量明显提升，社会单位电气使用维护安全水平明显提升，全国电气火灾事故显著减少。

建设一套有针对性的智慧安全用电物联网和数据分析决策平台势在必行，并能实现对重点设备、重点部位、重点区域的信息化、智能化、动态化监控和管理，开展大数据分析应用，使电气火灾防患于未"燃"。

2）痛点分析

（1）城市消防联网监管难

公安消防单位对城市消防的监管缺乏有效的技术手段支撑和社会化手段配合，无法及时发现、消除、整改重大火灾隐患。日常消防监督管理中突出存在警力不足和技术手段不足的问题。

（2）消防用水系统管理难

很多城市有些只有泵房的压力控制和消防水箱的基础数据，城市建筑建设周期较长，多建筑共用一个泵房及室外供水管网，由于使用时间较长，大部分管道埋地敷设，阀门、管道腐蚀严重，漏水点较多。室外管网存在漏水点，致使各单位消防供水达不到设计要求，严重时会导致建筑某些部位处于无水状态，一旦发生火灾，消防管网无水会造成严重后果。

实际使用过程中，消防用水使用率低、巡检时效性低、技术手段有限等原因，使消防用水系统长期处于"带病工作"的状态。

（3）火灾隐患排查难

城市中各类建筑有关电气火灾监控系统存在的问题，已成为城市建筑电气火灾发生率居高不下的主要原因，同时成为影响火灾形势稳定并亟待解决的现实问题。各类建筑设置电气火灾监控系统对电气安全进行全面、有效监测是避免火灾发生，贯彻消防工作"预防为主、防消结合"的第一步。

（4）消防控制室管理难

按照消防条例的要求，每个消防控制室需要 24 h 不间断值班。目前条件所限很难配备到位，消防控制室无人值守，不能起到应有的功能，一旦发生火灾响应不及时就会造成无法估量的损失。若全部人员配齐，城市每年合计支出巨大。

（5）消防报警巡查难

目前，城市重点监管单位巡查主要采用对讲机、电子巡更棒和巡逻车等，缺乏先进有效的技术手段实现快速、准确的信息上报和对巡查人员的定位、管理，在移动巡查规范化、突发事件实时监控、预警应急、人员的高效调度管理等方面存在较大挑战。

（6）群众消防能力难

大多数群众缺乏消防意识，对火灾隐患不够重视，缺少以下 4 种能力：

①消防宣传教育的能力。

②检查消除火灾隐患的能力。

③扑救初级火灾的能力。

④组织疏散逃生的能力。

把以上痛点问题进行分析总结，如图 6.2 所示。

火灾隐患难排查

火灾发生前的隐患排查过度依靠人工，难以有效确保设备设施运作正常

消防违法行为难监督

消防违法行为无法有效监督，导致无法及时施救或逃离，灾情扩大

消防知识难普及

群众体量大，消防知识薄弱，知识难普及、普及效果难验收，灾情发生时无法有效处理灾情或自救

消防救援资源难定位

市政消防资源、室内消防资源分布难定位、资源有效性难预判，导致灾情控制不及时

图 6.2　消防痛点分析总结

3)建设意义

建设智慧城市消防安全管理预警系统平台，对社区消防管理的节约成本建设和精细化管理都有积极的意义，也符合国家和综合形势的要求。

(1)实现公安消防单位的强制要求

根据《中华人民共和国消防条例》的要求，为避免重点监管单位直接主管承担相关法律责任和保卫单位无法解决的监管责任，建立规范的消防管理机制，势在必行。

(2)有利于减少单位的运营成本

据统计，进入 21 世纪以来，城镇居民人数逐年增加，与之配套的大量公共设施需要建设，消防控制室在不断增加，消防设施更是成倍增长。但是相关的管理人员和使用人员无法实现相应的增长，目前人力成本逐年增长。通过增加人员方式不利于单位的消防管理和运营，需要通过先进的消防管理手段，来减少单位消防运营成本，很有必要。

(3)对消防精细化管理提高一个台阶

消防相关人员少，很难实现公安部提出的精细化管理模式。在应急处理时，尤其需要对消防的精细化信息来进行辅助决策处理。

消防精细化管理可以方便地掌握单位消防设施的分布和完好情况，实时了解巡查人员工作状态，有助于对消防巡查检查过程和结果的有效监控和考核。变消防工作的粗放式管理为精细式管理，充分提高消防安全的预防能力。

通过高度信息化的管理方式，并通过应用培训，使得目前人员配置情况下，可以实现对消防的精细化管理。

(4)信息互联互通、切实降低火灾安全隐患

消防重点单位、消防维保服务企业和公安消防主管部门是城市消防安全重要的环节。对消防重点单位，迫切希望掌握维保的真实过程，消除火灾隐患，确保通过消防年检。对消防维保服务企业，比较关心外勤人员的真实工作状态，提高维保工程师的专业能力，提高人员的劳动生产率，实现节省成本费用的目标。对公安消防主管部门，要掌握辖区内消防重点单位的消防设施完好情况、设施故障修复情况和完整真实的维保记录，切实消除火灾隐患，降低火灾风险。

6.1.2 概要设计

本概要设计立足各消防部门“预防为主,防消结合”的总体方针,以“广泛的透彻感知、全面的物联共享、可视的报警服务”为建设理念,将消防重点单位定期被动接受消防稽查管理转向实时主动检测管理各自单位的消防报警,实现消防的社会化,从而最大程度地降低火灾发生的概率,同时减小消防部门稽查和救援的压力,最终提升居民的安全感和社会和谐度。智慧消防工程项目设计原则如下:

1)系统网络化监控与优化的原则

目前,国内许多大型的消防控制系统仍然处于分散报警阶段,没有统一的消防管理,无法完成消防设备管理、消防报警管理、安全防范管理及消防值班人员管理等功能,同时,不能很好地对设备报警情况和工作状态进行有效的监控。其关键原因在于技术水平低、系统化程度低。该系统已不再是过去意义上的封闭式单功能的火灾报警系统和单纯的自动消防系统,而是一个开放式的跨区域计算机综合自动化控制管理系统,为人们的生命财产安全真正起到保驾护航的作用。

2)系统的先进性原则

本系统采用的物联网技术、报警联网控制技术、远程视频监控技术以及网络通信技术均为目前正在蓬勃发展的技术,具有成熟的应用经验,这些技术的采用能够保证火灾的早期预报、快速响应和有效控制。

第三代网络化视频监视技术,又称IP远程视频监控系统,它从一开始就是针对在网络环境下使用而设计的,它克服了老式DVR/NVR无法通过网络获取视频信息的缺点,用户可在远程的监控中心观看、录制和管理实时的视频信息。

第三代视频监控系统是完全数字化的系统,它基于标准的TCP/IP协议,能够通过局域网/无线网/互联网传输,布控区域大大超过了以前的系统。它基于嵌入式技术,性能稳定,无须专人管理。它的灵活性大大提高了,可以即时查看任意联网单位的摄像头。

3)系统的安全可靠性原则

该系统建设主要部署在消防外网,在网络设计方面,需充分考虑系统网络安全性和高可靠性,系统设计本身兼容多种网络模式。系统需引入故障导向安全的设计理念,确保产品即使在故障条件下能够充分保证系统安全。

系统的硬件和软件都要采用可靠性措施,如安全保密措施、抗干扰措施、数据备份和恢复、严格的权限控制、防止计算机病毒侵入、严格管理制度等。

视频监控方案是基于电信提供的IP宽带网,可实现图像远程监控、远程传输、分级管理等视频监控解决方案。该方案的系统性能稳定,具备性价比高、一网多用等优点。

4)合理性原则

工程设计、实施要考虑投资的合理性。系统具有良好的兼容性和可扩展性,便于用户对系统的扩展和升级。在产品选用方面,按照可靠适用、适度、适当的原则进行配置,在保证系统安全可靠的前提下,保证系统具有高的性能价格比,充分保证业主和投资方的利益。

监控中心在处理具有火灾报警信息、故障报警信息、视频信息的时候,按照火警优先的原则,保证火警信息能及时处理。

考虑火灾自动报警监控系统及其联动系统所监控的探测器等建筑消防设施可能存在变更,系统提供了针对这些变更的相应处理手段,保证了报警点位置的准确。

5)业务框架设计

智慧消防总体业务框架如图6.3所示。

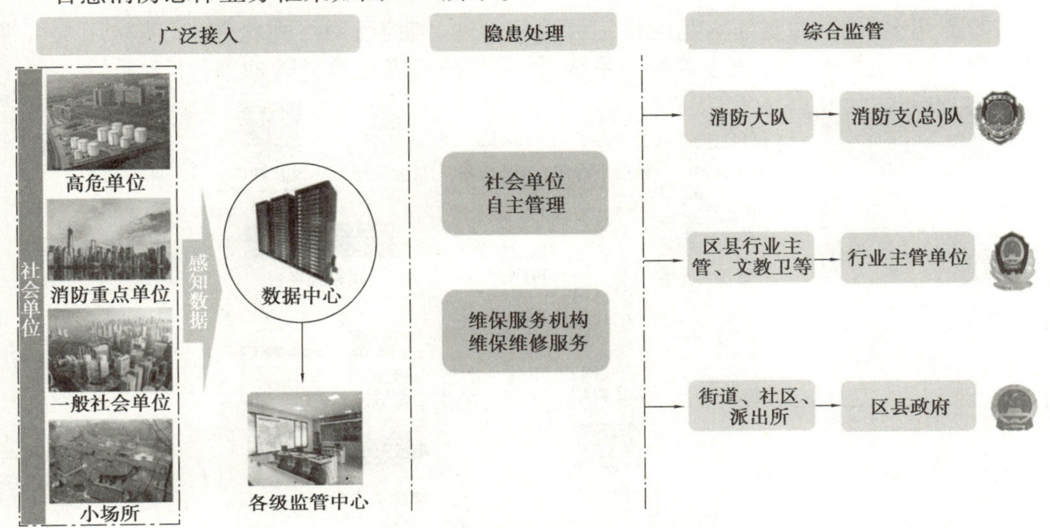

图6.3 智慧消防总体业务框架

系统以电信提供的城市公共网络为基础,在消防管理部门设置监控中心,利用现代化高科技手段来远程监控分布在全市的重点防火单位的所有消防系统、消防值班中心、消防疏散设施的实时运行情况,对城市建筑消防设施进行集中监控管理,提高联网单位消防设施的运行水平以及抵御火灾的能力。

系统由消防物联网系统、消防物联传输通信系统、消防视频联控系统、监控中心、用户终端设备、对外数据接口及传输网络等组成。

(1)监控中心

本系统将联网单位的火灾自动报警系统及其他消防系统的运行状态信息与物联传输设备连接,通过对报警信息、报警现场视频图像的采集信息及时传输到消防物联网监控中心,中心值班人员通过视频查看报警点现场情况,并对现场情况进行记录,分析识别真实火警,并对确认的火灾警情信息及时发送到119指挥中心。

(2)消防视频联控和管理系统

与联网单位现有的视频监控系统进行联网及控制,对消防重点部位,如监控室、通道、重要出入口、消防危险源等进行视频监控。

(3)消防监督管理平台

开发与其他系统如119指挥中心系统、消防业务信息系统数据的接口,开发物联传输终端与火灾报警控制器的通信接口等。

(4)通信方式

消防网络产品可兼容多种通信方式,包括VPN网、公用电话网(PSTN)、无线网(CDMA/GPRS)、TCP/IP网络等。为了保证信息传输的准确性、实时性,也可采用双模运行方式。联网监控系统采用先进的通信技术、多信息处理技术,实现报警信息的多样化

(数据信息、视频信息、语音信息等)传输。

6.1.3 整体方案设计

1)智能火灾预警监控系统

如图 6.4 所示,通过建立消防设施可视化管理、消控联网可视化管理、消防用水可视化管理、消防远程控制可视化管理等系统,构建消防可视化综合管理平台。

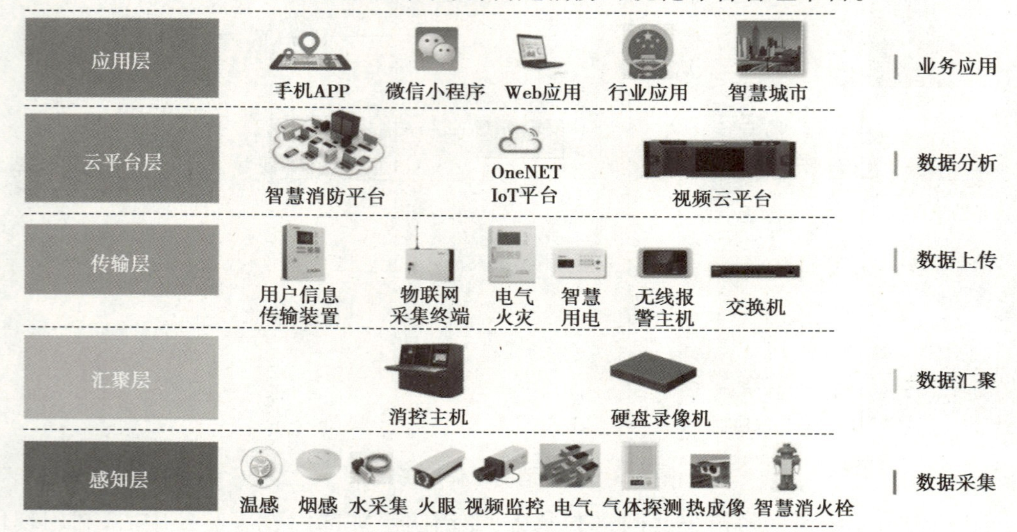

图 6.4 智慧消防整体方案设计架构

社区消防安全管理预警系统前端应用场景主要有两种:防火重点单位和防火重点区域。各单位产生的报警信息由社区智慧消防中心通过城市消防安全管理预警系统平台统一管理,如果确认发生真实火灾且单位不能自行处理的,则第一时间通知 119 指挥中心进行消灾救援。

重点企业与重点区域的监测内容主要有消控室远程监测、重点部位视频监控、现有的消控主机报警监测、消防用水监测、电气火灾监测、烟感火感监测等,通过消防专用 VPN 网络或互联网将信号传输到监控中心进行统一监测。

如图 6.5 所示,智慧家用可燃气体探测器能够连续监测室内燃气浓度。当探测器检测到泄漏的天然气浓度达到设定值时探测器会发出声光报警,并通过 NB-IoT 模块将报警信息推送至后盾云平台,云平台同步推送至 Web 端以及手机 APP 上。通过短信或电话的形式告知管理人员及用户了解告警信息,可以根据收到的报警信息尽快进行紧急排查与处理,达到防患于未"燃"。

2)智慧安全用电监测系统

如图 6.6 所示,智慧式用电安全管理系统基于当前电气火灾事故频发而研发的成熟有效的用电安全系统,对引起电气火灾的主要因素(线缆温度、电流、剩余电流等)进行实时在线监测和统计分析,实时发现电气线路和用电设备存在的安全隐患,并通过系统分析电气设备回路的相关参数,判断故障发生的位置,分析故障发生的原因及状态发展趋势,准确及时地发现电气火灾故障隐患,避免酿成重大电气安全事故,有效防止人员伤亡及重大财产损失事件的发生,达到消除潜在的电气火灾安全隐患,真正实现防患于未"燃"。

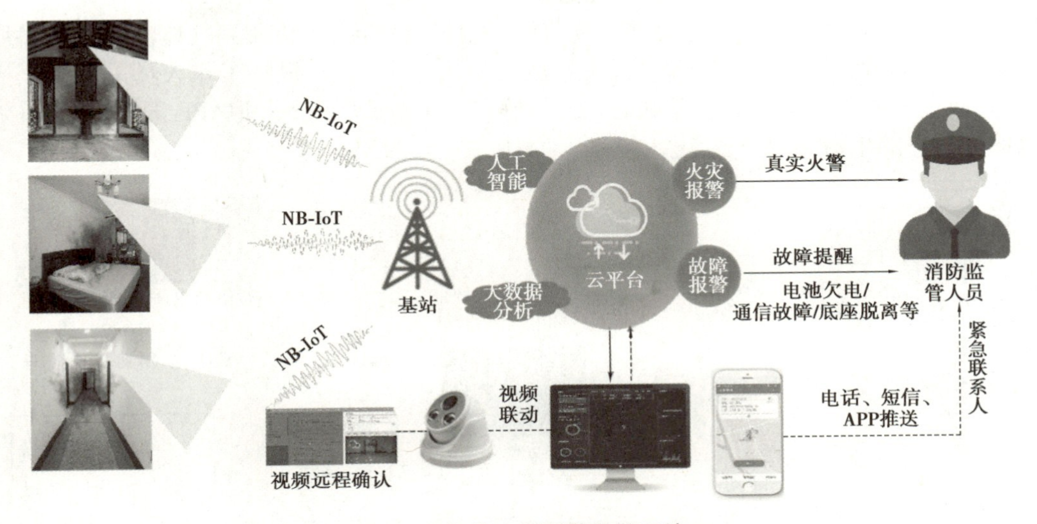

图 6.5 智能火灾预警监控系统

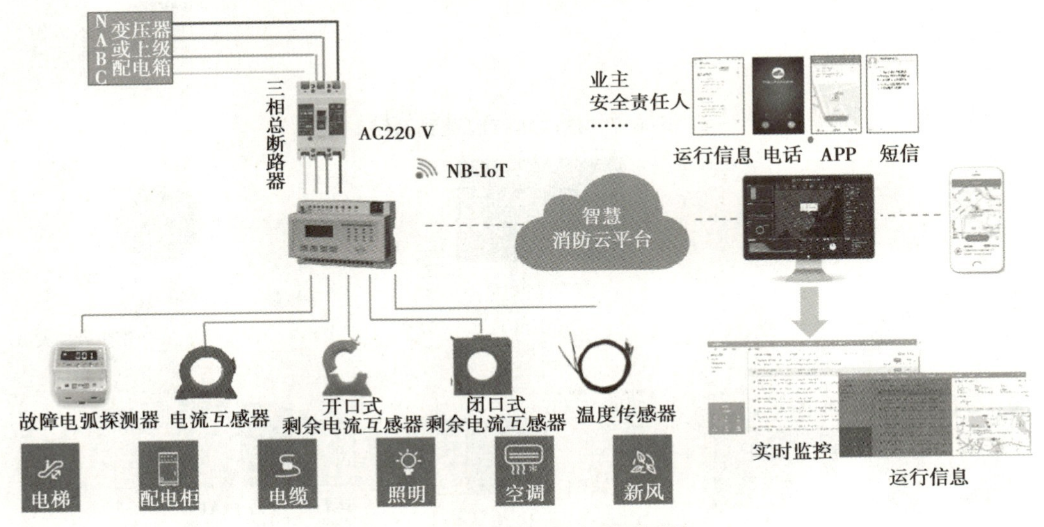

图 6.6 智慧安全用电监测系统

3）消防水智能监测系统

如图 6.7 所示，消防水智能监测系统监测的对象是消防水水压、蓄水池水位、消防水泵状态等。由具备 NB-IoT 无线数据传输功能的消防水监控设备替代传统产品，实现对消防水系统全天候监控。相比传统的周期性巡检更加简单，且监控更加严密，确保消防水系统稳定运行。

通过消防水智能监测系统，实现管网水压状态、消防水池/水箱液位状态、室外消防栓水压状态实时监测，室外水源快速定位等功能。解决消防管网内无水或水压不足、阀门误关闭、消防水池无水、设备运行故障、消防用水被盗用等问题，实现系统动态监测、巡检、消防设备管理一体化。

4）燃气探测监控系统

如图 6.8 所示，智慧家用可燃气体探测器即气体泄漏检测报警器，是区域安全监视器中的一种预防性报警器。它能够连续监测室内燃气浓度，当检测到气体浓度达到爆炸下限或上限的临界点时，可燃气体报警器就会发出报警信号，提醒工作人员采取安全措施，并通过云平台将报警信息以电话和短信的方式通知关联人，手机APP同步报警，有效地保护用户的生命和财产安全。

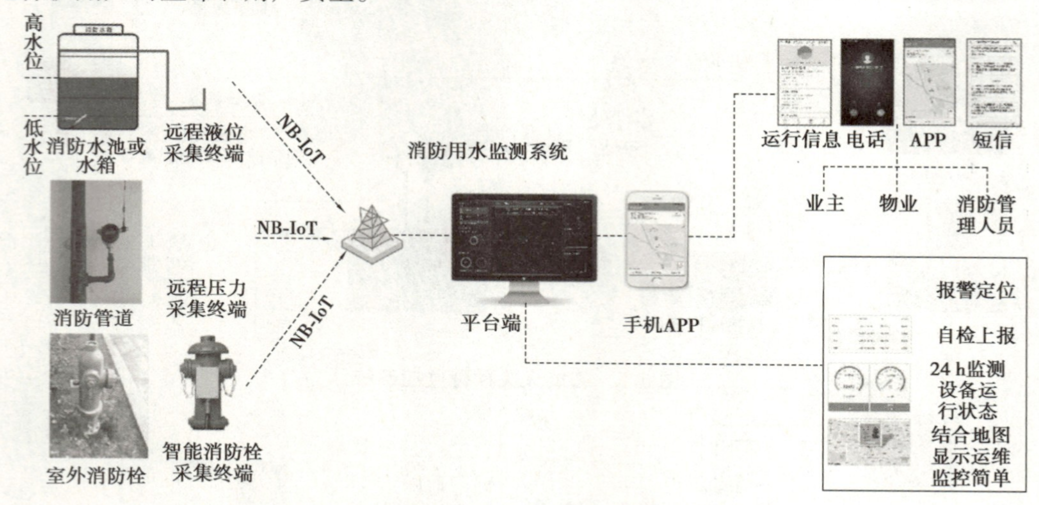

图6.7　消防水智能监测系统

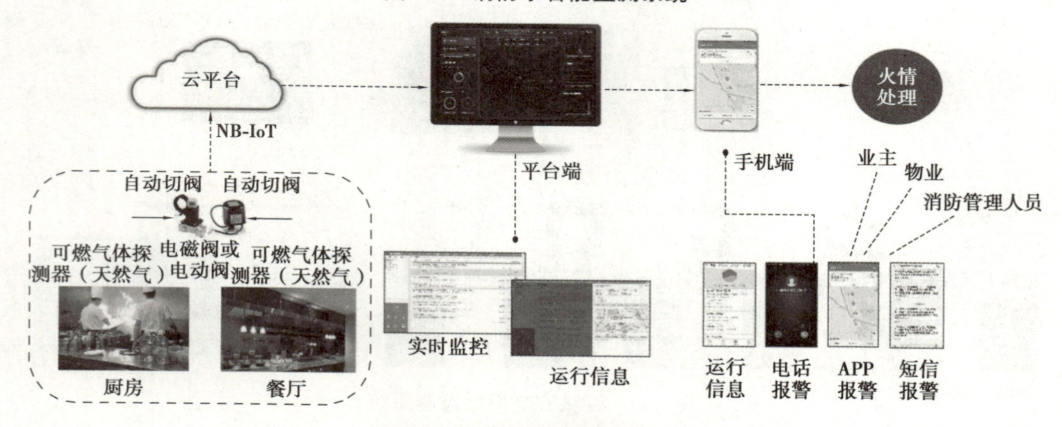

图6.8　燃气探测监控系统

当发生燃气泄漏时，探测器立即发出声光报警，并通过电话、短信、手机APP通知至少5个相关责任人，探测器报警，联动电磁阀或者电动阀自动关闭燃气阀门，有效地防止燃气持续泄漏。

5）视频监控系统

如图6.9所示，视频监控系统主要包括消控室的视频监控、消防通道、逃生通道、重点监控区域等。

随着需求的增加和技术的积累，视频监控朝着高清化发展，智能化成为最主要的发展方向之一，而智能化包括智能编码、智能控制和智能侦测。智能编码主要解决视频流码率相对大引起的存储量大的问题，智能控制则用于优化图像效果，而智能侦测根据预先设置的条件或者规则，对视频进行智能提取并分析，将非结构化视频变成半结构化数据，便于平台管理和应用。

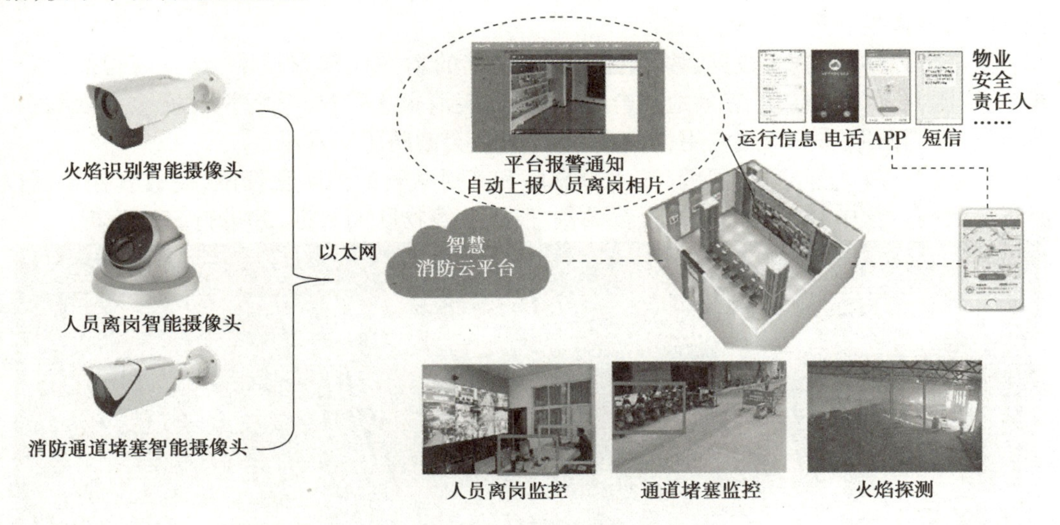

图6.9 视频监控系统

6）消防云平台

如图6.10所示，消防云平台是基于互联网面向消防运营的安消一体化SaaS云平台，主要面向“九小场所”等人员流动大、消防管理混乱的场景以及重点单位“技防”手段缺失、“人防”信息化不足、消防监督管理效率不高等场景。

通过接入消防烟、电、水、气、视频AI等前端物联感知设备，依托消防运营服务中心的集中运营托管服务，借助消防报警联动安防监控系统，实现数据共享、互联互通应用，解决消防传统管理方式的弊端，实现消防管理工作的智能化、可视化、痕迹化。

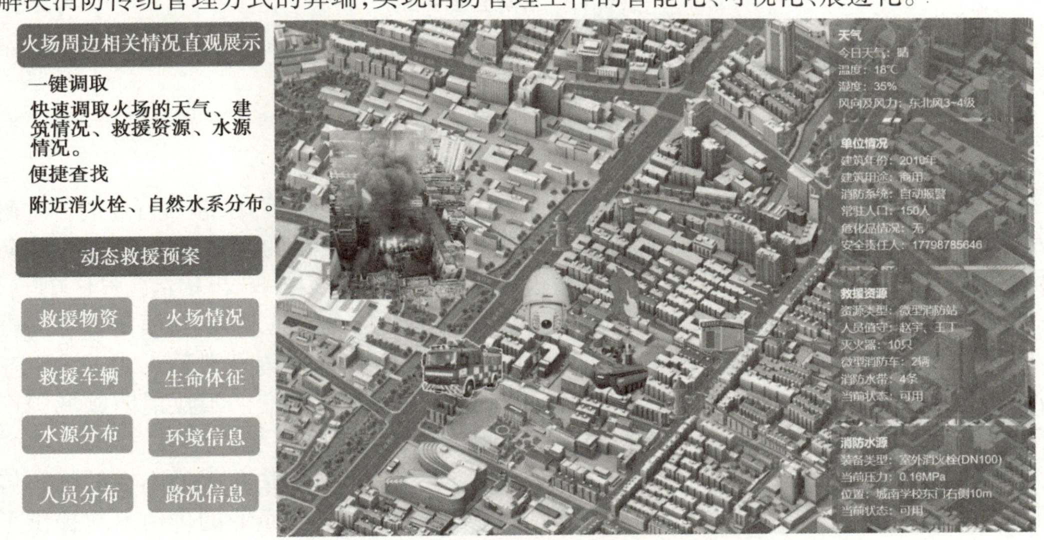

图6.10 消防云平台

7）消防物联监管平台

如图6.11所示，消防监管平台通过接通终端、信息终端、数据终端、服务终端，使各方能直接掌握消防系统的健康状况和各种异常状态事件，从而主动地实行监督管理和检测、维修、咨询指导等服务。

该平台以物联网、大数据、移动互联网为基础的新一代信息技术，具有高智能、高扩展性、资源共享等特点，可有效地整合各方力量，摸清火患险情，确保消防安全，掌握救灾主动权，在消防服务中得到应用，可有效地提升社会消防服务水平。

构建以开放共享的“智慧消防”大数据库和齐抓共管的消防责任网，高效管控辖区内消防物联网运营中心、运营单位、运营设备、值班室等物联网数据，并进行统计分析。

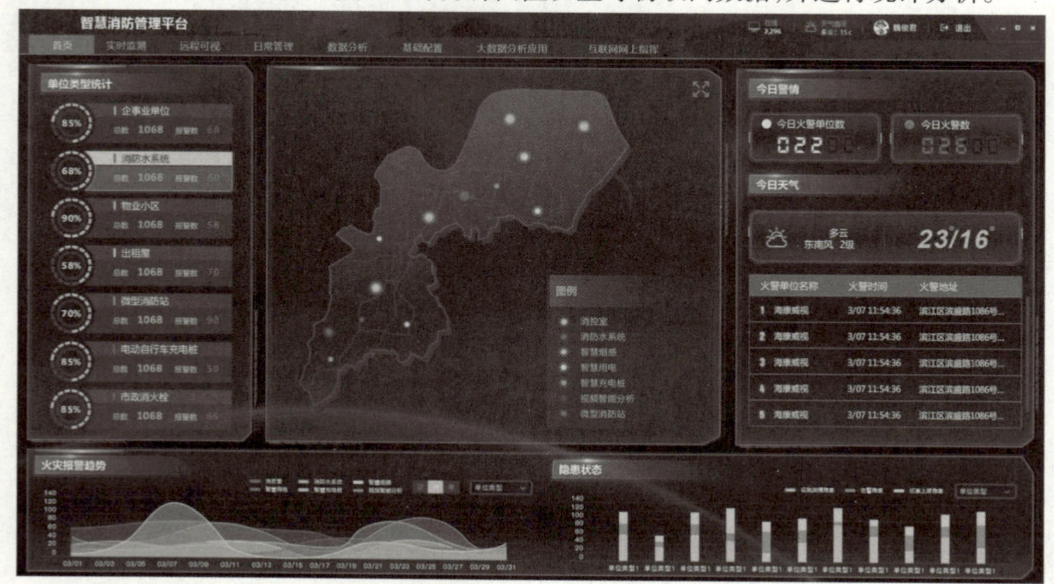

图 6.11 消防监管平台

【思政小课堂】

智慧消防自主创新的引领者

思政元素：开拓创新、民主自信。

思政价值：国内半导体产业贸易逆差日益加大，国际时局反复变化，芯片行业的自主研发受到空前重视。在此大背景下，以研发与技术驱动为立身之根的青鸟消防，着眼于消防科技的技术革新，自主研发设计了高集成数模传感器芯片——“朱鹮”，出货量已过亿颗。

工业消防市场中的工业火灾报警系统市场多以国际巨头如霍尼韦尔、西门子等高端厂商所占据，国内厂商布局者较少。2020 年以来，国内行业龙头青鸟消防正式进入工业领域，其产品具备高性能和低成本的特点，逐渐被国内客户所接受。工业消防领域国产化替代趋势明显，工业消防的行业竞争进一步加剧，国内行业龙头受益在望。

随着智慧消防不断建设发展，一边是 AI 技术的不断发展，一边是无处不在的消防传感器始终在扩张边界，于是 AI 与 IoT 的边界逐渐融合到一起，为企业的价值落地提供了一个最具前景的落地方式。

算法定义硬件，企业必须从产品研发、生产制造、市场通路甚至客户服务都做一遍，牵头构建从算法、软件到硬件的产研与供应链体系，开拓出市场通路，实现完整的价值闭环。

在这个过程中需要 3 个必不可少的要素：第一个是标准化的硬件；第二个是海量算

法的供应;第三个则是生态开放。

除了算法,消防智能产品终端研发,还需要关注的一个重点就是芯片。

目前有消防研发芯片的主要有两家企业:一个是青鸟消防;另一个是鼎信消防。

青鸟消防是北大青鸟环宇的控股子公司,是一家以消防报警监控系统产品为核心,以自动气体灭火、气体检测等消防产品为新增长点的高成长性公司。2019 年,青鸟消防使用自研芯片朱鹮,目前第三代“朱鹮”芯片已研发完成,正处在量产过程中,后续会逐步迭代应用于公司的相关产品。

截至目前,青鸟消防已在应急照明与智能疏散领域形成了“青鸟消防”“左向照明”“中科知创”等多品牌产品矩阵。智能化方面,青鸟消防已推出消防物联网平台——“青鸟智慧消防平台”。截至 2021 年年底,“青鸟消防云”上线单位家数超过 2.1 万家,上线点位超过 130 万个。同时,青鸟消防打造了湖南师范大学安消一体化项目等多个智慧消防项目。

从经营情况来看,青鸟消防营收实现持续增长,2021 年青鸟消防开启高增模式,2022 年提前超额实现 50+亿元营收目标。

在智慧消防这样物联网技术应用的细分领域里,自立自强,深耕于此就能打破国外同行的长期垄断,迅速开拓市场,取得大的发展。

对于个人来说,要及时关注国家政策和行业动向,不断开拓创新,奋发前行,实现人生价值。

6.2　设备选型

根据前面整体方案设计之后,需要对本案例所用到的设备型号进行选择和介绍,如图 6.12 所示。

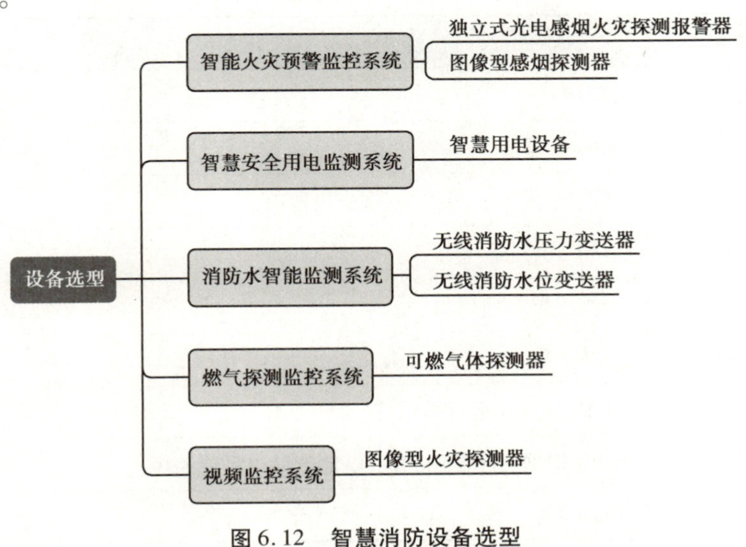

图 6.12　智慧消防设备选型

图 6.13　光电感烟火灾探测报警器

1）独立式光电感烟火灾探测报警器

（1）设备简介

如图 6.13 所示为独立式光电感烟火灾探测报警器，其内置高分贝蜂鸣器，采用高速微处理器，结合先进电子技术，当火灾发生且烟雾浓度达到报警阈值时，探测报警器及时发出声光报警信号，并通过 NB-IoT 网络将报警信号传输至管理平台。它具有灵敏度高、稳定可靠、使用方便、可消音等特点，适用于家庭、宾馆、公寓等场所。

（2）产品特点

①采用最新最先进的 NB-IoT 无线通信技术。

②直接与平台通信，无须通过无线报警主机，既可以更快速地实现报警，也可以节约安装设备成本。

③NB-IoT 无线底座与独立式光电烟雾探测报警器分体式设计，独立供电，互不影响，底座适用于所有运营商物联网。

④进口 MCU，智能精准判断火灾烟雾，及时发出报警信号。

⑤锂电池供电，极致低功耗技术，NB-IoT 无线模块供电周期 3 年，独立式光电烟雾探测报警器供电周期 10 年。

⑥内置高音量蜂鸣器，3 m 处可达 80 dB 报警声响。

⑦具有智能自检功能及电源欠压提醒功能。

⑧双向通信巡检，稳定可靠。

⑨智能学习型补偿算法，最大限度地减少误报。

⑩优良的生产工艺，PCB 化金工艺，PCBA 三防漆工艺。

⑪免布线施工，可以快速组建火灾报警系统。

（3）技术参数

光电感烟火灾探测报警器的技术参数见表 6.1。

表 6.1　技术参数

参数名	参数值
集类型	烟雾
通信方式	NB-IoT 通信
报警类型	低电量报警；故障报警；烟雾报警
报警音量	≥80 dB，3 m
报警方式	声光报警
消音功能	支持
指示灯	报警、故障及运行指示灯
电池寿命	3 年（根据实际使用状况，电池寿命也可能缩短）
工作电压	DC 3 V

续表

参数名	参数值
工作电流	静态电流≤35 μA,报警电流≤35 mA
能耗标准	微安级
使用环境	室内
工作温度	-10 ~ +55 ℃
工作湿度	相对湿度≤95%(无凝露)
颜色	大华白
外壳材质	ABS 工程塑料
尺寸	ϕ117.5 mm×50.7 mm
质量	180 g(带电池)
安装方式	配套吸顶式安装板
认证	3C 认证
执行标准	GB 20517—2006

2)图像型感烟探测器

(1)设备简介

如图 6.14 所示为图像型感烟探测器,其内置多种感知功能。集成的烟雾和温度探测功能能够识别火灾发生时产生的烟雾和高温,及时发出声光报警信号;湿度感知功能可实时探测环境中的湿度,及时提醒湿度过低导致易发生火灾的隐患;500 万像素、星光级照度图像传感器可进行报警隐患远程视频复合,同时集成多种消防属性的 AI 算法,实现消防隐患自动识别。

图 6.14 图像型感烟探测器

(2)产品特点

①烟雾、温度、视频三合一产品,可探测烟雾和温度进行报警,并能通过视频进行远程确认。

②烟感模块使用进口 MCU,能够智能准确判断火灾时产生的烟雾浓度,及时发出报警信号。

③探测器具有灵敏度高、稳定可靠、美观耐用、使用方便等特点。

④内置锂电池,极致低功耗技术,烟感模块待机工作时间长达 10 年。

⑤内置高音量蜂鸣器,高分贝报警声响。

⑥具有智能自检功能及电池欠压提醒功能。

⑦探测器具有灰尘积累自动补偿功能,能减少灰尘对探测器灵敏度的影响。

⑧智能学习型补偿算法,能感知上万种燃烧材料,最大限度地减少误报。

⑨防尘、防虫结构设计，金属屏蔽罩抗射频干扰设计。

⑩优良的生产工艺，PCB 化金工艺，PCBA 三防漆工艺。

⑪视频模块采用高性能 200 万像素 1/3 英寸 CMOS 图像传感器，低照度效果好，图像清晰度高。

⑫可输出 200 万（1 920×1 080）@60fps，达到高帧率输出。

⑬支持 H.265 编码，压缩比高，超低码流。

⑭支持宽动态，3D 降噪，强光抑制，背光补偿，适用不同监控环境。

⑮支持报警输出功能，提供一组无源输出触点。

⑯视频模组支持外部 DC 12 V 供电或 POE 供电方式，方便工程安装。

（3）技术参数

图像型感烟探测器的技术参数见表 6.2。

表 6.2　技术参数

参数名	参数值
产品型号	DH-HY-SAV849HA
通信技术	1 个（RJ-45 网口，支持 10 M/100 M 网络数据）
指示灯	1 个双色指示灯： 正常状态 60 s 闪烁 1 次绿灯，报警状态 1 s 闪烁 1 次红灯，自检时 1 s 闪烁 1 次红灯，欠压状态 60 s 闪烁 1 次红灯
监视面积	30～60 m^2，具体请参考 GB 50116—2013
探测工作原理类型	光电式
报警方式	声、光报警
工作电压	烟感模块内置 DC 3.0 V 锂电池，视频模组使用 DC 12 V 电源适配器或 POE 供电
电池寿命	内置锂电池可供烟感模块正常使用大于 3 年
报警分类	烟雾报警、温度报警、湿度报警、故障报警、烟感失联、欠压报警
报警音量	≥80 dB，3 m（A 计权）
传感器类型	1/2.7 英寸 CMOS
像素	500 万
最大分辨率	2 592×1 944
电子快门	1/3～1/100 000 s（可手动或自动调节）
最低照度	0.002 lx（彩色模式）；0.000 2 lx（黑白模式）；0 lx（补光灯开启）
信噪比	>56 dB
最大补光距离	20 m

续表

参数名	参数值
补光灯	两颗(红外灯)
镜头类型	定焦
镜头焦距	2.0 mm
镜头光圈	F2.0
视场角	水平 144°;垂直 92°;对角 179.6°
消防 AI	支持火焰检测,支持离岗检测,打电话检测,玩手机检测,消防灭火器识别,消防通道占用检测,物品搬移检测
视频编码标准	H.265;H.264;H.264H;H.264B
智能编码	H.264:支持 H.265:支持
视频码率	H.264:32 ~ 10 240 kb/s H.265:12 ~ 7 168 kb/s
日夜转换	ICR 自动切换
背光补偿	支持
强光抑制	支持
宽动态	90 dB
白平衡	自动/自然光/路灯/室外/手动/区域自定义
增益控制	手动/自动
降噪	3D 降噪
隐私遮挡	8 块
音频接口	支持
音频压缩标准	PCM;G.711a;G.711Mu;G.726;AAC;G.723
音频采样率	8 kHz/16 kHz/32 kHz/48 kHz/64 kHz
报警	支持
报警事件	无 SD 卡;SD 卡空间不足;SD 卡出错;网络断开;IP 冲突;非法访问;动态检测;视频遮挡;场景变更;智能动检(人、机动车);音频检测;火焰识别分析检测;在岗人员离岗检测;在岗打电话检测;在岗玩手机检测;消防通道占用检测;消防物品搬移检测;消防灭火器检测;烟雾报警;温度报警;湿度报警;传感器故障;烟感失联;欠压报警
网络接口	1 个(RJ-45 网口,支持 10 M/100 M 网络数据)

续表

参数名	参数值
网络协议	HTTP；TCP；RTSP；RTP；UDP；RTCP；SMTP；FTP；DHCP；DNS；DDNS；IPv4/v6；SNMP；QoS；UPnP；NTP
接入标准	ONVIF；MileStone；Genetec；CGI，PISA
预览最大用户数	10 个
存储功能	乐橙云；FTP；SFTP；Micro SD 卡（最大支持 256 G）；NAS
浏览器	支持 IE7；IE8；IE9；Chrome8+；Firefox3.5+；Safari5+浏览器
图像设置	亮度；对比度；锐度；饱和度；伽马
OSD 信息叠加	通道标题/时间标题/地理位置/电池电压/温度/湿度
录像模式	手动录像；视频检测录像；定时录像；报警录像；录像优先级从高到低依次为手动>外部报警>视频检测>定时
最大 Micro SD 卡	256 GB
恢复默认	支持一键恢复默认配置
用户管理	最大支持 20 个用户
安全模式	授权的用户名和密码；MAC 地址绑定；HTTPS 加密；IEEE 802.1x；网络访问控制
其他功能	灯光报警；声音报警
音频输入	1 路（RCA 头）
音频输出	1 路（RCA 头）
报警输入	2 路（湿节点，支持直流 3～5 V 电位，5 mA 电流）
报警输出	2 路（湿节点，支持直流最大 12 V 电位，0.3 A 电流）
工作电压	适配器工作电压：DC 12 V（±25%）；POE 工作电压：POE（802.3af）
供电方式	DC 12 V/POE
功耗	基本功耗：2.1 W（DC 12 V）；2 W（POE） 最大功耗：（ICR 切换，红外灯开启等）：4.9 W（DC 12 V）；4.8 W（POE）
工作温度	-10～55 ℃
工作湿度	<95%
外壳材料	塑料
产品尺寸	ϕ120 mm×79 mm
包装尺寸	164 mm×153 mm×111 mm（长×宽×高）

续表

参数名	参数值
净重	426 g
毛重	562 g
安装方式	吸顶安装
执行标准	GB 20517—2006
认证标志	CCC
集类型	烟雾
通信方式	NB-IoT 通信
报警类型	低电量报警;故障报警;烟雾报警
报警音量	≥80 dB,3 m
报警方式	声光报警
消音功能	支持
指示灯	报警、故障及运行指示灯
电池寿命	3 年(根据实际使用状况,电池寿命也可能缩短)
工作电压	DC 3 V
工作电流	静态电流≤35 μA,报警电流≤35 mA
能耗标准	微安级
使用环境	室内
工作温度	-10 ~ 55 ℃
工作湿度	相对湿度≤95%(无凝露)
颜色	大华白
外壳材质	ABS 工程塑料
尺寸	ϕ117.5 mm×50.7 mm
质量	180 g(带电池)
安装方式	配套吸顶式安装板
认证	3C 认证
执行标准	GB 20517—2006

3)智慧用电设备

(1)设备简介

如图 6.15 所示为某品牌智慧用电设备,其具有系统兼容性强及智能多样接入等特点。设备搭配多种传感器使用,通过物联网技术将相关数据传输到管理平台。它可对引发电气火灾的主要因素(过温、过压、过载、漏电、故障电弧等)进行不间断的监测与统计分析,有效地预防电气火灾的发生,设备还具有有功功率、无功功率、功率因数、电能等参数的监测,为楼宇信息化提供数据支持。

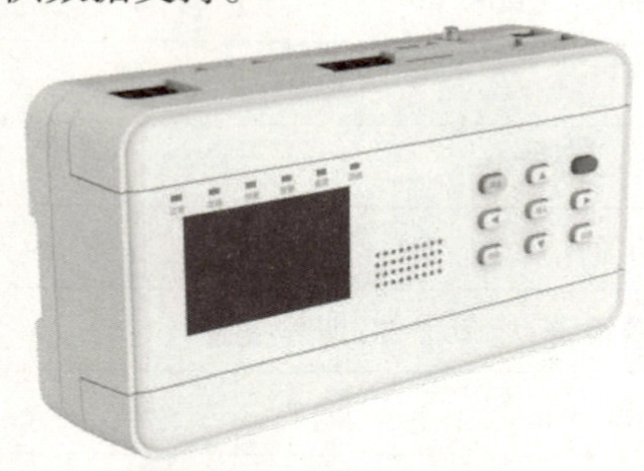

图 6.15　智慧用电设备

(2)产品特点

①采用基于 ARM 核心处理方案,产品性能稳定。

②具有多路输入输出通道:4 路温度探测器,4 路剩余电流(支持调整为电流互感器)。

③实时显示测试量值,并依据设置进行本地声光报警。

④产品经三防处理,稳定性更高。

⑤剩余电流、温度误差均小于 5%。

⑥小型化设计,导轨安装,产品尺寸为 124 mm×81 mm×57 mm,安装操作更方便。

⑦具有开关量输出接口,可控制脱扣继电器进行报警脱扣控制。

(3)技术参数

智慧用电设备的技术参数见表 6.3。

表 6.3　技术参数

参数名	参数值
供电电压	AC 220 V 50 Hz
整机功耗	≤12 W
通信方式	4G 全网通、以太网
探测器类型	剩余电流互感器;电流互感器;NTC 热敏电阻
外部接口	8 路剩余电流/温度探测器;4 路电流;3 路电压;1 路开关量输入;3 路开关量输出;3 路外置故障电弧接口;1 路内置故障电弧接口;1 路 DC 5 V 输出;1 路 DC 12 V 输出;2 路 RS485

续表

参数名	参数值
报警类型	A 相电压、A 相电流、A 相有功功率、A 相无功功率、A 相功率因数、A 相电能、B 相电压、B 相电流、B 相有功功率、B 相无功功率、B 相功率因数、B 相电能、C 相电压、C 相电流、C 相有功功率、C 相无功功率、C 相功率因数、C 相电能、N 相电流、剩余电流\温度、环境温度、环境湿度、故障电弧(打火)和开关量输入
报警声压	≥70 dB(A)@1 m
使用环境	室内
工作温度	-10～55 ℃
工作湿度	≤95% RH(无凝露)
存储温度	-30～70 ℃
存储湿度	≤90% RH(无凝露)
质量	1 kg
产品尺寸	227.1 mm×130 mm×57.1 mm(长×宽×高)
安装方式	C45 型导轨安装
执行标准	GB 14287.2—2014;GB 14287.3—2014;Q/DXJ 524—2020

4)无线消防水压力变送器

(1)设备简介

如图 6.16 所示为某品牌无线消防水压力变送器,它主要用于有消防水管的地方,检测消防管道的压力(或水位),可实现无人监控自动采集压力数据,自动传送数据。根据客户需求定制量程范围及线缆长度,借助软件平台及手机 APP 的配套软件,可显示、记录、保存数据,压力异常实时报警。该款压力变送器,采用高精度、高稳定性隔离膜扩散硅压力传感器作为变送器的感压芯片,带高精度 AD 的微处理器,先进的贴片工艺,通过 NB-IoT 无线网络传输数据,实现无线监控。自带 LCD 液晶显示屏及开机按钮,方便现场随时观测压力,广泛适用于物业消防、城市供排水、石油、化工、电力、水文、地质等行业的流体压力检测。

图 6.16　无线消防水压力变送器

(2)产品特点

①无线输出,无须繁杂的布线安装。

②高容量 17 200 mA · H 电池供电,使用寿命可达 3～5 年,开放式电池设计方便随时更换。

③高灵敏度、高精度、高稳定性。

④微功耗设计,待机电流低至 10 μA(带 LCD 显示 30 μA)。

⑤带数据存储功能,网络故障数据不会丢失。

⑥磁性开关设计可不打开面罩进行常规操作。

⑦全温区温补,良好的电气性能及长期的稳定性。

⑧采样、通信间隔,待机等待时间 60 s~24 h 定制。

⑨可远程修改设备参数。

⑩高性能扩散硅传感器搭配采用高集成度桥式压力传感器信号调理专用先进芯片。

(3)技术参数

无线消防水压力变送器的技术参数见表 6.4。

表 6.4　技术参数

参数名	参数值
采集类型	压强
工作原理	硅传感器
运营商	移动、电信、联通
通信方式	NB-IoT
电池寿命	3 年(根据实际使用状况,电池寿命也可能缩短)
工作电压	DC 3 V
能耗标准	微安级
功耗	≤0.8 W
使用环境	室外
工作温度	-10~55 ℃
工作湿度	≤95%
防护等级	IP65
颜色	大华白
外壳材质	铝合金
尺寸	149.6 mm×90 mm×63 mm(长×宽×高)
质量	1 800 g
安装方式	原位安装
执行标准	Q/DXJ 522—2020

5)无线消防水位变送器

(1)设备简介

如图 6.17 所示为某品牌无线消防水位变送器,它是为电池供电的无线液位变送器,采用微功耗设计,支持多种通信协议,安装使用方便。可广泛应用于水、油等液位自动化测量和监控网络系统。无线输出,无须繁杂的布线安装。微功耗设计,待机电流低至 10 μA(带 LCD 显示 30 μA)。采样、通信间隔,待机等待时间可 60 s ~ 24 h 内定制。高容量 40 000 mA · H 电池供电,使用寿命可达 3 ~ 5 年,开放式电池设计方便随时更换。带数据存储功能,网络故障数据不会丢失。可远程修改设备参数,方便进行功能拓展。磁性开关设计可不打开面罩进行常规操作。高性能扩散硅传感器搭配采用高集成度桥式压力传感器信号调理专用先进芯片。具有高灵敏度、高精度、高稳定性。全温区温补,具有良好的电气性能及长期稳定性。

图 6.17　无线消防水位变送器

(2)技术参数

无线消防水位变送器的技术参数见表 6.5。

表 6.5　技术参数

参数名	参数值
采集类型	液位
工作原理	硅传感器
通信方式	NB-IoT
电池寿命	3 年(根据实际使用状况,电池寿命也可能缩短)
工作电压	DC 3 V
能耗标准	微安级
功耗	≤0.8 W
使用环境	室外
工作温度	-10 ~ 55 ℃
工作湿度	≤95%
防护等级	IP65
颜色	大华白
外壳材质	铝合金
尺寸	149.6 mm×90 mm×63 mm(长×宽×高)
质量	1 800 g

6)图像型火灾探测器

(1)设备简介

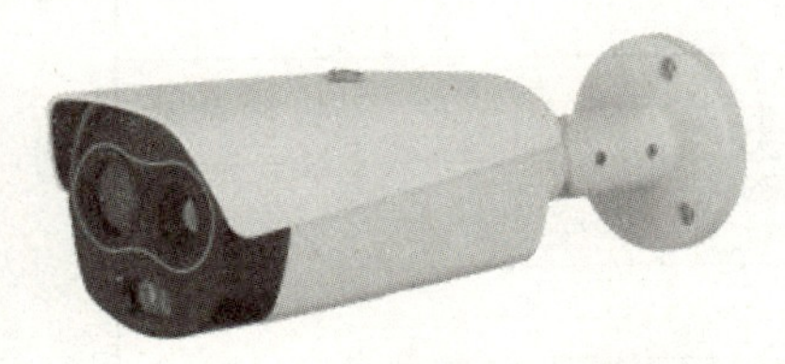

图 6.18　图像型火灾探测器

如图 6.18 所示为某品牌图像型火灾探测器,它属于成像型的探测器,同时具备空间和时间分辨率的探测能力。可以从不同角度(火焰的光学特性、形状、跳动频率、变化趋势等)进行分析,并综合运用神经网络、模拟数学、计算语义学等理论来判断火焰。具有非接触式探测特点,不受空间高度、高温、易爆、有毒等环境条件的限制,采用国际上较先进的智能图像分析技术,能够实现采集并分析现场视频,迅速识别火焰并产生火情报警,支持现场监控、录像及取证,提高了火灾报警的准确率和响应速度,同时有效地避免了各种环境背景因素所产生的干扰。

(2)产品特点

①产品应用于高大空间、隧道、轨道交通等场所。

②同时实现视频监控与火焰识别功能,减少投入。

③火焰识别精度高、时间短,可在火灾发生前期及时扑救。

④预留开关量输出,可用于外接音频,真正做到现场通知与报警。

⑤可与消防平台等进行无缝对接,实现本地、远端接收报警信息。

⑥产品灵敏度可根据实际情况进行适配及调整,实现产品的灵活性与可用性。

⑦产品适用性强,支持走廊模式、背光补偿、强光抑制等,适用于不同环境。

(3)技术参数

图像型火灾探测器的技术参数见表6.6。

表6.6 技术参数

参数名	参数值
整机参数	
外观	双目中枪
使用类型	观测型
热成像参数	
探测器类型	非制冷氧化钒焦平面探测器
探测器像素	400×300
像元尺寸	17 μm
光谱范围	8 ~ 14 μm
热灵敏度(NETD)	≤40 mK@ f/1.0
热成像镜头焦距	19 mm
热成像视场角	水平:20.3°;垂直:15.3°
热成像聚焦模式	定焦
热成像近摄距	5.5 m
探测距离	车:1 490 m,人:558 m
识别距离	车:372 m,人:143 m
辨认距离	车:186 m,人:72 m

续表

参数名	参数值
图像增强	支持
热成像电子放大	19 级
热成像增益控制	自动/手动
热成像降噪	2D 降噪/3D 降噪
热成像图像翻转	180°/镜像
调色板	支持白热，黑热，聚变，彩虹，金秋，午日，铁红，琥珀，玉石，夕阳，冰火，油画，石榴，翡翠，春，夏，秋，冬共 18 种伪彩可调

6.3 任务实施

6.3.1 工程预算

预算也称施工图预算，发生在施工图设计阶段，是以建筑安装施工图设计图纸为对象，依据现行的计价规范（建设工程工程量清单计价规范、相应工程的工程量计算规范），消耗量定额，人材机市场价格，费用标准，按照建设项目施工图预算编审规程，逐级（分项工程、分部工程、单位工程、单项工程）计算的建筑安装工程造价（项目要求时，还要汇总为建设项目建设总投资）。

预算需要具备施工图纸，汇总项目的人、机、料的预算，确定建安工程造价；编制预算关键是计算工程量、准确套用预算定额和取费标准（表 6.7—表 6.10）。

表 6.7 单位工程预算报价汇总表

序号	汇总内容	金额/元	暂估价/元
一	分部分项工程费	474 650.19	
1.1	其中：人工费	167 850.48	
1.2	其中：施工机具使用费	1 869.57	
1.3	住宅消防电系统	458 956.64	
1.4	商铺消防电	15 693.55	
二	措施项目合计	26 223.44	

续表

序号	汇总内容	金额/元	暂估价/元
2.1	单位措施	9 054.64	
2.1.1	其中:人工费	2 830.60	
2.1.2	其中:施工机具使用费		
2.2	总价措施	17 168.80	
2.2.1	安全文明施工费	16 029.96	
2.2.2	其他总价措施费	1 138.84	
三	其他项目费		—
3.1	其中:人工费		—
3.2	其中:施工机具使用费		—
四	规费	20 654.31	—
五	人工费调整		
六	增值税	46 937.51	—
七	甲供费用(单列不计入造价)		
八	含税工程造价	568 465.45	
	预算报价合计	568 465.45	

表 6.8　分部分项工程和单价措施项目清单与计价表

序号	项目编号	项目名称	项目特征描述	计量单位	工程量	金额		
						综合单位/元	合价/元	其中
								暂估价/元
1	031101014003	电源分配柜、箱	1. 规格:消防电源监控主机 2. 型号:详见图纸及技术要求 3. 其他说明:含调试	架	1	3 418.94	3 418.94	
2	031101014004	电源分配柜、箱	1. 规格:漏电火灾监控主机 2. 型号:详见图纸及技术要求 3. 其他说明:含调试	架	1	6 116.91	6 116.91	
3	030904008006	模块(模块箱)	1. 名称:消防电源监控模块 2. 规格:AFPM3-2AVML	个	1	364.34	364.34	

续表

序号	项目编号	项目名称	项目特征描述	计量单位	工程量	金额		
						综合单位/元	合价/元	其中
								暂估价/元
4	030411004014	配线	1. 名称:二总线通信总线 2. 配线形式:管内穿线 3. 型号:WDZBN-RYSP-2×2.5 4. 材质:铜芯 5. 配线部位:穿管敷设	m	102	16.80	1 713.60	
5	030411004015	配线	1. 名称:二总线 2. 配线形式:管内穿线 3. 型号:WDZBN-RYSP-2×1.5 4. 材质:铜芯 5. 配线部位:穿管敷设	m	10	12.45	124.50	
6	030904008007	模块(模块箱)	1. 名称:电气火灾监控模块 2. 规格:ARCM200ML	个	24	342.01	8 208.24	
7	030411004016	配线	1. 名称:RS485 总线 2. 配线形式:管内穿线 3. 型号:WDZBN-RYSP-2×1.5 4. 材质:铜芯 5. 配线部位:穿管敷设	m	324	12.45	4 033.80	
分布小计							23 980.33	
8	031101014002	电源分配柜、箱	1. 规格:防火门监控主机 2. 型号:详见图纸及技术要求 3. 其他说明:含调试	架	1	10 123.11	10 123.11	
9	031101014001	电源分配柜、箱	1. 规格:防火门监控主机 2. 型号:详见图纸及技术要求 3. 其他说明:含调试	架	2	4 983.56	9 967.12	
本页小计							44 070.56	

表 6.9 总价措施项目清单与计价表

项目编码	项目名称	计算基础	费率	金额/元	调整费率/%	调整后金额/元	备注
2.1	安全文明施工费			16 029.96			

续表

项目编码	项目名称	计算基础	费率	金额/元	调整费率/%	调整后金额/元	备注
031302001001	安全文明施工费（通用安装工程）	安装预算人工费+安装机械费（人工预算价）	9.29	16 029.96			
2.2	夜间施工增加费			258.83			
031302002001	夜间施工增加费（通用安装工程）	安装预算人工费+安装机械费（人工预算价）	0.15	258.83			
2.3	二次搬运费						
2.4	冬雨季施工增加费			655.69			
031302005001	冬雨季施工增加费（通用安装工程）	安装预算人工费+安装机械费（人工预算价）	0.38	655.69			
2.5	工程定位复测费			224.32			
03B999	工程定位复测费（通用安装工程）	安装预算人工费+安装机械费（人工预算价）	0.13	224.32			
2.6	其他						
合计				17 168.80			

表6.10　单位工程主材表

序号	名称及规格	单位	数量	市场价/元	市场价合计/元
1	应急照明配线 WDZBN-BYJ-2.5MM2	m	725.55	2.41	1 748.58
2	消防电源监控主机	台	1	2 280	2 280
3	漏电火灾监控主机	台	1	3 515	3 515
4	消防电源监控模块 AFPM3-2AVML	个	1	142.03	142.03

续表

序号	名称及规格	单位	数量	市场价/元	市场价合计/元
5	二总线通信总线 WDZBN-RYSP-2×2.5	m	1 110.16	14.63	1 611.64
6	二总线 WDZBN-RYSP-2×1.5	m	10.8	10.71	115.67
7	电气火灾监控模块 ARCM200ML	个	24	119.7	2 872.8
8	RS485 总线 WDZBN-RYSP-2×1.5	m	349.92	10.71	3 747.64
9	防火门监控主机	台	1	4 241.75	4 241.75
10	防火门监控分机	台	2	2 381.65	4 763.3
11	防火门监控模块	个	132	55.1	7 273.2
12	门磁开关 AFRD-MC	套	132	29.02	3 830.64
13	门磁释放器 AFRD-DC	台	32	123.5	3 952
14	防火门监控线 WDZBN-RYSP-2×2.5	m	579.01	14.63	8 470.92
15	防火门监控电源线 WDZBN-RYS-2×2.5	m	579.01	6.77	3 919.9
16	防火门监控线 WDZBN-RYSP-2×1.5	m	158.63	10.71	1 698.93
17	消防广播主机 GST-XG9000S/T	台	1	1 580.8	1 580.8
18	消防电话主机 GST-TS9000	台	1	798	798
19	火灾报警联动一体机	台	1	25 963.5	25 963.5
20	手动报警按钮(带电话插孔)	个	184	24.4	4 489.6
21	感烟探测器	个	919	24.4	22 423.6
22	感温探测器	个	128	20.28	2 595.84

6.3.2 施工组织方案

根据消防工程的设计要求及功能、特点、施工条件、质量及工期要求,该公司决定在现场成立一个技术过硬、精干的项目部,抓好工程施工、质量、施工进度,负责人、财、物的合理调配,科学管理,加大协调力度、做好各工种的协同作业,及时处理施工过程中的技术问题,从而保证工程质量、施工进度、安全、文明施工,确保工程按期完成,确保质量达到优良。为此该公司决定,由相关职称的同志任项目经理,实现人、财、物三位一体的管理优势,同时配备素质技术力量和施工的队伍,投入工程管理及技术施工作业,机构形式如图 6.19 所示。

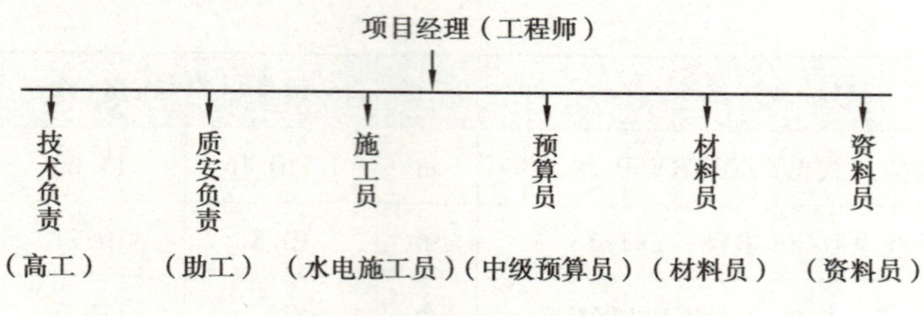

图 6.19　施工组织方案

6.3.3　施工技术方案

消防弱电系统施工,本案例中智慧消防工程项目包括智能火灾预警监控系统、智慧安全用电监测系统、消防水智能监测系统、燃气探测监控系统和视频监控系统。这里主要对各个系统中用到的消防设备的安装和调试进行详细介绍。

1)火灾探测器的安装

探测器应按设计要求区分的类型选用,并且要逐个进行模拟试验,经试验合格后才能使用。

①感烟、感温探测器具体安装位置应符合下列规定:

a. 探测器至墙壁、梁边的水平距离,不应小于 0.5 m。

b. 探测器周围 0.5 m 内不应有遮挡物。

c. 探测器至空调送风口边的水平距离,不应小于 1.5 m,至多孔送风顶棚孔口的水平距离不应小于 0.5 m。

d. 在宽度小于 3 m 的内走道顶棚上设置探测器,宜居中布置。感温探测器的安装间距,不应超过 10 m;感烟探测器的安装间距,不应超过 15 m。探测器距离端墙的距离,不应大于探测器安装间距的一半。

e. 探测器宜水平安装,当必须倾斜时,倾斜角不应大于 45°。

②探测器底座应固定牢靠,并应使探头报警灯面对从主要入口处便于观察的方向。

③探测器的端子应根据不同类型,按照功能与极性正确连线,其导线连接必须可靠压接,线头搪锡时,不得使用带腐蚀性的助焊剂。

④探测器及底座的外接导线,应留有不小于 15 cm 的余量,入端处应有明显标志。

⑤探测器底座穿线孔宜封堵,安装完毕后的探测器底座应采取保护措施。探测器在即将调试时方可安装,在安装前应妥善保管,并应采取防尘、防潮、防腐蚀措施。

⑥模块的安装。模块应按设计要求选用不同类型的模块。模块具体安装方式按要求可分为集中放置的模块箱内的安装和现场就地模块盒内的安装。

模块安装应固定牢靠,其导线的连接应按信号线、电源线的功能正确连线,其导线连接必须可靠压接,线头搪锡时,不得使用带腐蚀性的助焊剂。模块在盒和箱内安装连线后的穿线孔应封堵。

2)手动火灾报警按钮的安装

手动火灾报警按钮应安装在墙上距地(楼)面高度 1.5 m 处,应安装牢固,不得倾斜,按钮的外接导线，应留有不小于10 cm的余量，且在其端部应有明显标志。

①设备安装前土建工作应具备以下条件：

a. 屋顶、楼板施工完毕，不得有渗漏。

b. 结束室内地面工作。

c. 预埋件及预留孔洞符合设计要求，预埋件应牢固。

d. 门窗安装完毕。

e. 对安装设备有影响的装饰工作全部结束。

②火灾报警联动控制器在墙上安装时，其底边距地（楼）面高度不应小于1.5 m，落地安装时，其底端宜高出地坪0.1～0.2 m，控制器应安装牢固，不得倾斜，安装在轻质墙上时应采取加固措施。

③引入控制器的电缆或导线，应符合下列要求：

a. 配线应整齐，避免交叉，并应固定牢靠。

b. 电缆芯线和所配导线的端部，均应标明编号，并与图纸一致，字迹清晰不易褪色。

c. 端子板的每个接线端，接线不得超过两根。

d. 电缆芯和导线的端部，应留有不小于20 cm的余量。

e. 导线应绑扎成束。

f. 导线引入线穿线后，在进线管处应封堵。

④控制器与主电源引入线，应直接与消防电源连接，严禁使用电源插头，主电源应有明显标志。控制器的接地应牢固，并有明显标志。其接地电阻应符合以下要求：

a. 工作接地电阻值应小于4 Ω。

b. 采用联合接地时，接地电阻应小于1 Ω。

3）消防控制设备的安装

消防联动控制设备在安装前，应进行功能检查，不合格者不得安装。

消防控制设备的外接导线，当采用金属软管作套管时，其长度不宜大于2 m，且应采用管卡固定，其固定点间距不应大于0.5 m，金属软管与消防控制设备的接线盒（箱）应采用锁母固定，并应根据配管规定接地。

消防控制设备外接导线的端部，应有明显标志。消防控制设备盘（柜）内不同电压等级，不同电流类别的端子，应分开，并有明显标志。

（1）消防对讲电话系统的安装

系统主机的安装可参照火灾报警联动控制器进行安装。消防对讲电话插孔的安装可参照手动火灾报警按钮安装。

（2）火灾自动报警系统的调试

①调试人员的组成。

调试负责人必须由资深的专业人员担任，所有调试人员应职责分明。

②调试中应特别注意的事项。

注意强弱电结合部，防止强电窜入弱电，造成人员伤亡和设备损坏事件。

③调试中应先进行单机通电检查后作系统调试。

④通过逐个单机通电检测,剔除不报或误报的探测器、手动报警按钮。

⑤区域机、主机应作以下检查:

a. 通电前应作工作接地或者安全接地的检查。

b. 自检正常后方可接入报警回路进行报警部分的调试。

c. 声光警报器等火灾警报装置先外接直流电源进行功能检查。

d. 火灾事故广播可用外接扬声器或监听扬声器作放音检查。

e. 消防控制设备可用三用表,外接灯泡、继电器等进行检查。

f. 火灾自动报警系统通电后,应按 GB 4717 的要求进行相关功能检验。

⑥单机调试后进入系统调试。

a. 报警回路逐个接入,一个回路调试正常后,再接入下一个回路。

b. 对探测器、按钮等逐个进行检验,排除错号、重号。

c. 根据设计要求,进行控制功能软硬件编程,并在检查控制模块、联动继电器的动作符合编程指令后,接入控制对象进行联动调试。

d. 检查主、备电分别供电时,各项控制和联动功能是否正常。

系统调试完毕连续无故障运行 120 h 后,填写调试报告,申请系统验收。消防报警及联动开展系统施工工艺流程图如图 6.20 所示。

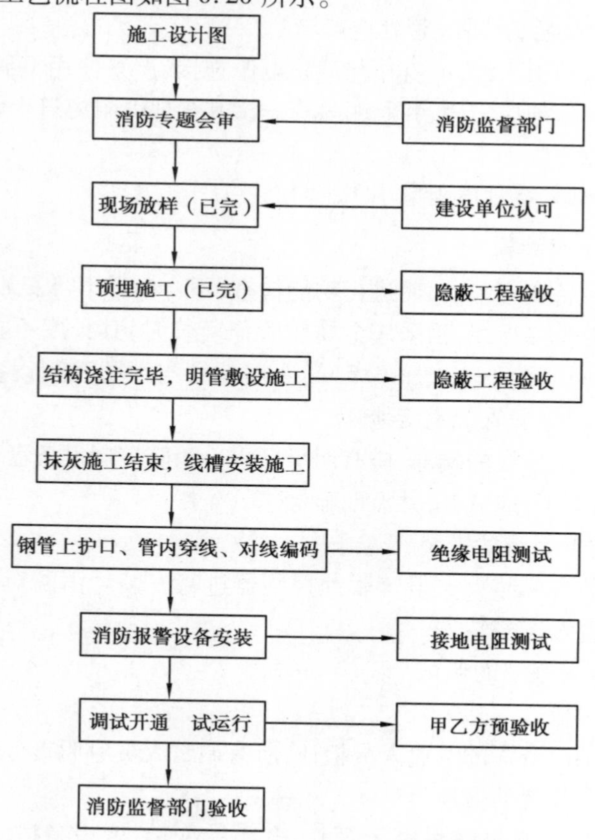

图 6.20 施工工艺流程图

6.3.4 项目实施成功关键

智慧消防工程项目需要取得成功的关键因素在于以下 4 个方面：

1)多部门的协同

社区管理层的支持对智慧消防系统的实施结果至关重要。管理者的支持表现在项目决策的制订、明确的授权、解决问题标准保持一致、引入有效的变革管理战略、选择企业最恰当的时机实施项目。在项目中，需要多部门核心成员以项目指导委员会的形式积极参与项目。

2)智慧管理模式和思想落地

在项目实施过程中，需要将社区特点、消防管理思想融入智慧消防产品应用中，切实地将消防法规管理模式和思想落地。深刻理解智慧消防系统中蕴藏的管理思想，是帮助我们用好系统的关键。在本项目中，通过项目组与各级人员不断沟通与交流，传递消防管理理念。

3)良好的项目管理

优秀的项目经理按照成熟方法论，综合考虑消防和社区元素，制订出高质量的符合实际的项目计划并恪守项目里程，听取用户意见建议，重视培训并制订项目实施后的支持和维护计划。

快速、成熟的实施方法论能够深入消防业务，覆盖项目实施的全生命周期，具有以下特点：

①切合实际的实施模式，与实际项目同步，通过智慧管理保证单位企业对消防工作的执行力。

②富有长期经验的实施队伍。

③具有强大的可配置化功能。

④针对独有区域的特点，满足未来发展的需要。

4)智慧、稳定和安全的可视化系统

①严格执行国家的消防管理法律法规，保证系统的专业性和实用性。

②运用先进的开发技术进行研发，吸取成熟的系统经验，经过实践证明系统稳定。

③具有先进的数据加密和身份认证措施，确保软件安全、可靠。

【任务小结】

本项目针对物联网工程设计与实施中的智慧消防工程项目，通过实际项目详细地介绍了需求分析、概要设计、整体方案设计、设备选型以及任务实施。

通过智慧消防工程项目的学习，读者可以学会智慧消防工程项目的要求编写设计方案，物联网工程项目的设计流程，根据项目中的设备选型，查阅智慧消防工程中的各类物联网设备的参数和含义，以及能够学会项目概预算定额。

本项目相关知识技能如图 6.21 所示。

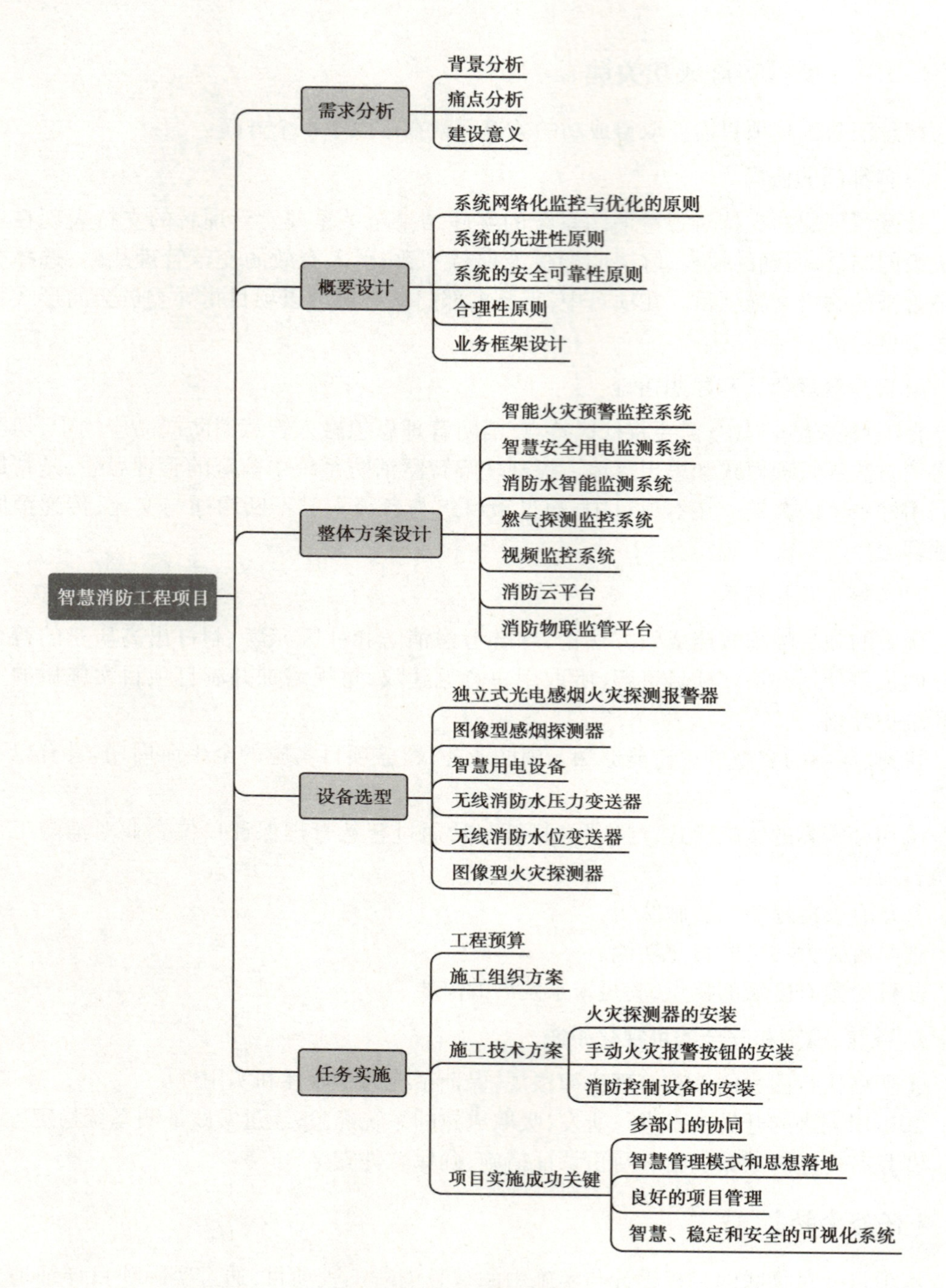

图 6.21　任务小结

【任务拓展】

通过本项目内容的学习，结合智慧消防需求分析和概要设计内容以及项目验收的要求，请设计一份详细的项目验收文档。

【任务工单】

项目6:智慧消防工程项目实施案例	任务:智慧消防工程项目验收报告

请以承建方角度完成验收工作流程、形成验收报告,可参考以下内容:

承建方验收文档审核流程

(一)承建方验收文档组成

1. 承建方验收文档清单

2. 建设项目招标文件、投标文件、合同规定的交付文档

3. 前期资料

(1)资金审核表(是前期立项材料,一般由建设方提供)

(2)招标文件(由承建方打印一份,无须装订到交付材料中)

(3)投标文件(一般由建设方提供,如果建设方无法提供,则由承建方打印一份,无须装订到交付材料中)

(4)合同

4. 启动阶段

(1)开工申请表[包括附件:项目总体计划、项目实施方案、质量保障计划、人员组织架构、安全文明施工承诺书(涉及安全作业的需要提供)]

(2)开工令

5. 设计阶段

软件部分:

(1)需求调研计划

(2)需求调研纪要

(3)需求规格说明书

(4)需求评审报告(建设方、承建方、监理方三方或专家对需求评审的结论)

(5)系统设计说明书(含概要设计说明书、数据库设计书)

(6)设计评审报告(建设方、承建方、监理方三方或专家对需求评审的结论)

硬件部分:

(1)《设计方案》

(2)《设计图纸》

6. 实施阶段

软件部分:

(1)测试方案(含测试计划)

(2)测试用例

(3)测试报告

硬件部分:

(1)硬件设备清单(来源于合同/投标文件)

(2)设备报验单(报验申请单及设备到货清单)

(3)到货设备附件材料(出厂合格证/质保书、第三方检测报告、使用说明书/用户手册重要页数)

(4)设备到货验收表(三方签字盖章)

(5)联调测试方案(含联调测试计划)

(6)联调测试报告

续表

7. 变更申请、支付申请及日常文档 (1)变更申请单 (2)支付款申请单 (3)监理工作联系单、通知单、警告单、停/复工令 (4)承建方项目周报 (5)承建方内部会议纪要(含会议签到表) (6)决算表 8. 系统验收阶段 培训: (1)培训方案(含培训计划) (2)培训材料(如:PPT、视频、用户手册等) (3)培训会议纪要或培训记录(含培训签到表、培训反馈表) 试运行: (1)试运行方案 (2)系统部署手册 (3)试运行情况记录表 (4)试运行报告 验收: (1)验收申请表[附件:试运行报告、项目总结报告(含运维承诺)] (2)用户试用报告(由用户方出) (3)承建方验收汇报 PPT(现场汇报用,不用打印装订) (4)验收备忘录(视项目情况确定是否需要提供) (5)验收合格表(不在装订成册之内) (6)专家验收意见(含专家签到表,不在装订成册之内) (二)审核流程 1. 承建方准备验收材料电子版,于验收前一周提交监理工程师 2. 监理工程师审核承建方验收文档组成的完整性 3. 监理工程师审核验收文档详细内容 4. 项目经理复审 5. 部门总监终审 6. 承建方打印所有验收文档,并三方签字、盖章 7. 监理工程师审核纸质文档,检查签字、盖章是否齐备 8. 项目经理复审 9. 部门总监终审 10. 承建方装订成册 11. 承建方提交纸质验收材料到甲方

【评价反馈】

项目 6:智慧消防工程项目实施案例
本次任务关键知识引导 1. 智能火灾预警监控系统由(　　　　　)、(　　　　　)等部分组成。 2. 智慧安全用电监测系统中常用的感知设备有(　　　　　)、(　　　　　)、(　　　　　)等。 3. 消防水智能监测系统中的 NB-IoT 终端有(　　　　　)、(　　　　　)、(　　　　　)。 4. 燃气探测监控系统的通知方式有(　　　　　)、(　　　　　)、(　　　　　)等。 5. 视频监控系统中所使用的摄像头有(　　　　　)、(　　　　　)、(　　　　　)3 种。 6. 消防物联监管平台通过(　　　　　)、(　　　　　)、(　　　　　)、(　　　　　)使各方能直接掌握消防系统的健康状况和各种异常状态事件。 7. 编制预算的关键是(　　　　　)、(　　　　　)、(　　　　　)。 8. 手动火灾报警按钮,应安装在墙上距地(楼)面高度(　　　　　)m 处,应安装牢固,不得倾斜,按钮的外接导线,应留有不小于(　　　　　)cm 的余量,且在其端部应有明显标志。 9. 系统调试完毕连续无故障运行(　　　　　)h 后,填写调试报告,申请系统验收。 10. NB-IoT 技术的优势是(　　　　　　　　　)。

【拓展阅读】

市场动态、主流品牌、最新技术

随着智慧城市和智慧楼宇概念的提出,消防智能化已成为行业发展趋势。根据智慧城市的建设推进步伐,预测未来 5 年,中国智慧消防投资增速有望保持在 15% 左右,智能消防市场大有可为。5G 与消防的深度融合为智能应急疏散系统提供了整体解决方案的技术支撑,对智慧消防行业的发展起到了极大的推动作用。

近两年,海康威视、大华股份等大型企业纷纷布局智慧消防市场,并在其智慧消防的解决方案中分别融入了大数据、云计算、物联网、人工智能等新兴技术手段,把消防设施、消防监督管理、灭火救援等各要素有机“链接”,实现实时、动态、融合的消防信息采集、传递和处理。现阶段,国内市场竞争格局较为分散,对标全球市场及安防行业,消防行业集中度有望提升。

从行业发展的逻辑上看,随着社会及居民消防意识的增强,行业竞争将由价格竞争转为质量竞争。综合实力较强,产品质量高的龙头企业有望扩大市场占有率,挤压尾部企业。

项目 7
智慧农业工程项目实施案例

【引导案例】

对于发展中国家而言,智慧农业是智慧经济主要的组成部分,是发展中国家消除贫困、实现后发优势、经济发展后来居上、实现赶超战略的主要途径。智慧农业是物联网技术在现代农业领域的应用,主要有监控功能系统、监测功能系统、实时图像与视频监控系统(图 7.1)。

农业信息化、智慧化是农业发展的必然阶段,是新时期农业和农村发展的一项重要任务,是实现国民生计的大事。以农业信息化带动农业现代化,对促进国民经济和社会持续、协调发展具有重大意义。进一步加强农业信息化建设,通过信息技术改造传统农业、装备现代农业,通过信息服务实现小农户生产与大市场的对接,已经成为农业发展的一项重要任务。

图 7.1　智慧农业示意图

【职业能力目标】

- 能根据设备结构以及规格,使用合适的附件正确组装设备。
- 能根据物联网网关设备说明书,正确完成安装及位置调整。
- 能根据传感网络的配置文档,完成 ZigBee、Wi-Fi、RS485、CAN 等网络参数的设置、配置及调试等。
- 能根据售后服务目标,完成系统常见问题处理方案的编写。
- 能根据物联网网关、网络通信等数据,准确分析设备异常原因,完成故障排除。

【任务分析】

任务描述：

小张所在的公司接到了一个××智慧农场的项目，前期的项目设计和方案都已经完成，现在公司把项目方案的实施交付给小张，让他来负责××智慧农场项目的现场实施工作。在实施方案中提供了项目的拓扑结构和设备接线图，小张现在带领相关工作人员对设备进行安装和调试工作。

小张所在的公司现在对××智慧农场的项目进行了相关的方案设计，公司将这个任务交给了小张，他要充分分析该项目的特点，制订一套完善的符合该智慧农业的服务方案，并与农场的需求方探讨和确认，该方案中，需要对系统可能存在的易发故障点作出详细的罗列，确保能较好地完成系统的安装调试和运维任务。

任务要求：

- 设备的安装与调试。
- 智慧农业应用系统的部署使用。
- 罗列智慧农业系统易发故障点。
- 给出易发故障点的处理意见和操作基本流程。

7.1 知识储备

7.1.1 智慧农业设备的安装与调试

1）用电安全导则

标准是对重复性事件和概念所作的统一规定。国家出台了《用电安全导则》（GB/T 13869—2017）。该标准由标准化机构中国国家标准化管理委员会于2017年发布，2018年实施。该标准规定了电气设备在设计、制造、安装、使用和维护等阶段的用电安全基本原则和基本要求，其目的是规范安全用电的行为并为人身及财产提供安全保障。

标准中规定：用电产品应按照制造商要求的使用环境条件进行安装，如果不能满足制造商的环境要求，应该采取附加的安装措施。例如，为用电产品提供防止外来电气、机械、化学和物理应力的防护。选择用电产品，应确认其符合产品使用说明书规定的环境要求和使用条件，并根据产品使用说明书的描述，了解使用时可能出现的危险及应采取的预防措施。用电产品检修后重新使用前应再次确认。用电产品应该在规定的使用寿命期内使用，超过使用寿命期限的应及时报废或更换，必要时按照相关规定延长使用寿命。

2)电气产品的安装与使用

随着物联网的发展,智能家居产品走进寻常百姓家。智能家居通过物联网技术将家中的各种设备,如照明系统、窗帘控制、安防系统等设备连接到一起,提供照明控制、暖通控制、防盗报警等多种功能和手段。以智能家居中较常见的智能扫拖机器人为例,介绍产品的安装与使用。从正规渠道购买的电器产品均配有产品使用说明书,使用说明书内容包含产品介绍(含产品及配件清单)等。

按照说明书中的清单核对产品及其配件,查看说明书的技术参数是否符合本地用电要求,家庭供电能力是否满足要求,特别是配线容量、插头、插座、保险、电表是否满足要求。了解电器的绝缘性能,如果是靠接地作漏电保护的,则接地线必不可少。带有电动机类的电器还应了解耐热水平,是否能长时间持续运行。明确产品说明书中对安装环境的要求,尽量置于避免湿热、多尘、易燃、易爆、腐蚀性气体的环境中。凡要求有保护接地或保安接零的家用电器,都应采用三脚插头和三眼插座,不得用双脚插头和双眼插座代用,造成接地(或接零)线空挡。

确认环境等硬件参数符合产品说明书要求后,参考产品说明书的方法,将充电座卡入防水垫凹槽内,充电座水平靠墙旋转并插入墙壁插座上。为水箱注水并依次安装水箱、拖布等。扫拖机器人主机的沿墙传感器贴合充电座的回充传感器以便为主机充电。下载厂商相应的APP,为主机配置使其加入WLAN,并可在APP中设置清扫模式、扫拖区域等。

3)安全用电原则

施工现场的用电设备接地、接零、漏电保护等应根据工程特点、实际情况、规模和地质环境特点以及操作维护情况,确定保护方式,最大限度防止人身受到电流伤害,以达到保障人身安全的目的。

(1)接地保护原则

接地保护原则是指在中性点不接地的低压系统中,正常情况下各种电力装置的不带电的金属外露部分、电能供应的设备外壳都应接地的(特殊规定例外)保护原则。例如,电机、变压器、携带式或移动式用电器具的金属底座和外壳;电设备的传动装置;配电、控制、保护屏(柜、箱含铁制配电箱)及铆焊、焊工的操作平台的金属框架和底座都应接地保护。

(2)接零保护原则

接零保护原则是指在施工现场的电气设备不带电的外露导电部分应作保护接零的原则。例如,安装在电力杆线上的开关、电容器等电气装置的金属外壳及支架;环境恶劣或潮湿场所(如锅炉房、食堂、地下室及浴室、电缆隧道)的电气设备必须采用保护接零。在敷设保护零线时,保护零线应单独敷设,不作他用。保护零线不得装设开关或熔断器。

(3)漏电保护原则

漏电保护原则是指在施工现场的电气设备在设备负载线的首端处设置漏电保护器。电气设备漏电时,将呈现异常的电流或电压信号,漏电保护器通过检测、处理此异常电流或电压信号使执行机构动作。漏电保护器分为电流型漏电保护器和电压型漏电保护器,电流型漏电保护器根据故障电流动作,电压型漏电保护器根据故障电压动作。

4)设备安装方式

常见设备安装方式有立杆式安装、壁挂式安装、吊顶式安装、导轨式安装等方式。其中,壁挂式安装、吊顶式安装、导轨式安装,通常选择厂家设备配备的结构件进行安装;立杆式安装通常根据现场情况以及设备安装规范的要求选择不同的立杆标准进行安装。

安装前,需掌握设备的原理、构造、技术性能、装配关系以及安装质量标准。要详细检查各零部件的状况,不得有缺损。要制订好安装施工计划,做好充分准备,以便安装工作顺利进行。安装前要认真阅读设备说明书,尤其是说明书中要求的安全注意事项一定要遵守,接线要按图纸要求使用合适截面积的线缆。

设备的安装要在断电的情况下进行,正确连接电源正负极和信号线,所有部件安装到位并检查完确认连线正确后才允许上电,防止设备接线错误导致设备损坏。固定设备的螺丝、垫片应该按照规格要求进行选择,要将设备固定紧实,不得遗漏,防止设备固定不牢固导致设备脱落,造成不必要的人员受伤或设备损坏。

(1)导轨式安装

导轨式安装是指借助导轨条,将设备安装至导轨条上,如图7.2所示。DIN导轨式安装是德国工业标准,是工业电气元件的一种安装方式,安装支持此标准的电气元件可方便地卡在导轨上而无须用螺丝固定,维护很方便。常用导轨宽度为35 mm,一些新型空气开关、接触器、断路器、小型继电器等都采用了这种标准。使用导轨式安装方法应先确认安装设备背面是否有安装卡扣、导轨条是否固定结实、是否有合适的设备安装位置。

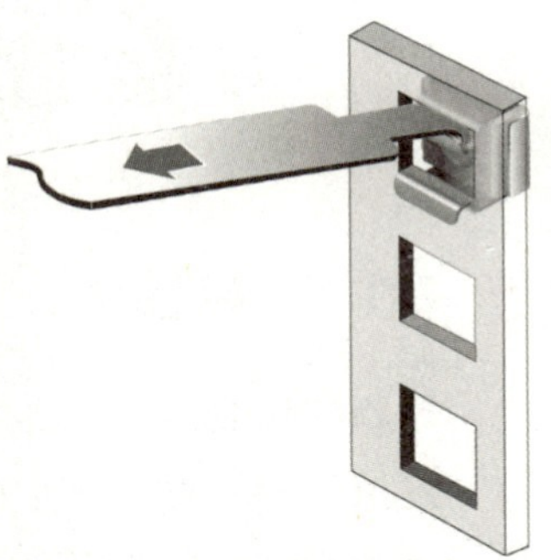

图7.2 导轨式安装

(2)壁挂式安装

壁挂式安装在生活中随处可见,如家中墙壁上的热水器、电视灯等一般都采用壁挂式,顾名思义,即借助壁挂支架,将设备安装至墙壁上,如图7.3所示。壁挂式安装方法应先将膨胀螺丝打入墙壁内,把支架固定在安装位置并确认水平垂直性,再将设备挂在支架上。壁挂式安装可以节约安装空间,所选的墙面应为承重墙,不同厂商的安装方法会有所不同。

图7.3 壁挂式安装

(3)机架式安装

机架式安装最常见的是服务器机架、网络设备机架,如机房中的交换机机架。以服务器机架为例,服务器机架是专门用来存放和组织T设备的机架。行业标准的服务器机架有一个19英寸(1英寸=2.54厘米)的前面板,有3种标准宽度:19英寸、23英寸、24英寸。而服务器机柜则是用来组合安装面板、插件、插箱、电子元件、器件和机械零件与部件,使其构成一个整体的安装箱。不具备封闭结构的机柜称为机架。机架式服务器是专门设置在服务器机架中的服务器。当服务器安装在机架中时,通常使用导轨套件来完成,允许服务器滑入和滑出机架,以提供便捷的机架可维护性,如图7.4所示。

图7.4　机架式安装

7.1.2　智慧农业系统网络搭建

1)ZigBee 协议设备组网

ZigBee 是与蓝牙类似的一种短距离无线通信技术,国内有人翻译成“紫蜂”。ZigBee 的标准化组织包括 EEE802.5.4(TG4)工作组和 ZigBee 联盟。目前 ZigBee 联盟已推出 ZigBee3,它定义了从网状志网络到通用语言,可让智能对象协同工作。在 IEE821.4 中共规定了27个信道。ZigBee 网络拓扑结构有星形网络、簇状形网络、网状形网络。不同的网络拓扑对应不同的应用领域,在 ZigBee3 无线网络中,不同的网络拓扑结构对网络节点的配置不同,网络节点的类型有协调器、路由器和终端节点。

ZigBee 无线网络具有低功耗、低成本、时延短、数据传输速率低、网络容量大、有效范围小、工作频段灵活、兼容性好、安全性高等特点。一个 ZigBee 设备可以与254个设备相连接,一个 ZigBee 网络可以容纳65 536个从设备和1个主设备,一个区域内可以同时存在100个 ZigBee 网络。在有节点加入和撤出时,网络具有自动修复功能。ZigBee 的工作频段为2.4 G(全球)、868 MHz(欧洲)、915 MHz(美国),均为免执照频段。ZigBee 协调器是每个独立的 ZigBee 网络中的核心设备,负责选择一个信道和一个网络 ID(PAN ID)启动整个 ZigBee 网络。ZigBee 协调器主要负责建立和配置网络。一旦 ZigBee 网络建立完成后,整个网络的操作就不再依赖协调器了,它与普通的 ZigBee 路由节点就没什么区别了。ZigBee 路由节点允许其他设备加入网络,多台路由器协助终端设备通信。一般情况下,ZigBee 路由节点需一直处于工作状态,必须使用电力电源供电。但当使用树形网络拓扑结构时,允许 ZigBee 路由节点间隔一定的时间操作一次,此时 ZigBee 路由节点可以使用电池供电。ZigBee 终端节点入网过程和 ZigBee 路由节点一样,大部分情况下处于空闲或者低功耗休眠模式,ZigBee 终端节点可以由电池供电。

目前市场上主要 ZigBee 芯片提供商(2.4 GHz)有 TI、JENNIC 等,ZigBee 技术提供方式有 3 种:①ZigBee RF+MCU,如 TI 公司的 CC2420+MSP430 微控制器;②单芯片集成 SOC,如 TI 公司的 CC2430/CC2431(8051 内核);③单芯片内置 ZigBee 协议栈+外挂芯片,如 JENNIC 公司的 JN5121+EEPROM。

以某款 ZigBee 模块,单片机型号为 CC2530 为例,支持 2.4 GHz 频段,实现 ZigBee 协调器接收 ZigBee 终端节点数据,并在计算机上显示接收的数据。实验环境如图 7.5 所示。

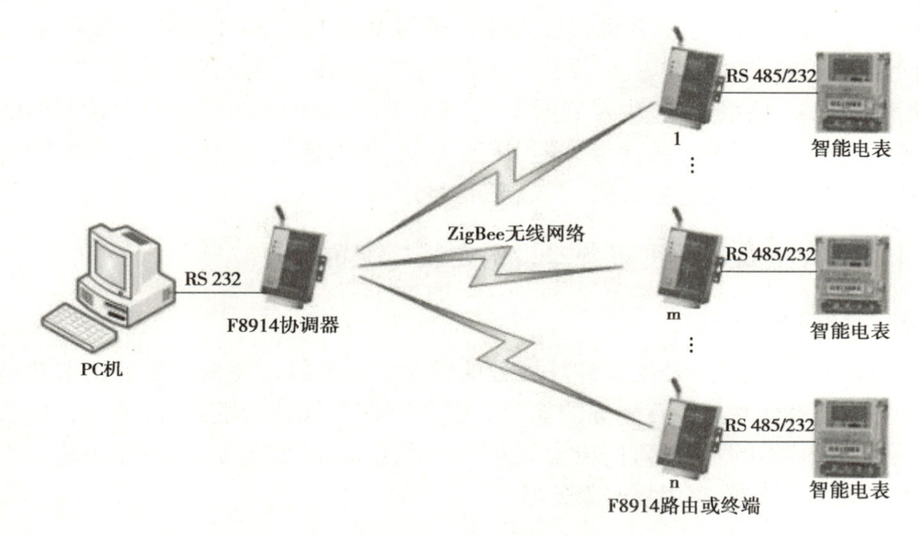

图 7.5 ZigBee 模块

2) Wi-Fi 协议设备组网

Wi-Fi 是无线保真的缩写,英文全称为 Wireless Fidelity,在无线局域网范畴是指"无线兼容性认证",实质上是一种商业认证,也是一种无线联网技术,与蓝牙技术一样,同属于在办公室和家庭中使用的短距离无线技术。与蓝牙技术相比,它具备更高的传输速率,更远的传播距离,已经广泛应用于笔记本、手机、汽车等领域中。主流的 Wi-Fi 标准是 802.11b、802.1g、802.11n(也称为 Wi-Fi4)、802.1lac(也称为 Wi-Fi5)和 802.11ax(也称为 Wi-Fi6)。

它们之间是向下兼容的。802.11ac 理论最快可以达到 6.9 Gb/s,802.11ax 理论最大速率为 10 Gb/s 左右。

(1)Wi-Fi 通信原理

Wi-Fi 组网结构有一对多和点对点。最常用的 Wi-Fi 是一对多结构的,指一个接入点、多个接入设备,如无线路由器。Wi-Fi 还可以采用点对点结构,如两台笔记本电脑不经过无线路由器用 Wi-Fi 直接连接。2.4 G 的 Wi-Fi 划分为 14 个频道,每个频道的带宽为 20~22 MHz,不同的调制方式带宽稍有不同。目前,常用的 Wi-Fi 加密方式有 WEP、WPA、WPA2。

(2)基于 Wi-Fi 网络搭建示例

目前的笔记本是自带无线网卡的,即可以通过连接 Wi-Fi 实现外网或内网连接。部分台式机则不具备无线网卡,当台式机想连接 Wi-Fi 上网,则需购买无线网卡。目前市面上的无线网卡按接口不同,分为 PCIE、NGFF、USB3.0、USB2.0;按天线安置方式分为内置与外置;按规格分为 Wi-Fi6、AC3200、AC2100、AC1900、AC1200、AC1300、AC650 等;按主芯片厂商分为 Intel、博通、瑞昱、联发科等;按品牌分为 SSU、TP-Link、COMFAST、水星、腾达;按支持的 Wi-Fi 协议分为 Wi-Fi4、Wi-Fi5、Wi-Fi6。以某款通用串行总线(Universal Serial Bus,USB)无线网卡为例,实现台笔记本双无线网卡连网。

免驱款 USB 无线网卡只需将其插入计算机的 USB 接口即可使用,需要驱动的 USB 无线网卡在使用前应先安装驱动,操作较为简单。安装或无须安装驱动后,可在"控制面板-网络和 Internet-网络连接"中看到两个 WLAN 图标,USB 无线网卡的设备名称中会有"USB"单词,分别为两个无线网卡分配 IPV4 地址、子网掩码、默认网关、首选 DNS 服务器,并将两个无线网卡同时接入同一个无线信号。

7.1.3 智慧农业系统服务器设备安装与配置

1)常见的服务器设备

服务器,也称伺服器,是提供计算服务的设备。服务器需要响应服务请求并进行处理,应具备承担服务并且保障服务的能力。服务器按外形分为塔式、刀片式、机架式;按指令集分为 CISC、RISC、EPIC;按功能分为计算型、存储型、其他型;按应用类型分为文件服务器、数据库服务器、应用程序服务器。

(1)机架式服务器

机架式服务器可以一台一台地放到固定机架上。多由服务器数量较多的大型企业使用。常见的就是 1U 服务器(尺寸:4.445 cm)、2U 服务器(尺寸:8.89 cm)、4U 服务器(尺寸:17.78 cm)。在实际使用中,1U 或者 2U 服务器是最经常使用的。机架式服务器受内部空间限制,扩展性较受限制。

(2)刀片式服务器

刀片式服务器顾名思义形状像刀片一样,一片片叠放在机柜上。应用于大型的数据中心或者需要大规模计算的领域,它是机架式主机的再进化。刀片式服务器比机架式服务器更省空间,但扩展性差。

(3)塔式服务器

塔式服务器的主机机箱比较大,正面看起来像 PC。适合常见的入门级和工作组级服务器应用,性能可以满足大部分中小企业用户的要求。塔式服务器的主板扩展性较强,机箱内部往往会预留很多空间,以便进行硬盘、电源等的冗余扩展。

2)机架式服务器设备安装

各厂商服务器安装方法不尽相同,以 Oracle 公司的 SPARC T7-4 服务器安装为例。

(1)设备及附件准备

安装前应先确认服务器及随附的组件、安装所需的工具,如十字螺丝刀、梅花螺丝刀、标记笔、胶囊、切刀、重型剪刀等，如图7.6所示。

(2)安装机架装配工具包

安装机架前应先确认机架的兼容性，如机架滑轨安装孔大小、机架深度、结构等。确认机架安装所需的硬件，确认机架中是否有足够的垂直空间来安装服务器，并标记前机/后机框滑轨的装配孔。

图7.6 螺丝刀套件

安装机架装配工具包中机框滑轨可参考以下步骤：

①将左侧机框滑轨放在标记位置。

②使用标配螺丝固定后机框滑轨托架顶部和底部的孔、机框滑轨前部中心的孔。

③将卡式螺母插入机框滑轨托架顶部正上方的孔中。

按以上步骤安装右侧机框滑轨。

(3)安装服务器到机柜

安装服务器前应先从箱子中取出服务器，将服务器中的处理器模块、主要模块、电源和风扇模块移除，并将服务器置于机械式升降装置上。组件应置于防静电的表面，如放电垫、防静电袋或一次性防静电垫。对服务器进行握持时，应先戴上连接至机箱金属表面的接地带。确保机架上部署防倾倒护杆，并按从下到上的顺序将设备装入机架内。安装服务器可参考以下步骤：

①将服务器向上抬升至正确的高度，确保服务器的底部边缘脱离机框滑轨的底部。

②将服务器滑入机架，并使用螺丝将服务器固定到前面板。

③装回所移除的所有组件。

3)服务器系统安装与配置

服务器操作系统实现对计算机硬件和软件的直接控制和管理协调，目前主要分为Windows Server、Netware、Unix、Linux四大派系。Windows Server是微软在2003年4月24日推出的Windows的服务器操作系统，其核心是Microsoft Windows Server System(WSS)，每个Windows Server都与其家用(工作站)版对应(2003R2除外)。目前最新版本是2022，该版本可以直接在官网下载。Netware是NOVELL公司推出的网络操作系统。其最重要的特征是基于基本模块设计思想的开放式系统结构。它是一个开放的网络服务器平台，可以方便地对其进行扩充，对不同的工作平台、网络协议环境提供一致的服务。

一般用服务器来做什么的？有些朋友可能是用来做网站，这里可以用到宝塔面板软件或者LNMP一键安装Nginx引擎Web环境。如果是用于其他项目，可以根据实际需要的软件环境进行配置。例如，有需要Windows镜像和其他软件的；有的是用来专门处理大数据的。

在安装对应的Web环境之后，再根据需要配置软件，如Nginx、IIS、Apache等，包括数据库、远程服务器连接工具等。

常用来运维服务器的工具包括FTP、SSH工具。根据实际的需要选择，如用到FLASHFXP、XFTP，以及WINSCP、XSHELL等。一个类型选择一个即可。虽然免费版本限制了一些功能，但是免费版本够用了。需要根据不同的业务类型，可能还需要数据和业务的监控。这个就需要用到很多监控，如日志监控、宕机监控、数据安全监控等。对数据的安全管理，需要用到数据的定期备份、增量备份等，还需要用到一些软件和工具。

7.1.4　系统运维与故障排查

1）设备故障的分类

故障是指系统中部分元器件功能失效而导致整个系统功能恶化的事件或系统不能执行规定功能的状态。设备故障的分类如下：

①按工作状态划分为间歇性故障、永久性故障。

②按发生时间划分为早发性故障、突发性故障、渐进性故障、复合型故障。

③按产生的原因划分为人为故障、自然故障。

④按表现形式划分为物理故障、逻辑故障。

⑤按严重程度划分为致命故障、严重故障、一般故障、轻度故障。

⑥按单元功能类别划分为通信故障、硬件故障、软件故障。

故障通常不能单纯地用一种类别去界定，往往是复合型的。设备故障的维护是通过人为干预来让设备从故障状态恢复到设备正常运行状态。

2）常用设备维护工具

（1）网线检测器

网线，也称为双绞线，作为目前使用最广泛的有线传输介质，在兼容数字信号和模拟信号的同时，保证了传输速率。网络测试仪通常也称为专业网络测试仪或网络检测仪，是一种可以检测 OSI 模型定义的物理层、数据链路层、网络层运行状况的便携、可视的智能检测设备，主要适用于局域网故障检测、维护和综合布线施工中，网络测试仪的功能涵盖物理层、数据链路层和网络层，如图 7.7 所示。

图 7.7　网线检测器

将网线两端的水晶头分别插入主测试仪和远程测试端的 RJ45 端口，将开关拨到“ON”（S 为慢速挡），这时主测试仪和远程测试端的指示头就应该逐个闪亮。

①直通连线的测试：测试直通连线时，主测试仪的指示灯应该从 1 到 8 逐个顺序闪亮，而远程测试端的指示灯也应该从 1 到 8 逐个顺序闪亮。如果是这种现象，说明直通

线的连通性没问题，否则就得重做。

②交错线连线的测试：测试交错连线时，主测试仪的指示灯应该从 1 到 8 逐个顺序闪亮，而远程测试端的指示灯应该按 3、6、1、4、5、2、7、8 的顺序逐个闪亮。如果是这样，说明交错连线连通性没问题，否则就得重做。

③若网线两端的线序不正确，主测试仪的指示灯仍然从 1 到 8 逐个闪亮，只是远程测试端的指示灯将按照与主测试仪连通的线号的顺序逐个闪亮。也就是说，远程测试端不能按①和②的顺序闪亮。

注意事项：

①网线插入检测仪时，要先将水晶头金属触点上的污物、锈渍处理干净，再将其插入接入口内。

②如果多次制作测线仪显示还未通，那就需要检查测线仪是否损坏，或者是不是没电了。

(2)网络寻线仪

如图 7.8 所示为某品牌网络寻线仪，寻线仪主要有两个功能：一是寻线功能，可以在众多的线缆中快速找出需要的目标线，如网络线寻线、电话线寻线、电缆线寻线、通断检测等；二是对线功能，可以校对网线线序，做好水晶头后，可以用寻线仪测试网线通断，跟网络测试仪的功能相似，还可以用来线路电平正负极检测。

图 7.8　网络寻线仪

使用方法如下：

①寻线功能：寻线功能是指在众多的线中快速寻找所需的线，适用 RJ45 接口和 RJ11 电话线接口，对其他金属导线可以通过鳄鱼夹适配器来转接，以达到寻线的目的。

②寻线的具体适用方法：a. 将需要寻找的网线/电话线/金属线插入发射器，并把发射器的按钮拨到寻线状态；b. 打开接收器的电源，手持接收器并按住接收器的“寻线”键在待测线缆的另一端进行探测，通过比较接收器声音“嘟嘟”大小和信号指示灯的亮暗程度，声音最响、指示灯最亮的那根线，即为所查的目标线。

③网线测试功能：将水晶头两边分开插入寻线仪的 RJ45 端口，将发射器的功能拨到“对线”位置，采用自动扫描方式，对双绞线 1.2.3.4.5.6.7.8G(地线指示灯)线逐根扫描测试，并可区分判定乱序、短路和开路等情况。

④线路电平、正负极性检测对线路的直流电平或正负极进行检测，只需要发射器即可，红灯表明正负极接错，绿灯表明正负极接对。

(3)光纤检测与熔纤设备

光纤在接续配线的施工、调试与维护的过程中会出现各种问题，其中故障类型更是五花八门，如着火燃烧的、架空被撞断的、埋地被挖断的、被井盖砸断的，甚至还有被盗的等。要保证正常维护和快速抢修，必须先熟悉所用的光纤熔接设备和测试仪器的基本原理和性能。

①光时域反射仪(OTDR)。

它是适用于从长途干线网或波分复用网(WDM networks)到本地网(metropolitan networks)的所有光纤测试的野外作业的移动测试仪表。目前使用的光时域反射仪(OTDR)都有标准 PCMCIA 接口,机内经过了最优化设计的操作系统,方便电源管理和数据存储及转换,能很理想地与个人数字助理(PDA)和掌上个人电脑连接。

OTDR 软件提供 3 种操作模式:自动、高级和模板。自动模式能够自动定义测试参量和数据采集点;高级模式提供更加灵活的用户定义的设置和几种测试能力;模板模式对完整的光缆测试是理想的选择,它可对每次采集与已存的进行比较,确保新数据完整并形成文件。

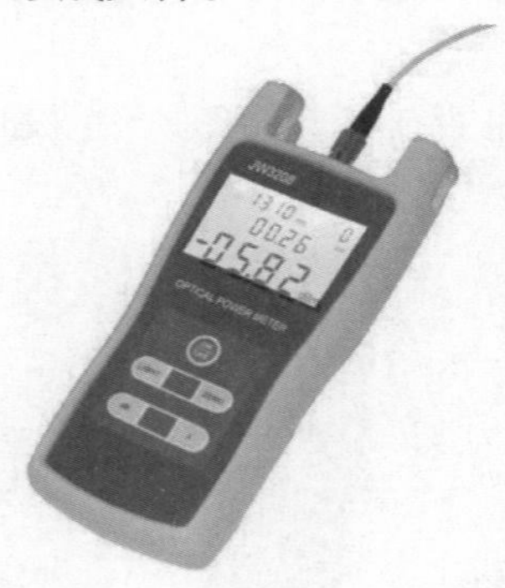

图 7.9　手持式光功率计

②光功率计。

光功率计是光有源器件输出光功率检测、光无源器件的生产和测试的理想工具,是有线电视光纤网络工程施工和维护必备的基本测试仪器。光功率计分为手持式和台式。

手持式光功率计(图 7.9)可线性或非线性显示光功率,既可用于光功率的直接测量,也可用于光链路损耗的相对测量。它具有体积小,质量轻,便于携带和低功耗的特点,使测量工作更加方便快捷。

台式光功率计是一种带微处理器的智能化、高灵敏度的光功率计,可以进行宽动态范围、宽波长范围及高精度和高分辨率的光功率或损耗测量。

(4)无线网络诊断工具

①Comm View for Wi-Fi。

Comm View for Wi-Fi 是一个专门为 Wi-Fi 网络设计的数据包嗅探器。此工具能够抓取数据包,然后在其中搜索特定的字符串、数据包类型等。每当某种事先设定的流量被探测到时,CommView for Wi-Fi 就会发出报警。

②无线信号扫描工具 inSSIDer。

inSSIDer 类似于以前的 Net Stumbler 应用软件,只是它更适合现在的环境,并且它支持 Windows XP、Vista 和 Windows 7 操作系统等。此工具被用来检测无线网络并报告它们的类型、最大传输速率和信道利用率,还能图示每个无线网络的幅值和信道利用率情况。

③无线向导 Wireless Wizard。

Wireless Wizard 是一款免费工具,用来帮助用户在无线网络连接中获得可能达到的最好性能。除了能提供无线网络相关的所有常用的统计信息外,它还能进行一系列诊断测试,检查用户的无线网络运行情况。

④无线热点 WeFi。

WeFi 能帮助用户在全球范围内查找无线热点。此工具的初始屏幕显示当前无线连接相关的统计信息,还能显示一个可用热点的过滤视图,用户可以选择显示最想查看的热点或任何可用的 Wi-Fi。WeFi 最好的功能就是 Wi-Fi 地图,此功能可向用户显示公共

Wi-Fi 热点的位置。

3）常见物联网设备故障以及原因

（1）常见的物联网设备故障

①传感器数据发送不稳定。

常见故障原因：供电不稳或不足、信号干扰、信号传输不稳定、信号线接触不良。

②物联网终端无法与传感器通信。

常见故障原因：终端程序故障、终端参数配置错误、传感器地址与终端不匹配、多传感器地址冲突、信号线缆松动或接线错误、与传感器通信距离超限。

③物联网终端无法与网关通信或无法发送数据到数据中心。

常见故障原因：终端程序故障、终端参数配置错误、终端通信模块故障、终端 M 卡欠费、终端通信线缆故障、终端供电故障、与网关通信距离超限。

④物联网网关无法连接感知设备或物联网终端。

常见故障原因：网关配置错误、网关供电故障、信号接线松动或错误。

⑤交换机不转发数据。

常见故障原因：交换机供电故障、VLAN 配置错误、ACL 配置错误、网络形成环路、端口损坏、网线故障、光模块损坏、光纤故障。

⑥路由器不转发数据。

常见故障原因：路由器供电故障、路由配置错误、地址错误、流量过载、规则设置错误、端口损坏、网线故障、光模块损坏、光纤故障。

⑦服务器不能正常开机。

常见故障原因：主板故障、硬盘故障、内存金手指氧化或松动、显卡故障、与其他插卡冲突、操作系统故障、电源或电源模组故障、市电或电源线故障。

⑧服务器不能与交换机或路由器通信。

常见故障原因：网线松动、网卡故障、服务器地址配置错误、网络攻击。

（2）数据库系统故障

①常见关系型数据库故障类型。数据库系统中常见的 4 种故障主要有事务故障、系统故障、介质故障以及计算机病毒故障（图 7.10），每种故障都有不同的解决方法。

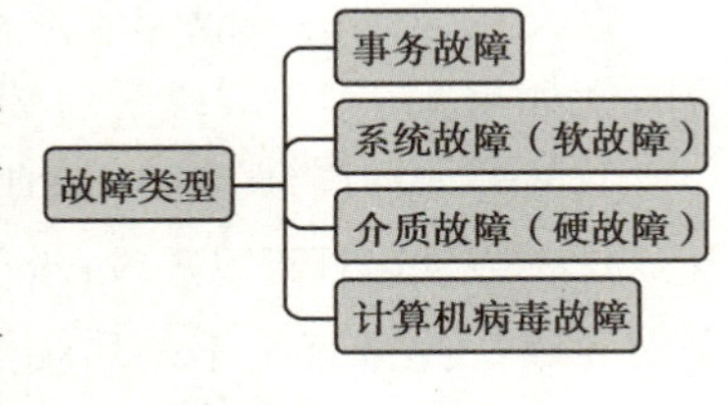

图 7.10 故障类型

a. 事务故障：可分为预期的和非预期的，其中大部分故障是非预期的。预期的事务故障是指可以通过事务程序本身发现的事务故障；非预期的事务故障是不能由事务程序处理的，如运算溢出故障，并发事务死锁故障，违反了某些完整性限制、违反安全性限制的存取权限而导致的故障等。

b. 系统故障（软故障）：主要指数据库在运行过程中，由于硬件故障、数据库软件及操作系统的漏洞、突然停电等情况，系统停止运转，所有正在运行的事务以非正常方式终止，需要系统重新启动的一类故障。这类事务不破坏数据库，但是影响正在运行的所有事务。

c. 介质故障(硬故障):主要指数据库在运行过程中,由于磁头碰撞、磁盘损坏、瞬时强磁干扰等情况,数据库数据文件、控制文件或重做日志文件等损坏,系统无法正常运行。

d. 计算机病毒故障:是一种恶意的计算机程序,它可以像病毒一样繁殖和传播,在对计算机系统造成破坏的同时可能对数据库系统造成破坏(破坏方式以数据库文件为主)。

②故障:400 错误。

排查方法:检查 URL 是否正确,包括页面名称、路径等;检查 Web 服务器,查看服务器目录下的应用名称,然后进入应用目录,检查页面文件是否存在本地目录中。

③故障:页面繁忙。

排查方法:在控制台查看 Web 服务器日志,分析异常日志,查看报错原因,寻找代码中错的具体行数并修改代码。

④故障:Uncaught SyntaxError。

排查方法:此类错误通常是 JS 代码有误导致,可根据浏览器调试工具的 consoler 中显示的发生位置来修改代码。如果无法定位错误,可按以下步骤排查:

a. 检查所有引用的 JS 文件路径是否正确。

b. 如果路径没问题,则将业务文件删去,刷新页面看看是否还会发生这个错误。

c. 如果业务文件没问题,再分别删去其他文件,逐个判断错误发生在哪个文件中。

d. 确定报错文件,检查代码中是否有 eval,判断 eval 内的参数格式是否正确。

e. 在浏览器调试工具中查看 Network! 里是否有报错的请求或者返回参数是否正确。

⑤故障:HTTP502 Bad Gateway。

排查方法:HTTP502 Bad Gateway 故障一般分为以下两种情况:

a. 网络问题:前端无法连接后端服务,网络 100% 丢包。

b. 后端服务问题:后端服务进程停止,如 Nginx、PHP 进程停止。

首先定位到前端故障服务器节点,在前端服务器(Telnet)上访问后端服务端口的响应时间如果大于 10 s,说明后端应用程序出现故障,需要到后端服务器查明情况。

⑥故障:HTTP503 Service Temporarily Unavailable。

排查方法:HTTP503 Service Temporarily Unavailable 故障一般是前端访问后端网络延迟而导致。先排查是不是后端流量过载,如果不是,就是前端到后端的网络问题。

首先定位到前端故障服务器节点,在前端服务器上 ping 后端服务器,查看网络延迟和丢包情况,如果后端服务端口响应时间大于 100 ms,丢包大于 5%,则说明前端到后端的网络出现问题。

⑦故障:HTTP504 Gateway Time-out。

排查方法:查看后端服务如 Nginx、PHP、MySQL 的资源占用情况,并查看相关错误日志。此类故障概率比较小。HTTP504 Gateway Time-out 故障的产生一般是因为后端服务器响应超时,如 PHP 程序执行时间太长,数据库查询超时,应考虑是否需要增加 PHP 执行超时的时间。

⑧故障:DDOS 攻击故障。

排查方法:DDOS 攻击故障是指网络数据包接收的包的数量大,发送的包数量少,网络延迟高,并且有丢包现象。排查 DDOS 攻击故障应查看监控网卡流量、网络延迟/丢包、数据包个数等。确定 DDOS 攻击后,可采用添加防火墙规则、加大带宽、增加服务器、使用 CDNA 技术、高防服务器和带流量清洗的 ISP、流量清洗服务等方式来解决。

⑨故障:CC 攻击故障。

排查方法:CC 攻击故障一般是指发送的流量比较大,接收的流量比较小。排查 CC 攻击故障应查看监控网卡流量、Web 服务器连接状态、CPU 负载等,并进行分析。确定 CC 攻击后,可采用取消域名绑定、域名欺骗解析、更改 Web 端口、屏蔽 IP 等方式来解决。

4)排除基本故障的方法与步骤

(1)排除故障的基础

要彻底排除故障,必须清楚故障发生的原因,运维人员要具有一定的专业理论知识,熟悉常用的运维工具的使用方法,同时更需要思考分析的能力,具体内容如下:

①了解物联网系统的整体拓扑结构、数据流、技术路线等。

②了解物联网系统中各设备的分布位置、线路走向等。

③了解设备在整体系统中的作用,其工作原理、运行形式、接配线、参数配置等。

④了解设备运维基本工具的使用。

(2)常用故障分析和查找的方法

设备故障分析、查找的方法多种多样,运维过程中几种常用的方法如下:

①仪器测试法。借助各种仪器仪表测量各种参数,以便分析故障原因。例如,使用万用表测量设备电阻、电压、电流,判断设备是否为硬件故障,利用 Wi-Fi 信号检测软件检测通信网络故障原因。

②替代法。怀疑某个设备/器件故障,而其有备品备件时,可以替换试验,看故障是否恢复。

③直接检查法。在了解故障原因或根据经验针对出现故障概率高或一些特殊故障时,可以直接检查所怀疑的故障点。

④分析缩减法。根据系统的工作原理及设备之间的关系,结合发生的故障分析和判断,减少测量、检查等环节,迅速确定故障发生的范围。

(3)故障排除的步骤

故障的排除过程应是分析、检测、判断循环进行,逐步缩小故障范围,具体操作步骤如下:

①信息收集分析。在故障迹象受到干扰前,对所有可能存在有关故障原始状态的信息进行收集、分析和判断。可以从以下几个方面入手:

a. 通过监控和告警工具查看故障具体现象,阅读故障日志。

b. 向系统(设备)操作者或者故障发现者询问故障现象。

c. 观察故障,初步分析、判断故障的原因和某设备故障的可能性,缩小故障的发生范围,推导出最有可能存在故障的区域。

②设备检测。根据故障分析中得到的初步结论和疑问制订排查计划，再根据排查计划，从最有可能存在故障的区域入手，对设备进行详细检测，最终确定故障设备。尽量避免对设备进行不必要的拆卸和参数调整，防止因不慎操作而引起更多故障或掩盖故障症状，或导致更严重的故障。检查过程根据系统整体结构，划分若干个小部分区域。采用上述故障查找方法进行排查。

③故障定点。根据故障现象，结合设备的工作原理及与周边设备间的关系，判断设备是物理故障还是逻辑故障，确定发生故障的原因。物理故障是指设备或线路损坏、插头松动、线路受到严重电磁干扰等。逻辑故障是指设备配置错误使设备程序文件丢失、死机等。

④故障排除。确定故障点后，可采用修复或者更换设备的方式。具体根据故障原因、技术条件、备品备件以及运维资金等情况来进行。

⑤排除后观察。排除设备故障后，运维人员应对设备接配线、配置参数等进行详细检查后再送电，确认设备是否正常运转，系统功能是否恢复。设备故障排除后，要跟踪观察其运行情况一段时间，确保系统已稳定工作。故障的类型、原因、修复方式等都要作记录，纳入运维知识库，以便后期系统出现类似故障，更快地进行排查和修复。

⑥物联网系统运行维护。主要是指对物联网应用系统及其支撑平台（中间件）软件进行维护。应用系统软件架构通常分为 C/S 和 B/S 架构，B/S 架构具有分布性特点，可以随时随地进行查询、浏览等业务处理。其系统开销小、业务扩展升级简单方便，通过增加网页即可增加系统功能，维护简单方便，只需要改变服务端页面即可实现所有用户的同步更新，具有开发简单、跨平台性强等优点。目前多数物联网应用系统都采用/架构进行开发，物联网系统集成项目运维中也多数是对 B/S 架构的系统进行运维。

7.2 设备选型

智慧农业根据植物生长环境信息，如监测土壤水分、土壤温度、空气温度、空气湿度、光照强度、植物养分含量等参数。其他参数可以选配，如土壤中的 pH 值、电导率等。信息收集、负责接收无线传感汇聚节点发来的数据、存储、显示和数据管理，实现所有基地测试点信息的获取、管理、动态显示和分析处理以直观的图表和曲线的方式显示给用户，并根据以上各类信息的反馈对农业园区进行自动灌溉、自动降温、自动卷模、自动进行液体肥料施肥、自动喷药等自动控制，如图 7.11 所示。

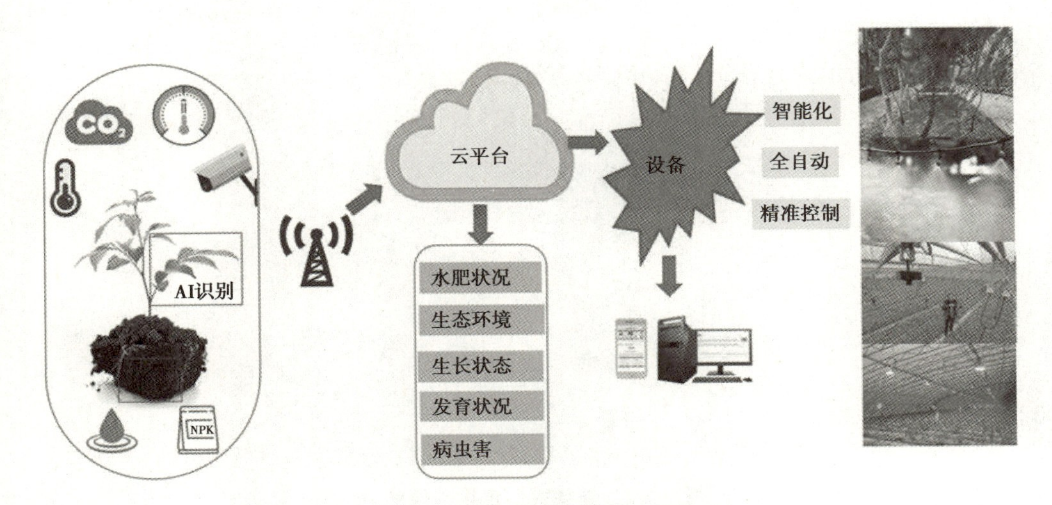

图 7.11　智慧农业系统示意框图

7.2.1　智慧农业数据监控系统

1) 交换机

交换机的主要功能包括物理编址、网络拓扑结构、错误校验、帧序列以及流控。目前交换机还具备一些新功能，如对 VLAN（虚拟局域网）的支持、对链路汇聚的支持，有的还具有防火墙的功能。

(1) 端口数量

端口数量即一台交换机所提供的可以直接连接计算机的网线接口数量。目前常见的交换机端口数量一般有 4 个、8 个、16 个、24 个、48 个等。

(2) 品牌

在选购交换机时应选购知名品牌的交换机，如 TP-Link、D-Link、CISCO（思科）等。对于普通消费者或中小型企业而言，选择价格较为便宜的 TP-Link、D-Link 的交换机就足够了；对大型企业、网络交换中心的部门，则应选购功能强大的 CISCO 交换机。

(3) 带宽

目前市面上常见交换机的带宽一般分为 100 Mb/s 和 1 000 Mb/s。1 000 Mb/s 端口虽然可以提供更高的网络带宽，但是，它的价格往往比相同端口数量的 100 Mb/s 交换机贵 10 ~ 20 倍，普通消费者选择 100 Mb/s 交换机就可以满足日常需要了。

2) 传感器

(1) 温湿度传感器

温湿度传感器多以温湿度一体式的探头作为测温元件，将温度和湿度信号采集出来，经过稳压滤波、运算放大、非线性校正、V/I 转换、恒流及反向保护等电路处理后，转换成与温度和湿度呈线性关系的电流信号或电压信号输出，也可以直接通过主控芯片进行 485 或 232 等接口输出。

(2)二氧化碳传感器

如图 7.12 所示为挂壁式二氧化碳传感器。

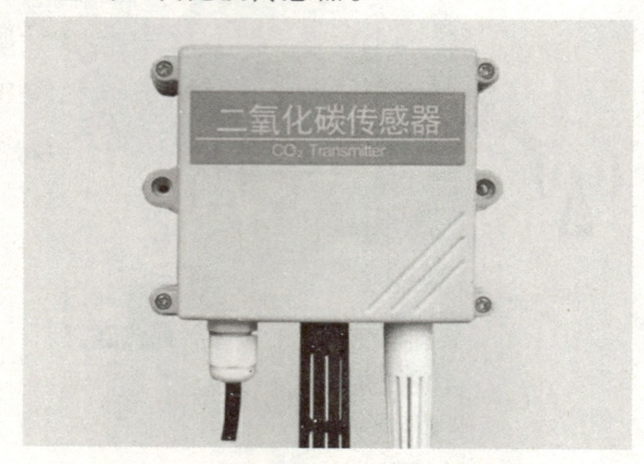

图 7.12 挂壁式二氧化碳传感器

3)串口服务器

串口服务器提供串口转网络功能,能够将 RS-232/485/422 串口转换成 TCP/IP 协议网络接口,实现 RS-232/485/422 串口与 TCP/IP 协议网络接口的数据双向透明传输,或者支持 MODBUS 协议双向传输,使得串口设备能够立即具备 TCP/IP 网络接口功能,连接网络进行数据通信,扩展串口设备的通信距离。

4)边缘服务器

边缘服务器为用户提供一个进入网络的通道和与其他服务器设备通信的功能,通常边缘服务器是一组完成单一功能的服务器,如防火墙服务器、高速缓存服务器、负载均衡服务器、DNS 服务器等。

边缘计算是一种优化应用程序或云计算系统的技术,它将应用程序的数据或服务的某些部分从一个或多个中心节点("云")转移到另一个逻辑端点("边缘")。

7.2.2 智慧农业总线网络

在农业园区内实现自动信息检测与控制,通过配备无线传感节点,太阳能供电系统、信息采集和信息路由设备配备无线传感传输系统,每个基点配置无线传感节点,每个无线传感节点可监测土壤水分、土壤温度、空气温度、空气湿度、光照强度、植物养分含量等参数。根据种植作物的需求提供各种声光报警信息和短信报警信息。

1)CAN 总线

控制器局域网 CAN(Controller Area Network)属于现场总线的范畴,是一种有效支持分布式控制系统的串行通信网络,是由德国博世公司在 20 世纪 80 年代专门为汽车行业开发的一种串行通信总线。其高性能、高可靠性以及独特的设计受到人们的重视,广泛应用于诸多领域,而且能够检测出产生的任何错误。当信号传输距离达到 10 km 时,CAN 仍可提供高达 50 kb/s 的数据传输速率。CAN 总线具有很高的实时性能和应用范围,从位速率最高可达 1 Mb/s 的高速网络到低成本多线路的 50 kb/s 网络都可以任意搭配。

CAN 在汽车业、航空业、工业控制、安全防护等领域中得到了广泛应用。

2) RS485 总线

EIA-485(过去称为 RS-485 或者 RS485)是隶属于 OSI 模型物理层的电气特性规定为 2 线、半双工、平衡传输线多点通信的标准,是由电信行业协会(TIA)及电子工业联盟(EIA)联合发布的标准。

EIA-485 推荐使用在点对点网络中,线型、总线型,不能是星形、环形网络。假如必须要使用星形网络,可以配合特殊的 RS-485 star/hub 中继器,可以在多个网络中双向监听数据,并且将数据发送到其他网络上。

EIA-485 只是电气信号接口,本身不是通信协议,有许多通信协议使用 EIA-485 准位的电气信号,但 EIA-485 规格书本身没有提到通信速度、格式以及数据传输的通信协议。若两台不同厂商的设备都使用 EIA-485,即使是类似性质的设备,若只有电气信号接口相同,不保证互操作性。

7.2.3　智慧农业实时图像与视频

视频监控的引用,直观地反映了农作物生产的实时状态,引入视频图像与图像处理,既可直观反映一些作物的生长长势,也可从侧面反映出作物生长的整体状态及营养水平,可以从整体上给农户提供更加科学的种植决策理论依据。

1) GIS

利用 GIS 地图技术概览全局,快速浏览任意位置、任意设备实时运行状态、任意浏览监测站检测反馈的实时数据。智慧农业 GIS 系统实现可视化数据展示,一目了然,信息的处理情况实时反馈。

2) 视频监控

智慧农业视频监控系统是智慧农业众多体系架构中的一种,系统利用软件平台和先进的硬件设备,建成支撑现代农业发展的可视化决策指挥调度管理体系。在没有智慧农业监控系统产品之前,大多数企业只能够通过不断投入更高成本的方式,解决农业监控的难题,即便如此,仍然没有显著的作用,长期得不到改善,只会增加企业的成本负担,不利于当下和未来的发展。而使用专业系统,就能够实现 24 h 监控环境温湿度、光照、土壤状态等作用。

7.3　任务实施

7.3.1　智慧农业设备安装

按照要求设计智慧农业拓扑图和智慧农业接线图。

7.3.2 智慧农业系统配置与调试

根据设备配置信息配置设备。

表 7.1 设备配置信息

设备名称	配置型	配置
路由器	IP 地址	192.168.3.1
	SSID 及 Password	SSID:XTJC××(××为座位号) Password:12345678
串口服务器	IP 地址	192.168.3.2
	COM5 波特率	9600
	COM6 波特率	9600
边缘网关	IP 地址	192.168.3.3
4012	IP 地址	192.168.3.4
	AP	SSID:XTJC×× Security Key:12345678
4150	设备地址	1
二氧化碳传感器	设备地址	3
温湿度传感器	设备地址	1
光照传感器	设备地址	2

【任务小结】

通过安装与调试系统设备,读者可以学习物联网农业项目中设备的安装与调试的流程、设备之间数据的传输,以及设备接入网关的相关配置信息,并且通过平台作出数据展示和设置一些实际的策略。

【任务拓展】

查看物联网网关的数据内容并分析存在的问题,给出合理的优化意见,在制订策略和获取传感器数据时,对异常波动进行捕获或者进行异常信号过滤。

【任务工单】

项目 7:智慧农业工程项目实施案例	任务:智慧工厂项目安装、配置、调试实施
(一)本次任务关键知识引导 1. 物联网可以简单理解为“物物相连的互联网”,其核心技术是(　　)。 A. 微电子技术　　B. 通信技术　　C. 计算机技术　　D. 传感技术	

续表

2.(　　)技术是物联网的技术来源。

A. 传感网　B. 射频标签　C. 数字物理系统　D. 即时通信

3. 早期物联网技术包括(　　)。

A. Telemetry(遥测)　B. Telemetering(远程抄表)

C. Telenet(远程访问)　D. Telematics(远程计算)

4. 党的十八届五中全会《建议》提出,拓展网络经济空间,实施(互联网+)行动计划,发展物联网技术和应用,发展分享经济,促进互联网和经济社会融合发展(　　)。

A. 经济网+　B. 物联网+　C. 互联网+　D. 技术网+

5. 以下通信技术中,属于为物联网定制的通信技术的是(　　)。

A. eMTC　B. GPRS　C. NB-IoT　D. mMTC

(二)任务实施完成情况

实施步骤	完成情况
步骤1:根据设备结构以及规格,使用合适的附件正确组装设备	
步骤2:根据物联网网关设备说明书,正确完成安装及位置调整	
步骤3:根据传感网络的配置文档,完成ZigBee、Wi-Fi、RS485、CAN等网络参数的设置与配置、调试等	
步骤4:根据售后服务目标,完成系统常见问题处理方案的编写	
步骤5:根据售后服务目标,设计电话支持服务方案、现场支持服务方案、巡检服务方案等	
步骤6:根据物联网网关、网络通信等数据,准确分析设备异常原因,完成故障排除	

(三)任务检查与评价

见配套电子文档。

(四)任务自我总结

见配套电子文档。

【评价反馈】

任务:智慧工厂项目安装、配置、调试实施				
专业能力				
序号	任务要求	评分标准	分数	得分
1				
2				
3				
专业能力小计				

续表

任务:智慧工厂项目安装、配置、调试实施				
职业素养				
序号	任务要求	评分标准	分数	得分
1				
2				
职业素养小计				
实操题总计				

【拓展阅读】

智慧农业是农业发展的新方向,它根据农作物的生长习性及时地调整土壤状况和环境参数,以最少的投入获得最高的收益。它改变了传统农业中必须依靠环境种植的弊端及粗放的生产经营管理模式,改善了农产品的质量与品质,调整了农业的产业结构,确保了农产品的总产量,高效地利用了各种各样的农业资源,取得了可观的经济效益和社会效益。

当前我国农村高素质人力资源流失严重,留守农民的年龄、文化、性别结构不协调,年龄偏高、文化水平普遍较低且以女性为主,对互联网信息技术了解应用较少,现代化农业生产意识比较淡薄。我国当前职业农民教育体系还未建立,新型农民培养机构少,培养过程走马观花,使我国现代职业农民难以培育,高素质农业生产管理人员匮乏,导致智慧农业的农村初创者和支持者较少,智慧农业建设发展的内生动力严重不足,且在我国农村本土化发展缓慢。高素质农业生产管理人才匮乏已成为困扰我国智慧农业发展的重大难题,急需建立新型职业农民教育系统。

附录
立体数字资源索引

表 1　课件与题库

序号	章节	课件资源	题库	二维码
1	项目 1	物联网工程系统需求分析	1《物联网工程设计与实施》试卷 A 1《物联网工程设计与实施》试卷 A 答案 2《物联网工程设计与实施》试卷 B 2《物联网工程设计与实施》试卷 B 答案 3《物联网工程设计与实施》试卷 C 3《物联网工程设计与实施》试卷 C 答案	
2	项目 2	物联网工程网络设计与规划		
3	项目 3	物联网工程管理与维护		
4	项目 4	智慧家居工程项目实施案例		
5	项目 5	智慧工厂工程项目实施案例		
6	项目 6	智慧消防工程项目实施案例		
7	项目 7	智慧农业工程项目实施案例		

表 2　模块化项目综合实践视频资源

项目实践模块	视频资源	二维码
如何设计？	客户需要什么样的 IoT	
	物联网工程项目设计范围	
	物联网工程系统设计	
	IoT 网络结构设计	

续表

项目实践模块	视频资源	二维码
如何集成？	应用与接口设计	
	设备及应用选型	
如何实施？	IoT 业务的商业模型和交易模型	
	项目收益分析	
如何从业？	物联网工程项目运营总监岗位采访	
	物联网行业创新创业公司创始人采访	

表 3　项目实践工程包（其他教学资源需求请联系教材组工作邮箱：66123713@ qq. com）

序号	资源名称
1	技术方案
2	过程资料
3	进度管理
4	现场视频

参考文献

[1] 陈永平. 工业物联网系统集成与应用[M]. 北京:机械工业出版社,2018.

[2] 莫戈等. 智能物联网传感器技术[M]. 北京:电子工业出版社,2019.

[3] 裴兴泉. 无线物联网网络规划与优化[M]. 北京:人民邮电出版社,2020.

[4] 张磊. 物联网设备安装与调试技术[M]. 北京:化学工业出版社,2021.

[5] 刘阳. 物联网系统运维管理实务[M]. 北京:机械工业出版社,2019.

[6] 邓兵,主编. 工业物联网应用案例集[M]. 北京:机械工业出版社,2017.

[7] Massimo Banzi, Michael Shiloh. Making Things Talk: Using Sensors, Networks, and Arduino to See,Hear,and Feel Your World[M]. Sebastopol:Maker Media Inc,2014.

[8] 中国电子技术标准化研究院. 物联网工程 Construction 和管理规范[S]. 北京:标准出版社,2019.

[9] 张小平. 物联网工程理论与实践[M]. 北京:电子工业出版社,2017.